明治17年頃の東京郵便局差立区分室

創業 150 年

# 郵便の歴史

（増補）

共著
井上　卓朗
星名　定雄

株式会社 鳴美

本書執筆は、大略、明治期までの前半を井上卓朗が、後半を星名定雄が行い、それらをまとめて星名が整理し最終原稿に仕上げた。二人のコラボ作品である。

# 目次

# はじめに

本書はわが国の「郵便」の歩みを語るものである。概要をはじめに紹介する。郵便は手紙を宛先に届ける仕事とすれば、それは昔からある仕事であった。古代エジプトでは国王《ファラオ》の使者が遠いシナイ半島まで書簡を運んでいたことが紀元前二四〇〇年頃の粘土板に刻まれているし、日本でも九世紀には飛駅使が緊急の書簡を大宰府から都に届けた記録がある。いずれも権力者のための通信であり、今日の市民に開かれた郵便制度ではなかった。

わが国では、誰もが利用できる郵便制度が登場したのは明治に入ってからである。江戸時代に発達した飛脚の仕組みを土台にしながら、新式郵便をスタートさせた。だから飛脚は郵便の前史として捉えることができる。その飛脚の歴史をみると、最初に江戸から発する五街道が整備され、街道沿いに宿場が生まれ、その宿場を中継しながら幕府の継《つぎ》飛脚や大名飛脚、そして商人たちの飛脚が書状などを運んだ。

明治に入ると、電信が敷かれ鉄道が開通し、郵便開設も課題となる。前島密が郵便の創業プランを立案し、急遽洋行した前島に代わり、杉浦譲が実施に移す。明治四年三月、東京―大阪間に新式郵便がスタートした。政府は宿駅の伝馬所取締役を郵便取扱人（郵便局長）に任命し、伝馬所の一部を郵便取扱所（郵便局）とした。また、政府は定飛脚問屋に陸運元会社を設立させ近代的な運輸業への転換を図り、現金や切手などの貴重品の輸送を陸運元会社に委託した。背景には、郵便開業で廃業を迫られた飛脚に携わっていた者を救済する必要があったし、また、彼らのノウハウや協力なしでは郵便の業務遂行がままならなかった事情もあった。

日本に帰国した前島は、イギリスで吸収してきた最新の知識を日本に取り入れ郵便を近代化していく。明治六年五月、郵便を政府専掌（独占）にし、全国一律料金制を採用し郵便を展開する。外国郵便にも力を入れ、日米郵便交換条約を締結する。日本の切手を貼った手紙がアメリカやアメリカを経由してヨーロッパにも届くようになった。また、明治一〇年、日本は万国郵便連合《ユニヴァーサル・ポスタル・ユニオン》への加盟が認められた。わが国が独立国として国際社会に受け入れられたことを意味する。維新からわずか一〇年目、連合加盟は大きな外交成果であった。

明治一八年、内閣制度が創設され逓信省が誕生する。藩閥内閣ではあったが、旧幕臣の榎本武揚が初代逓信大臣になった。それから六〇年余、逓信省は、郵便・貯金・保険をはじめ、電信・電話、海運、鉄道、航空、電気など多くの基幹産業を所管してきた。しかし、実際の郵便サービスを支えたのは全国津々浦々にある郵便局である。多くが資産家や名望家から土地や家屋を無償提供させた町や村の郵便局、後の特定郵便局であった。彼らに名目的な官吏の手当と格式を与え、丸抱えで業務を請け負ってもらう。財政難に喘《あえ》ぐ政府の苦肉の策であった。

明治中期以降、小包郵便がスタートし、商品流通にも変化が出てくる。また、私製はがきの使用が認められ、年賀状の元旦配達サービスも開始された。逓信省は日露戦争の写真を印刷した絵はがきを発売し、民間業者もさまざまな絵はがきを販売するようになり、爆発的な絵はがきブームが起きたのもこの頃である。この時期、民法や商法が制定されたが、郵便法も制定される。

郵便輸送は速さが命。何時《いつ》の時代でも最速の交通機関に委ねられた。郵便輸送の発達は交通機関のそれと表裏一体をなしている。郵便創業時、人が郵便物を担いで徒歩で運んでいたが、人車がお目見えし、やがて郵便馬車に代わっていく。河川や内海では船が郵便物を運び、外国航路では政府の支援を受けた船会社が郵便物を運んだ。鉄道が開通すると、郵便物が搭載され車内で区分作業が行われる。郵便車は動く郵便局となった。自動車の導入で自由な輸送ルートの設定が可能になる。飛行機が登場したときは冒険野郎の乗り物であったが、長足の進歩を遂げ、欠かせない郵便輸送手段になる。太平洋戦争で壊滅的な被害を受けた郵便輸送網の復旧にも言及する。

昭和九年、郵便を含む通信事業が一般会計から切り離され特別会計になった。逓信省の悲願がかなう。それまで料金収入は歳入に、人件費や業務費は歳出に計上され、差額（黒字）は税収として国庫に入ってしまった。緊縮財政の下では、業務量が増えても、他の行政経費と同じように、職員一律削減、歳出一律カットと大蔵省から要求され、現場は人も設備も疲弊していった。大蔵省は通信事業収入を重要財源と見なしていたから、簡単に手放すわけがない。それでも蔵相の高橋是清が大蔵の事務方を抑え特別会計ができた。条件は一定額を一般会計に納付した後の残額だけが逓信省の裁量となる、という厳しいものであった。後に軍事費にも繰入が求められる。

戦争が進むと郵便にも多大な影響が出てくる。すべてが軍事優先となり、多くの職員が召集された。輸送手段の確保もままならない状態になり、手紙が何時《いつ》届くかわからなくなる。年賀状取扱を停止、小包の容量を制限、外国郵便も停止するなどサービスが日を追うごとに低下していった。郵便物の検閲も実施される。労働組合は逓信報国団となり、鋳鉄製の郵便ポストは金属回収令により供出され、代わりにコンクリート製の代用ポストが設置される。一方、軍事郵便は拡大し、北のキスカ島から南のラバウルまで三〇〇カ所に陸軍の野戦郵便局や海軍の軍用郵便所が設けられた。軍事郵便は、夫を送り出した妻や子らの手紙、戦地からの兵士たちの手紙を運んだ。

戦争が終わると、今度は連合軍最高司令官総司令部（ＧＨＱ）がさまざまな指令を出してくる。連合軍の公用郵便などを無料で配達させられたり、戦闘機や軍人像などの軍国主義的な図案の切手が使用禁止とされた。日本軍に代わって、今度は連合軍のために郵便検閲が実施され、日本国民の不満や社会的な動きを探られた。昭和二七年のサンフランシスコ平和条約の発効により、これらＧＨＱの軛《くびき》から解放される。

郵便復興がはじまる。昭和二四年からコンクリート製の代用ポストが鋳鉄製のポストへ交換されていく。特定郵便局が民主化され、局長も一般職の公務員となり給与が支給され、無償提供の郵便局の土地建物は国が有償で借り上げる。経済面では終戦直後のインフレが凄まじく、料金値上げが続いた。サービス面では昭和二三年暮れに年賀郵便が再開され、年賀切手が再び発行された。翌年にはお年玉付き年賀はがきが新たに売り出される。この頃、見返り美人が描かれた切手趣味週間切手が発行され、切手コレクターに歓迎された。記念切手販売が赤字削減に寄与するまでになる。庶民の生活はまだまだ厳しかったが、穏やかな生活を取り戻す明るいニュースとなった。

わが国が高度成長時代を迎えると、郵便の需要は大きく伸びる。加えて、大都市圏への人口集中がはじまり、高層の大規模団地が建設されるようになった。三階以上の建物には出入口付近に集合郵便受箱が設置されるようになる。住居表示も推進され、郵便配達のアウトソーシングもはじめる。局内では手作業で切手を消印したり手紙を区分していたが、これらの作業が機械化されていく。そこで郵便番号が重要な役割を果たす。この時期、大型集中局が建設され、郵便物を一カ所に集めて機械で大量処理するようになった。郵便の工場化である。

平成の時代に郵政三事業の運営形態が大きく変わる。平成一三年、中央省庁再編のなかで郵政省は総務省に統合され、郵政事業庁になる。二年後、日本郵政公社が誕生する。国営から公社運営となる。小泉純一郎が総理に就くと経済性を重視した郵政民営化が強力に推し進められ、平成一九年に株式会社五社から成る日本郵政グループが誕生する。郵便はユニバーサルサービスが義務づけられたが、郵便貯金と簡易保険は完全民営化を目指した。平成二一年に民主党・社会民主党・国民新党の連立政権が誕生すると、公益性を全面に打ち出し郵政民営化が見直された。その結果、郵貯・簡保にも郵便局を通じてユニバーサルサービスの提供が義務づけられた。

手紙が毎日配達される。そのことは、郵便が電気やガスなどのライフラインと同様に、国民生活そして経済活動にとって欠かせないインフラとなっている。時代をリードし、時に時代に翻弄され、また時代を乗り越えて、今日の姿になった。本書は、その創業一五〇年を迎えた郵便の物語である。

著　者

# 増補にあたって

1　本書のタイトルを『創業150年 郵便の歴史（増補）』に改めた。また、叙述が郵政民営化後の令和まで延びたので、初版副題「―飛脚から郵政民営化までの歩みを語る―」を削った。

2　初版第17章「平成の郵便事業」を三章に割り、分割した最初の章は第17章「郵政事業の民営化」と改め、同章前段で扱った「郵政民営化までの道程」、「民営化された郵政事業」、「郵政民営化の見直し」、「見直し後の郵政事業」の四節で構成した。初版の内容を踏襲している。

3　分割した次の章は第18章「民営化後の郵便事業」とし、初版第17章後半で扱った「郵便事業の今」を「日本郵便の現状」と改め一部書き換えて、新たに「変化する経営姿勢」、「本社機能の集約」、「歴代公社総裁と歴代各社社長」、「東日本大震災と郵便」の四節を加えた。

4　分割した最後の章は第19章「郵便事業の使命」とし、初版第17章後半で扱った「ユニバーサルサービスの課題と対策」を「ユニバーサルサービス」と改め一部書き換えて、新たに「中期経営計画」、「新型コロナウィルス」、「結び」の三節を加えた。

5　増補にあたって、一般文献資料のほか、総務省の郵政民営化委員会、郵便局活性化委員会、郵便のユニバーサルサービスに係る課題等の検討会の公表資料、日本郵政グループのプレスリリースなどを参照した。

# 第1章　飛脚　郵便の前史

明治時代に入り郵便が創設されたが、それは江戸時代の宿駅制度とそこで運営されていた飛脚の機能を上手く生かしながらスタートした。この章では、その宿駅制度と飛脚についてみていこう。郵便の前史である。

## 1　宿駅制度

### 五街道

宿駅制度を語るとき、まず道の話からはじめなければならない。江戸時代の道路は、五街道と脇《わき》街道（脇往還《おうかん》）である。慶長八（一六〇三）年、江戸に幕府が開かれると、江戸を中心とした街道整備が急速に進められる。そのことけ、それまでの京都中心の古代の残滓《ざんし》を含む交通体系からの脱却を意味した。なかでも、①江戸と京都とを結ぶ東海道、②江戸と高崎・下諏訪・大津とを結ぶ中山道《なかせんどう》、③江戸と宇都宮・日光とを結ぶ日光道中、④宇都宮と白河とを結ぶ奥州道中、⑤江戸と甲府・下諏訪とを結ぶ甲州道中が最重要街道になっていく。五街道は東京中心の近代日本の交通体系の礎《いしずえ》になったのである。

五街道の主だった宿駅からは、地方の要所を結ぶ脇街道が延びていく。日光御成《おなり》街道、水戸街道、北国路、伊勢路、長崎路など多くの脇街道が整備された。もちろん、各藩が藩内に整備した道路のネットワークは五街道や脇街道と結びついていったであろうし、そこからまた各村々につながる小さな道が枝分かれして生活道として使われていた。

### 伝馬

街道の運送を支えたのが伝馬《てんま》である。早くも慶長六（一六〇一）年、関ヶ原の戦いに勝利した徳川家康は、公儀御用の通行を確保するために、江戸と京都との間に宿次《しゅくつぎ》を定め伝馬制を敷く。伝馬定書《さだめがき》には、各宿に三六疋の伝馬を置くこと、一疋の積み荷は三〇貫目（約一一〇キロ）に制限することなどが定められた。伝馬の利用には、将軍の朱印や老中《ろうじゅう》らの証文を必要とした。翌年には中山道にも伝馬制が敷かれる。

寛永年間（一六二四―四四）に入ると、物流の増加に加え、参勤交代の制度化や島原の乱を契機に街道の輸送力強化が必要となり、東海道は五三次に各次人足一〇〇人・伝馬一〇〇疋に、中山道は六七次に五〇人・五〇疋に、その他三街道は二五人・二五疋に、それぞれ人馬の配備が拡充された。さらに人足や伝馬が不足するときには、助馬村に指定された近隣の村が不足分の人足や馬を提供する助郷《すけごう》という支援体制も整えられていった。

### 宿駅

同時に、伝馬制を支える宿駅の機能も拡充されていく。そのはじまりは、天正一八（一五九〇）年、徳川家康が江戸の入ったとき、馬込勘解由《かげゆ》が高野新右衛門・小宮善右衛門らとともに、荷役や駄馬を従えて家康を出迎えた。その功により道中伝馬役を命じられ、以後、勘解由らは人馬継立を行う江戸の大伝馬町、南伝馬町、小伝馬町の三伝馬町の発展に尽力する。

寛永時代までに、各宿駅の宿役人、物資輸送と休泊の一切の業務を仕切る問屋役、それを補佐する年寄《としより》、荷物の差配をする人たちが任命された。その下には、実務を行う帳付、人馬指らがいた。万治元（一六五八）年には、宿駅と助馬村から、伝馬の業務遂行を神仏へ誓う形で起請文《きしょうもん》を差し出せている。翌年、幕府に宿駅制度全般を統括する「道中奉行」の職が設けられ、はじめ大目付の高木伊勢守守久が兼務した。道中奉行の新設には、江戸が物資の一大消費地となり大量かつ迅速な物資輸送が欠かせなくなり、それに対応できる宿場機能の強化、そして抜本的な改革が不可欠となっていた事情があった。そのため、道中奉行は橋の架設、参勤交代の人馬の制限などを打ち出していく。

それでは宿駅（宿場）がどのように機能していたのかをみていこう――。宿駅には、幕府役人や大名が宿泊する本陣をはじめ、商人や庶民のための旅籠《はたご》などの休泊施設が設けられた。そして、公用の書状や御用物《ごようもの》をはじめ、商人の荷物全般を扱ったのが宿駅の問屋場《といやば》である。そこには任命された問屋役らが詰め、常に人足や馬が用意され、宿駅間の継送を行っていた。伝馬輸送である。

寛永一〇（一六三三）年以降、幕府は、宿駅から公儀御用のための伝馬を無賃で提供させる見返りに、その費用の一部を補填するため、各宿場に対して、継飛脚給米や問屋給米の支給あるいは地子《じし》の免除を行うようになっていった。例えば、三伝馬町には武蔵国豊嶋郡高田村の年貢米から一二石《こく》余、保土ヶ谷宿には二〇石余の給米が支給された。

幕府御用の伝馬輸送は無賃である。対象者は老中の証文や伝馬朱印状を持参している者で、問屋場では持参している証文や朱印状に押印された印鑑が手許の印影と同一であるか否かを判定し、伝馬の手配をした。給米や税免除が多ければ、無料伝馬の運営も成り立つが、多くの場合、

藤枝宿の人馬継立

それだけでは賄うことができなかった。そこで伝馬の有料輸送を認め、問屋場の経営を維持させた。運賃は幕府が定めた御定賃銭《おさだめちんせん》（公定賃銭）と相対賃銭《あいたいちんせん》（自由賃銭）の二つがあり、大名や公用旅行者は御定賃銭で一定量の伝馬輸送ができた。商人など一般人は相対賃銭により伝馬輸送を利用した。

もっとも民間の物流が大きく増加するなかで、伝馬制は幕府御用の優先通行を義務づける狙いが大きかったのかもしれない。伝馬制・問屋制を包含した江戸の宿駅制度は、幕藩体制維持に欠かせない交通通信手段となると同時に、江戸の経済を支える交通通信インフラストラクチャとなっていく。そこを多くの人たちが旅をし、商品を運搬し、更には文化の交流を促し、江戸の社会を豊かにしていった。

## 2　幕府継飛脚

江戸時代の通信システムといえば、すぐに「飛脚」という言葉が頭に浮かんでくる。その語源について、坂本太郎は『上代駅制の研究』のなかで「飛駅」と「脚力」から一字ずつとったものではないだろうかと述べている。これに対し、巻島隆は『江戸の飛脚』のなかで『吾妻鏡』に出てくる「飛鳥」と「脚力」から一字ずつとったものであろう、としている。いずれもかつて「至急の使者」と「普通の使者」という意味で使われた言葉で、どちらに軍配を上げてよいか迷ってしまう。英語では、飛脚を「フライング・メッセンジャー」と表現するときがある。空を飛ぶ鳥のように速い、それが転じて早く書状を届けて欲しい――、そのような人間の想いが飛脚という言葉には込められているのである。

そもそも飛脚という言葉は、書状を宿場から次の宿場へ運ぶ人、あるいは全行程を走破して目的地まで書状を直接運ぶ人、そしてその仕事そのものをいう。しかし、江戸時代、飛脚を単独の仕事としてみることはできない。むしろ宿駅制度の重要な仕事の一つであった。換言すれば、宿駅のサービスを利用しながら、遠隔地に手紙や小荷物を運んだ。宿駅制度の下、交通と通信の業務が渾然《こんぜん》一体となって運営されていたのである。その飛脚は、属する組織あるいは身分によって、利用できる飛脚の種類が異なっていた。すなわち、幕府の飛脚、大名の飛脚、民間の飛脚、村の飛脚とでも括ることができよう。以下、それらを順番にみていこう。

**仕組み・宿継証文・御用物**

まず、幕府の継《つぎ》飛脚。徳川幕府にとっても、国内統治を盤石なものにするために、命令の伝達と情報の収集は欠かせない。そのため幕府専用の継飛脚が作られた。その仕組みはこうである。飛脚の使者が各宿で交替しながら御状箱を担ぎながら走って目的地に届ける。宿駅にある問屋場の一角に、「御状箱御継所」などと呼ばれた場所が設けられ、昼夜を問わず出発できるように、「御継飛脚定役」とか「飛脚番」と呼ばれた者数人が待機していた。その人数は、宿により年により異なるが、保土ヶ谷宿六人、亀山宿一二人などという数字がある。

継飛脚が利用できる者は、老中、京都所司代《しよしだい》、大坂城代《じようだい》、駿府《すんぷ》城代、勘定奉行、京都町奉行、道中奉行、遠国奉行などに限られていた。江戸から発出のものは老中や道中奉行の、その他の地から発出のものは各地駐在有司が発給する宿継証文《しゆくつぎしようもん》が必要となった。証文は継飛脚が利用できることを証するきわめて重要な公文書で、道中奉行は伝馬町の名主に対して、証文がないものは継飛脚で運んではならないと厳命している。

継飛脚は書状だけではなく、御用物と呼ばれた公用の荷物も運んでいる。元禄二（一六八九）年は五〇項目であったが、その項目が年々増加し、安永二（一七七三）年には一四四項目までに膨らんだ。将軍への献上品であろうが、尾張《おわり》の鮎鮓《あゆずし》、大和の葛《くず》、備後《びんご》の畳表なども御用物として江戸まで運ばれている。これらを運んだ宿駅の負担もたいへんである。

### 差立手順・伝馬町・継送手続

次に、江戸からの差立の手順について。御用状は表右筆所《おもてゆうひつどころ》で作成され、黒い漆《うるし》塗りの御状箱に納められ、目付《めつけ》に渡される。目付は伝馬町の役所に御状箱を届ける。それを伝馬役所は江戸の四宿のいずれかに届ける。四宿とは、品川、千住、板橋、内藤新宿のこと。そこから各街道の宿駅によって御状箱が継ぎ送りされた。逆に、江戸四宿に継ぎ送られてきた御状箱は、伝馬町を経由しないで、直接江戸城にいる老中らに届けられた。

伝馬町について正確に述べれば、道中筋御用を扱うのは大伝馬町と南伝馬町の二つの町だ。上《かみ》一五日には大伝馬町が、下《しも》一五日には南伝馬町が御用を努めた。御用がないときは駄賃伝馬を行う。小伝馬町は江戸府内の御用を引き受けた。一八世紀はじめ、御用のために一万余の人と一万疋の馬がいた。それは江戸の巨大交通ターミナルとなり、情報センターとなっていたのである。

各宿駅では、御状箱が前の宿駅から届くと、宿役人が送り状の裏に捺印したり、御継飛脚書留帳に宿継証文の文言を写し、刻付便の場合には受取時刻も記載した。御状箱はたいへん大事に扱われ、各宿駅の責任問題にも絡むため、引き継いだものに破損や汚れなどを発見したら、それを請書に書きとめた。

### 通行特権・速度

継飛脚は何よりも速さが命である。幕府は継飛脚の刻限すなわち逓送スケジュールを定めて、それを厳重に守らせた。そのため街道の優先通行や川越《かわごし》などの特権が飛脚には与えられていた。例えば、大井川の平常水位は二尺五寸（約七六センチ）、四尺五寸（約一三六センチ）に増水すると川留めとなった。しかし、御状箱は水位が五尺（約一五二センチ）になるまで、輦台《れんだい》に乗せられ対岸に渡された。川明けの水位は四尺（約一二二センチ）だが、御状箱は四尺五寸で渡河できたのである。

継飛脚の速度はどの程度のものであったのであろうか――。『御伝馬方旧記』などの史料から、江戸―京都間約五〇〇キロについて、継飛脚の「急行・急御用」と「通常・常態」の刻限、換言すれば、継飛脚の最速便と普通便のスピードを簡単な対比表にした（**表1**）。元禄九（一六九六）年、宝永四（一七〇七）年、宝暦一三（一七六三）年の二年の数字がある。宝暦の数字には問屋賄の継飛脚も含まれている。

**表1　幕府継飛脚の刻限（江戸－京都）**

| 年 | 急行(急御用) | | | 通常(常態) | | | 備考 |
|---|---|---|---|---|---|---|---|
| | 時 | 日 | 時速(キロ) | 時 | 日 | 時速(キロ) | |
| 元禄9年 | 28 | 2.3 | 8.9 | 45 | 3.8 | 5.6 | 継飛脚 |
| 宝永4年 | 27 | 2.3 | 9.3 | 32 | 2.7 | 7.8 | 継飛脚 |
| 宝暦13年 | 34 | 2.8 | 7.4 | 60 | 5.0 | 4.2 | 継飛脚 |
| 宝暦13年 | 60 | 5.0 | 4.2 | 84 | 7.0 | 3.0 | 問屋賄 |

出典：元禄9（1696）年は正月江戸伝馬町からの刻限（『御伝馬方旧記』）
宝永4（1707）年は正月江戸伝馬町からの刻限（『御伝馬方旧記』）
宝暦13（1763）年は「御用状継送の刻限につき品川宿書上」京・大坂からの刻限（『近世交通史料集』8幕府法令上）
注：単位は、時（とき）＝2時間、日＝時÷12、時速（キロ）＝500キロ÷（時×2）
急行は、もっとも速い数字を掲げた。

まず御証文付御状箱刻限。継飛脚の急行（急御用）の刻限をみると、ほぼ三〇時《とき》、二日半前後、時速九キロといったところであろうか。東海道の継送が三日を切っている。これに対し、通常（常態）の刻限は年により幅があり、三二時から六〇時、三日から五日、時速四キロから八キロとなっている。宝暦になると、速度が落ちている。その理由は、経済が発展し輸送荷物が急増し、各宿駅の荷捌きの能力が限界を超え、滞貨が慢性化してきたという事情があった。そのため、継飛脚にも影響が出てきたのではないだろうか。

次に諸御役人御用状問屋賄継飛脚。いつからはじまったのか定かではないが、これは一般の幕府役人が差し出す公用状を扱うもので、証文などは必要とせず街道筋の宿駅問屋に直接託して行われた。表に示すように、問屋賄では急御用でも直轄便の二倍の五日、常態では江戸―京都の継送に七日もかかった。

幕府継飛脚の仕組みを踏襲して、明治四年に開始された新式郵便の東京―京都間の所要時間は三六時（七二時間）であった。ほぼ継飛脚の刻限と同じである。

幕府継飛脚の利用件数を小宮木代良が調べている。それによると、寛永九（一六三二）年から慶安四（一六五一）年までの一九年間で、江戸から差立が約二七〇〇件、到着が約二九〇〇件であった。往復で年間平均約二九五件である。意外と少ないように思う。多くの幕府文書は問屋賄の飛脚で送受されていたのであろう。

**ケンペルの驚き**

ドイツ人医師エンゲルベルト・ケンペルは、彼の著書『江戸参府旅行日記』のなかで継飛脚について、驚嘆《おどろき》をもって次のように記している。

将軍や大名の手紙を運ぶためには、昼も夜もそれをもって走ってゆく男（飛脚）が待機している。この飛脚は、少しの遅れもなく休まずに走り続け、次の宿場まで手紙をもってゆく。飛脚は手紙を差出人の定紋のついた黒漆塗りの文箱《ふばこ》に入れ、それを棒にしっかりと結びつけ、肩に担いで運んでゆく。万一、一人の身に何かが起これば、もう一人がその役目を引き継ぎ、文箱を担いで次の宿場まで急いでゆくことができるようになって

富士を背に走る継飛脚

高張提灯を持って走る継飛脚

いる。

彼が将軍の書状を運んでいるのであれば、誰でも、もちろん大名行列でさえ、彼が走るのを妨げないように道を空けてやらなければならない。だから彼は、いつも鈴を鳴らして遠くから走っていることを知らせるのである。

そう、継飛脚は通常二人一組でチームを組み走る。御状箱は交替で担ぎ、夜は一人が御状箱を担ぎ、もう一人が高張提灯《たかはりちょうちん》をもって走った。継飛脚は公儀御用の仕事であり権威があった。道中、飛脚は威勢を振るって通行人にぶつからんばかりの勢いで駆け抜けていく。酷暑の日も、雨の日も、風の日も、ただひたすら走った。そんな情景がケンペルの叙述から甦《よみがえ》ってくる。

## 3　大名飛脚

大名は幕府の継飛脚を使うことができなかったから、藩自ら飛脚を作ったり、あるいは民間飛脚に託して通信手段を確保していた。それは参勤交代で国許と江戸屋敷に別れていた活動拠点を結ぶものとなり、また、藩米を売却する大坂の米市場などとの取引情報を交換する役割を果たしていた。更に、家臣の私信や荷物も有料で扱った。その形態は、家臣による通し飛脚、民間の飛脚問屋への委託など、各藩によってさまざまであった。これらを総称して「大名飛脚」という。

### 七里飛脚

各藩が国許と江戸とを結ぶ街道筋に独自に継所《つぎしょ》を作り、専属の者を飛脚に仕立てて書状などを運ばせた。徳川義親の『七里飛脚』によると、尾張藩、紀州藩、福井藩、松江藩、姫路藩、津山藩、松山藩、高松藩、川越藩などの

紀州藩の七里飛脚

大名飛脚がこれに当たり、「七里飛脚」と呼ばれた。なかでも尾張藩と紀州藩のものが有名である。

まず、紀州藩の七里飛脚である。継所を武州の神奈川を起点とし、大和田菱沼、小田原、箱根、沼津、由比、丸子、金谷、見附、新居、御油《ごゆ》、大浜茶屋村、熱田と佐屋《さや》の一四カ所に配置した。継所間の距離に多少の長短があるが、ほぼ七里間隔である。伊勢路に入ると、藩内の継所に沿って飛脚が走り、合計二〇余の中継ポイントをリレーしながら、江戸―和歌山間一三八里を結んだ。その速さは、おおよそ常便で一七〇時間、「三つ印」と呼ばれる最速便では九〇時間。速ければ三日と一八時間で江戸と国許を結んだ。

次に、尾張藩の七里飛脚。継所を六郷、保土ヶ谷、藤沢、大磯、小田原、箱根、三島、元吉原、由比、小吉田、岡部、金谷、掛川、見附、篠原、二川、法蔵寺、池鯉鮒《ちりふ》の一八カ所に置いた。こちらは間隔が短く、平均で四里二七町で七里はなかった。江戸―名古屋間九〇里を「一文字」と呼ばれた最速便の飛脚は五〇時間前後で走った。

継所では、公用書状や荷物などの継送、先触などの参勤交代の準備、それに、川支《かわづかえ》、災害、継送の遅延などの調査、時には政務にかかわる情報の収集にも努めていたかもしれない。尾張、紀州両藩とも継所に数名ずつ飛脚要員として中間《ちゅうげん》（後に同心）を配置した。宝永七（一七一〇）年頃の尾張藩の七里飛脚の話だが、藩の御畳奉行朝日文左衛門（重章）が遺した日記「鸚鵡籠中記《おうむろうちゅうき》」には、次のような記事がある。

> 頃日、七里（飛脚）の御状箱を、御中間夜ル三人して六郷へ持ち行く処、五、六人刀さしたる盗出て、挑灯（提灯《ちょうちん》）切落とし、互いに切合ふ。盗、逃去る。御中間も少々手負たり。盗の方の片腕、髪の髻など切落し

有。是より御紋付の挑灯になる。

この記事から、中間自らが御状箱を運んでいたこと、江戸から最初の継所となる六郷に向かっていたこと、そして事件を契機に紀州藩では紋付の提灯が使われはじめたこと、などがわかる。

このように、初めは中間自らが御状箱などの継送の仕事をしていたが、時間が経つにつれて、宿駅から人や馬を出させて、自らは宰領《さいりょう》となり継送の業務を監督するだけになった。宿駅では「七里の者」と呼ばれ、彼らは継所を「七里役所」と称し、鼠地木綿に派手な衣装の伊達半天を着て、赤房の十手と刀を差し威勢を示した。その上、御三家の権威を笠に着て横暴に振る舞い、宿場に飲食をたかり、継所で賭博を開帳したりして、宿場や街道沿いの民衆を大いに苦しめた。

さまざまな逸話が残されている。藤村潤一郎によると、日本一の大泥棒として有名な日本左衛門の父は紀州七里の者だった。その手下に中島唯助という現役の七里の者がいた。唯助は七里継所を賭場に提供していたが、地元の役所では捕らえられず、最後は、幕府の盗賊方から指令を待って逮捕される。唯助は獄門となった。

藩単独で継所を設け、中間らを配置し飛脚を維持するには、莫大な経費がかかる。そのため大大名の飛脚制度であったといえよう。財政負担軽減のため、尾張藩は七里飛脚を廃止し、民間の飛脚問屋に託した時期もあった。江戸中期、安永六（一七七七）年の保土ヶ谷宿の報告には、東海道の七里飛脚は尾張、紀州、出雲（雲州）の三家のみで、七里飛脚衆もいるが、御状箱の送達自体は御定賃銭により宿継で取り扱っていた、と記されている。

**諸藩の通し飛脚**

七里飛脚、すなわち藩自らが継所を設け中間らを飛脚にした専用システムを持たなかった藩は、足軽などを宰領（飛脚のコンダクター）に仕立てて、各宿駅で馬を借り上げ、宿をとりながら、藩御用の書簡や荷物を最終目的地まで運ばせた。諸藩の飛脚をみると、このような「通し飛脚」がいくつかの藩で確認できる。

**福岡（黒田）藩** 丸山雍成《やすなり》は堀作五郎の「海陸並道中記」を解明し、福岡藩の飛脚の実態を『日本近代交通史の研究』のなかで明らかにしている。それによると、福岡―江戸間を走る福岡藩の飛脚の種類は、所要日数に応じて、十日便、十一日便、十三日便、十五日便の四便があった。前二便は「大早」と呼ばれる大至急便。十日便は昼夜兼行で一日二八里三歩五厘（約一一二キロ）を走破した。

標準経路は、江戸―大坂間が東海道を利用する陸路、大坂―下関・小倉間が瀬戸内海を利用する海路であった。経費として、一例だが、大早十日便を命じられた飛脚には、往来分の御救銀、日数分の苦労銀、拝領金、用心金など合計二両一分二朱が支給された。また、飛脚の定宿《じょうやど》もあり、石部宿では水口屋、四日市宿では河守屋、所によっては複数の定宿があり、日坂宿では黒田屋と茛屋と酒屋の三軒の宿が指定されていた。

「御飛脚心得書」が残っている。飛脚ガイドブックである。それは、江戸から福岡に向かう飛脚が、江戸藩邸、宿駅、関所、貫目改所、川渡し、港津、船中などで留意すべき事項が詳細に綴られている。例えば、小倉で髪を月代《さかやき》にするが、間に合わないときは黒崎の問屋が荷揚げする間に髪結《かみゆい》を呼ぶこと、とか、御用が終えたら江戸詰家老衆の留守宅に寄り安否を伝えること、ということまで書かれている。国許に着く前に散髪すること、単身赴任者の留守宅に江戸の生活を伝えること、ということになろうが、留守宅の妻子たちが飛脚の報告をどんなに心待ちにしていたか、その様子が目に浮かぶ。

**八戸藩** 三浦忠司の『八戸藩の陸上交通』によると、寛文四（一六六四）年、八戸《はちのへ》藩二万石は盛岡藩一〇万石から分離独立した藩である。江戸藩邸を麻布市兵衛丁に置いた。当初、不定期の飛脚を仕立てたり、盛岡藩の飛脚を使い江戸―国許間の通信を確保していた。後年、財政再建のため藩の産物を領外に販売することになり、商品相場を江戸などで収集し国許に通報する飛脚を整備する。天保二（一八三一）年、八戸二〇日立・江戸五日立の一往復の定便飛脚がスタートした。片道一六九里。飛脚の種類は、六日振、七日振、八日振と通例の四種類であった。六日振は東海道一三六里を六日で走った「正六」よりも速い。その利用は、江戸上屋敷類焼やペリー来航などのきわめて重要な出来事の通報に限られていた。

飛脚開始の翌年の実績の記録がある。江戸上り二八便・下り二〇便の計四八便。うち定期便は上り一一便、下り一三便で、残りは特別便であった。定刻より早着は四便、延着は一七便であった。上りの特別便は、年始便と初鮭・薯蕷《じょうよ》・雉子《きじ》の各献上便の四便、下りは年末の御飾荷便。特別便は七日振が多く、定期便は八日振が原則であった。飛脚には御者頭の支配下にあった足軽組のなかから健脚の者が選ばれた。通例を除き、定刻着の便には二〇〇文から五〇〇文の褒美《ほうび》が、また、定刻よりも早着だと一時《とき》についてほぼ同額の褒美が加算され、飛脚の者に出された。反対に遅れると、謹慎などの処分が下された。信賞必罰の精神である。

路用金（旅費）について。七日振の路用金は銭一三貫三一四文。内訳は軽尻《からじり》（人が乗り若干の荷が積める馬）二疋分八貫四三四文、旅籠《はたご》代二人分四貫四〇〇文、蝋燭《ろうそく》代五〇〇文であった。八日振の路用金は銭九貫三一四文。軽尻一疋分四貫二一四文、旅籠代二人分四貫四〇〇文、草鞋《わらじ》代一人分二〇〇文、蝋燭代五〇〇文であった。ここから、旅は二人一組、七日振は二人とも馬に乗るが、八日振では一人が馬、もう一人は徒歩で、代わりに草鞋代が出ていることが読み取れる。蝋燭代の支出は夜間も旅をしていたことを意味している。

この八戸藩の飛脚は藩公用ではあったが、江戸勤番の家中と国許の家族の私信も運んだ。飛脚の輸送量を極力少なくするため、薄手の紙に細い字で書くように再三お触れを出したが、私信は増えるばかり。そこで宝暦四（一七五四）年からは書状一匁《もんめ》につき二文を徴収、その後、四文に値上げされ、二匁以上の書状も禁止された。このように、八戸藩の飛脚は、武士層に限られてはいたが、国許と江戸との藩の公用そして私用の通信を担い、幕末まで機能した。

江戸三度飛脚会所（金沢尾張町）

### 御用飛脚

各藩は御用の書状や荷物などの逓送を民間の飛脚問屋に請け負わせた。民間委託である。巻島隆は、この方法を「御用飛脚」と呼んでいる。「七里飛脚」や「通し飛脚」を維持運営していた藩も、一時的に飛脚問屋を使うようになり、更には全面的に飛脚問屋に依存するところも出てきた。藩と民間の飛脚を併用していたところも少なくない。理由は、独自に飛脚を維持することが費用面で困難になってきた藩が出てきたこと、また、後述するが、そもそも民間飛脚の起源が御用のものを運ぶことからスタートしていたから、いわば民間委託はごく自然な成り行きであった。

御用飛脚の一例を挙げれば、①定飛脚問屋和泉屋甚兵衛は小倉藩・熊本藩、②同大坂屋茂兵衛は彦根藩・福岡藩・高松藩、③同京屋弥兵衛は長州藩・宇和島藩、④同嶋屋佐右衛門は水戸藩などの御用を請け負っていた。

### 加賀藩

松村七九の『江戸三度』によると、加賀（金沢）藩には「江戸三度」と「京三度」と呼ばれる藩の飛脚があった。飛脚足軽という下級武士がこの任に当たっていたが、藩は民間の飛脚問屋に金沢—江戸間、金沢—京都間の御用ものの逓送を委託するようになる。歴史的には、貨物専門の「大使《おおづかい》」と小荷物を扱う「中貨物」が合併し「中貨物」に、正徳五（一七一五）年、その中貨物と三度飛脚が再合併し、江戸三度飛脚となった。

藩の御用を請け負った三度飛脚には、松村屋などの名前が確認されているが、今も商売を続ける浅田屋もその一員となろう。その浅田屋の現経営陣が近年講演した記録がある。それによると、江戸三度は九の日に月三度出発した。金沢から江戸まで五三〇キロを、夏場、早飛脚二日、中飛脚七日、常歩八日でつないだ。加賀藩と浅田屋とのつながりは、初代前田利家が出陣したとき、浅田屋が前線に秤量《ひょうりょう》などを届けたことからはじまる。初代は浅田屋伊兵衛。名字帯刀五人扶持となり、加賀藩の御紋があれば、中山道や北国街道の関所はフリーパスであった。三度飛脚の仕事は過酷ではあったが、仕事を続けることができたのは、課税免除の特典が半分、藩の命運を左右する重要な書状の逓送を担うことができるという名誉が半分であった、と語っている。

郵便創業後、江戸三度と京三度は合併し、春田篤次らによって陸運業をはじめ、後年、内国通運会社の金沢支店となっている。また、江戸三度の棟取を代々務めた村松家の一〇代目村松直松は大坂郵便役所の駅逓方手代となっている。

**富山藩**　小口聖夫が富山藩の「飛脚差立記」を翻刻している。富山藩は加賀藩の支藩で、差立記によれば、加賀藩と同様に、富山藩も江戸と京都とを結ぶ飛脚を民間に委託していた。飛脚は三系列あり、江戸とのやりとりは「町飛脚」に託し、二〇日ごとに出ていた。京都には「町三度飛脚」に託し、七の日月三度出ていた。加賀藩の金沢には「中使《なかづかい》」が月六度出ていた。また、宝永五（一七〇八）年の文書によれば、富山―江戸間の飛脚の所要日数と路銀は、中飛脚で六日（冬七日）・一〇里につき銀二匁《もんめ》、早飛脚では四日と二時《とき》（冬五日と二時）・一〇里につき銀三匁であった。

**飯田藩**　飯田藩がどこか定まった飛脚問屋に御用を請け負わせていたか不明だが、塩沢仁治の『城下町飯田』によると、嘉永五（一八五二）年、江戸屋敷宛の書状一通に二分《ぶ》の銭と「人足賃銭拂帳」を添えて、道中方の証明により宿継送で送っている。その賃銭払帳の内容を整理したものが**表2**がである。一種の御用飛脚になろう。

ケーススタディーとなるが、具体的に説明しよう。まず、藩は最初の飯田宿に書状と二分の銭と通帳を届ける。飯田宿は次の市田宿に書状と二分と通帳を継ぎ送る。そこで二朱《しゅ》を文に崩す。一分は四朱、一朱は四〇〇文《もん》のレー

### 表２　嘉永５年 飯田―江戸間書状送達費用 （各宿受取額明細）

| 国名 | 街道 | | 宿名 | 各宿の刻付 | | 人足数 | 2朱<br>両替額 | 各宿受取金額 | 定人足賃 | 宿口銭 |
|---|---|---|---|---|---|---|---|---|---|---|
| 信州 | 伊那街道 | 1 | 飯田 | 5日 | 午刻 | 1人 | | 2分 | ― | |
| | | 2 | 市田 | | 未中 | 1人 | 800文 | 2分 | 45文 | 4文 |
| | | 3 | 大島 | | 酉上 | 1人 | | 1分2朱 751文 | 21文 | ― |
| | | 4 | 片桐 | | 酉中 | 2人 | | 1分2朱 730文 | 164文 | ― |
| | | 5 | 飯島 | 6日 | 暁七ツ | 1人 | | 1分2朱 566文 | 78文 | 4文 |
| | | 6 | 上穂 | | 辰上 | 1人 | | 1分2朱 484文 | 42文 | ― |
| | | 7 | 宮田 | | 辰下 | 1人 | | 1分2朱 442文 | 75文 | ― |
| | | 8 | 伊那部 | | 巳下 | 1人 | | 1分2朱 367文 | 64文 | ― |
| | | 9 | 高遠 | | 未下 | 1人 | | 1分2朱 303文 | 55文 | 4文 |
| | | 10 | 四日市場 | | 酉上 | 2人 | | 1分2朱 244文 | 64文 | 4文 |
| | | 11 | 御堂垣外 | | 戌上 | 2人 | 800文 | 1分2朱 176文 | 288文 | 4文 |
| | 甲州街道 | 12 | 金沢 | | 子下 | 2人 | | 1分 684文 | 158文 | ― |
| | | 13 | 蔦木 | | 寅下 | 1人 | | 1分 526文 | 56文 | 4文 |
| 甲州 | | 14 | 台ヶ原 | 7日 | 辰下 | 1人 | | 1分 466文 | 117文 | ― |
| | | 15 | 韮崎 | | 未中 | 1人 | | 1分 394文 | 106文 | ― |
| | | 16 | 甲府 | | 酉上 | 1人 | | 1分 243文 | 41文 | ― |
| | | 17 | 石和 | | 酉下 | 2人 | | 1分 202文 | 72文 | 4文 |
| | | 18 | 栗原 | | 戌下 | 2人 | | 1分 126文 | 44文 | 4文 |
| | | 19 | 勝沼 | | 亥下 | 2人 | | 1分 78文 | 72文 | ― |
| | | 20 | 鶴瀬 | | 子下 | 2人 | 779文 | 1分 6文 | 174文 | ― |
| | | 21 | 黒野田 | | 寅上 | 2人 | | 2朱 611文 | 106文 | ― |
| | | 22 | 中初狩 | 8日 | 卯上 | 1人 | | 2朱 505文 | 49文 | 4文 |
| | | 23 | 上花咲 | | 辰上 | 1人 | | 2朱 452文 | 17文 | ― |
| | | 24 | 大月 | | 辰下 | 1人 | | 2朱 435文 | 15文 | ― |
| | | 25 | 駒橋 | | 巳上 | 1人 | | 2朱 420文 | 19文 | ― |
| | | 26 | 猿橋 | | 午上 | 1人 | | 2朱 401文 | 29文 | 4文 |
| | | 27 | 上鳥沢 | | 午下 | 1人 | | 2朱 368文 | 58文 | ― |
| | | 28 | 犬目 | | 午 | 1人 | | 2朱 310文 | 32文 | 4文 |
| | | 29 | 野田尻 | | 未下 | 1人 | | 2朱 274文 | 42文 | ― |
| | | 30 | 鶴川 | | 申中過 | 1人 | | 2朱 232文 | 19文 | ― |
| | | 31 | 上野原 | | 申下 | 1人 | | 2朱 213文 | 36文 | 4文 |
| 相州 | | 32 | 関野 | | 夜戌上 | 2人 | | 2朱 173文 | 56文 | ― |
| | | 33 | 吉野 | | 戌下 | 2人 | | 2朱 117文 | 76文 | ― |
| | | 34 | 興瀬 | | 亥中 | 2人 | 784文 | 2朱 41文 | 224文 | |
| 武州 | | 35 | 小仏 | | 子下 | 2人 | | 601文 | 176文 | 4文 |
| | | 36 | 八王寺 | | 寅上 | 1人 | | 421文 | 46文 | 4文 |
| | | 37 | 日野 | 9日 | 卯中 | 1人 | | 371文 | 54文 | ― |
| | | 38 | 府中 | | 辰中 | 1人 | | 317文 | 35文 | 4文 |
| | | 39 | 下石原 | | 巳中 | 1人 | | 278文 | 48文 | ― |
| | | 40 | 下高井戸 | | 午中過 | 1人 | | 230文 | 46文 | 4文 |
| | | 41 | 内藤新宿 | | 未下 | 1人 | | 180文 | 39文 | ― |
| | | | 堀石見守 | | 申下頃か | | | （残額） 141文 | | |
| | | | | | | 54人 | 3,163文 | | 2,958文 | 64文 |

出典：　塩沢仁治『城下町飯田―中馬で栄えた商業都市』所収の「嘉永五子年十一月五日牛之刻出飯田江戸間甲州駅々宿継人足賃銭その他」のデータから作成。

ートだ。市田宿は定人足賃四五文と宿口銭《こうせん》（手数料）四文の計四九文を差し引いた残りの一分二朱七五一文を、書状と賃銭払帳とともに次の大島宿に継ぎ送る。これらのものを継ぎ送られた宿は、前宿と同様に、経費を差し引き残りの銭と書状そして賃銭払帳を更に次の宿に継ぎ送っていく。文銭がなくなると、一回について二朱ずつ文に両替したが、鶴瀬宿と興瀬宿での両替では数文の手数料が差し引かれている。

飯田から伊那街道と甲州街道を経由して四一宿六六里（二六四キロ）を継ぎながら江戸藩邸まで五日で書状が届けられた。その際、書状のほかに残金、そして刻付や銭勘定が記帳された賃銭払帳も藩邸に提出されたことであろう。両替総額三一六三文、経費総額三〇二二文（定人足賃二九五八文と宿口銭六四文）、残金一四一文となった。このような現金付の書簡継送、几帳面な帳付が可能であった当時の宿駅の管理体制には驚くものがある。このような形で公用信を託すことができた安全性と信頼が民間飛脚に築かれていたのは、永年の実績と経験の積み重ねによるところが大きかったといえよう。

## 4　町飛脚（民間の飛脚）

幕府と大名（藩）の公用飛脚をみてきたが、江戸時代、民間の飛脚も大きく発展する。それは、農業や商業の発展に伴い増加する商業書簡や商品などの逓送を担い、全国規模の飛脚による江戸の通信ネットワーク、物流網に育っていく。公用の飛脚に対して、民間の飛脚は「町飛脚」と呼ばれるようになった。町方の飛脚という意であろうか。藪内吉彦の『日本郵便創業の歴史』、巻島隆の『江戸の飛脚』、山﨑好是の『飛脚』などの文献により、以下、町飛脚の概略をまとめてみた。

## 起源

町飛脚の草創期の姿を、東海道の例で示せば、おおよそ次のようなものであったろう——。正確な時期は特定できないが、自然発生的に誰とはなく上方と江戸とを結ぶ飛脚をはじめた。自ら街道を歩き信書や荷物を運ぶ、もっとも原始的な歩行《かち》飛脚であった。彼らは江戸に出て小商《こあきない》をする上方商人と使用人たちであった。飛脚は片手間の仕事ではあったが、後年、飛脚を専門とする大商人に成長していく者が出てくる。ある家声録には、大店《おおだな》となる和泉屋や大坂屋は豆腐屋さんや八百屋さん、備前屋は茶碗屋さんであった、と記されている。

一七世紀初頭、江戸は、町造りが開始されたばかりで街区も定かではなかった。そこで上方から着いた飛脚は、宿の前に筵《むしろ》を敷き、はるばる運んできた信書や荷物を並べた。そこに人々が集まり、銘々自分宛の手紙を見つけて受け取り、返事はいつまでに持ってくればよいかなどと飛脚に訪ねる光景がよくみられた。また、別の飛脚は、日本橋が土橋《つちはし》であった頃、その河原に筵を敷いて手紙を並べ受取人を待っていた。

江戸の野外郵便局とでもいえようが、懐かしい祭りの露天商の姿とどこか似ている。このような素朴な形で商人による飛脚の商売がスタートしたのである。

### 三度飛脚

町飛脚は、当初、町方のものではなく、武家の私信や荷物を運ぶことからはじまった。豊臣滅亡後、大坂城や二条城などの警備のため、江戸から旗本らが京大坂に単身赴任してきた。「番衆《ばんしゅう》」と呼ばれた彼らは、江戸の留守宅などへの連絡には公用の飛脚が使えない。そこで番衆の家来や臨時の請負人などを飛脚の宰領にして、江戸—大坂間を月三往復させる。道中馬三疋継立、八日限と決められた。町方の宰領でも、飛脚は城内番衆の武士の飛脚である。そこで御月番御組頭御紋付の法被《はっぴ》を着て帯刀しての旅となった。まことに厳《いか》めしい出《い》で立ちである。月三往復したから、「三度飛脚」と呼ばれるようになった。

寛永年間、大坂の飛脚業者が一定の冥加金《みょうがきん》を納め、この御用飛脚を利用して町方相手に商売をはじめた。その方法は、『駅逓志稿』にも説明があるが、宰領が乗る馬に御用のものを積み、残り二疋に町方の荷物を積んで旅をした。それでも武士の飛脚だから、町方の宰領は紋付法被帯刀の姿である。この便法は、商用では宿場で馬を借りることが難しかったから、敢えて商用と唱えなかった。商人の知恵である。

一六六三（寛文三）年、大坂四軒・京都三軒・江戸七軒の一四軒の飛脚業者が飛脚組合を結成し、宰領は衣装を商人風に改め、町飛脚問屋抱宰領として任につくことなどを決める。そして幕府から新たに三度飛脚の営業許可を取得し、御用飛脚に見せかけた営業を廃した。三都の飛脚業者は、月三度、各宿場で一回六疋（京都三疋・大坂三疋）の伝馬を相対賃銭で利用できる特権を活用しながら、公用書簡や荷物をはじめ、町方の商人の手紙や荷物を運ぶようになる。商人の三度飛脚の誕生である。

三度飛脚

三都の飛脚は、大坂は「三度飛脚問屋」と、京都は「順番飛脚問屋」と、江戸は「京大坂定飛脚問屋」と呼ぶ。順番飛脚の呼称は、不名誉なことに、京の飛脚が雨天や荷物の多いとき勝手に休むので、公用が差し支えるとして、町奉行から順番に必ず飛脚を差し立てるように命ぜられたことに由来しているという説がある。この頃になると、三度飛脚は一般名詞化し、荷が増えて三度以上になっても三度飛脚であったし、前記一四軒以外の飛脚業者も三度飛脚と名乗る者も出てきた。なお、京都・大坂・江戸の三都市で営業する飛脚を総称して「三都飛脚」とも呼ぶことがある。

看板に、京大坂では「江戸屋」、江戸では「大坂屋」と掲げる飛脚問屋が出てきた。前者は江戸への、後者は京大坂への飛脚を仕立てる店という意味で使われた。上方商人の主導ではじまったこともあり、江戸の飛脚問屋は全員上方の出身者であったし、当初、宰領も京大坂の者に限られていた。

ここで飛脚問屋と宰領の関係についてふれておこう。飛脚問屋は輸送手段となる人馬を持っていない。ただ引き受けた荷物や書状を運ぶ飛脚を仕立てるのが仕事だった。道中、人馬継立を実際に仕切るのは飛脚問屋から託された宰領である。つまり飛脚問屋は顧客から受け取った賃銭の一部を、宰領に道中駄賃として支払う。宰領はその範囲で収支のバランスをとった。一方、飛脚問屋は残った賃銭で御店《おたな》の経費を賄い利益を出した。形式的にみれば、それぞれ独立した営業体ではあったが、宰領は飛脚問屋に従属していた。

**定飛脚**

一八世紀に入ると、飛脚業者が乱立し、加えてスピードを売り物とした「早飛脚」などのサービスを投入するなど、業者間で熾烈な競争が行われるようになった。早飛脚の仕組みは、宰領が各宿駅で人馬を継ぎ変えて荷物を運んでいたが、この方法を止めて、町飛脚自らが専用の継所を街道筋に設けて荷物を継ぎ送ったのである。町方による継飛脚といってもよい。また、川支《かわづかえ》（川止め）などの際、急ぐ書状などを途中で箱から抜き出して雇った者に持たせて急行させる「抜き状」という方法も編み出した。町飛脚の過熱な競争によって街道の秩序が乱されることを恐れた幕府は、抜き状だけを認め、早飛脚は禁止した。

町飛脚がスピードにこだわった背景には、次のような実態があった。すなわち経済発展に伴って物資輸送が増大し、宿駅では滞貨もしばしば起こり、その上、公用優先で町飛脚の荷物が後回しにされていた。その結果、江戸―大坂間を五日か六日で走る早飛脚が七日から八日かかり、同じく八日か九日で走る並飛脚に至っては三〇日もかかることもあった。加えて、各宿場は公用継立のコストを民間に転嫁しようとし、町飛脚に対して高い駄賃を要求するようになった。だから、飛脚問屋は公用荷物と一緒に商用荷物を混載したとき、あるいは商用荷物だけのときも、大名や公家の絵符を荷物に差し立てて、御用飛脚と詐称して宿場で優先通行すなわち継立のための人馬を確保しようとした。このような絵符の乱用によって宿駅制度が疲弊しかねないと判断した幕府は、延享四（一七四七）年、絵符の不正使用を禁じた。

宿駅での馬支《うまづかえ》（馬の不足）が深刻化するなかで、絵符の不正使用禁止だけでは宿駅の不全常態を解決することにはならなかった。そこで、安永二（一七七三）年、江戸の飛脚問屋九軒が冥加金を幕府に上納することを条件に、株仲間として継立などで特権的な地位を認めるように道中奉行に嘆願書を提出した。九年後、幕府は江戸の飛脚問屋九軒を京大坂定飛脚問屋として公認した。いわゆる江戸定飛脚問屋仲間の誕生である。道中奉行は、東海道筋の宿場や川越を取り仕切る川役人に対して、定飛脚の継立駄賃は御定賃銭（公定料金）によることとし、飛脚荷を滞留させないため助郷馬を出してでも継立を行うように触《ふれ》を出した。幕府にとっても、飛脚問屋が扱う武家の荷物には重要な公用書簡も含まれており、その逓送の正常化には異論のないところであったろう。

定飛脚焼印札と札入

公認された江戸定飛脚問屋仲間は、初年一〇〇両、翌年から年五〇両ずつ上納することになった。また、道中を進む宰領は「定飛脚」と書かれた会符を馬荷に差し、「(定)」と焼印された札を所持しなければならなかった。各駅宿は、提示された焼印札を手許の焼印札と照合し、焼印が一致すれば、御定賃銭（相対賃銭の約半額）による人馬継立を許可した。また、店先に「定飛脚」の看板を出すことも認められた。上方の飛脚問屋は「定飛脚」を名乗ることをはじめ渋っていたが、江戸定飛脚問屋と相仕《あいし》（提携）関係にあること、それに定飛脚の名称が広く定着してきたため、文化元（一八〇四）年、大坂の三度仲間は大坂町奉行所に願い出

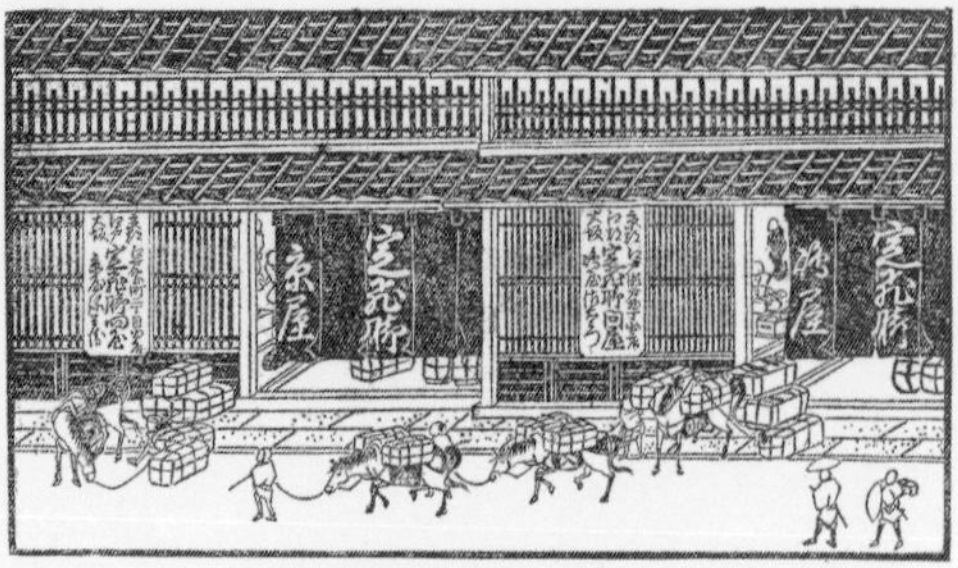

京屋と嶋屋の藤岡店

て、定飛脚を名乗るようになった。後年、京都も定飛脚を名乗る。

### 飛脚のネットワーク

三度飛脚の仲間は、互いに相仕（提携相手）として飛脚を共同で運営する。それはまた第三者の参入を制限し仲間の利益を最大化する閉鎖的な組織でもあった。一八世紀半ばになると、三度飛脚の仲間は江戸九軒、大坂九軒、京都一三軒の計三一軒、当初の一四軒と比べると倍以上になっている。なかでも京都の定飛脚問屋十七屋孫兵衛の繁盛ぶりは抜きん出ている。江戸の川柳に「十七屋日本の内ハあいといふ」と詠まれるほどであった。

ケーススタディーになるが、十七屋の取次地は、東海道では、藤沢、小田原、箱根、三島、沼津、吉原、岩淵《いわぶち》、興津《おきつ》、江尻、府中、藤枝、島田、金谷、掛川、見附、浜松、新居《あらい》、吉田、岡崎、池鯉鮒、宮、桑名、四日市、関、土山《つちやま》、水口《みなくち》、草津、大津の二八カ所。日光道中・奥州では、宇都宮、喜連川《きつれがわ》、白川、郡山、二本松、福島、桑折《こおり》、仙台の八カ所。上州では、藤岡、高崎、伊勢崎、前橋など六カ所。上州ルートは養蚕地帯の絹を西陣に送り出す役割を果たしていたので、江戸時代のシルクロードといわれている。

これらの都市が有機的に結ばれて、江戸—大坂間は月一二回、江戸—仙台間は月六回、江戸—西上州間は月一二回、江戸—東上州間は月四回の飛脚が往来した。このほか、江戸—木曽路—京都、甲府—木曽路—京都の臨時便もあり、三都を中心にしつつも、十七屋は、大坂から仙台までの地域をカバーする飛脚の全国ネットワークを完成させていた。

大坂の嶋屋は京都の京屋と並んで代表的な大手飛脚問屋であり、東国へ手堅く輸送ルートを延ばしている。嶋屋の組織図をみると、江戸瀬戸物町に江戸店を置いて、上州には藤岡、桐生、高崎、伊勢崎の四カ所に出店《でみせ》を出した。また、桐生店の下には太田と大間々に、高崎店の下には渋川にそれぞれ取次所を設けた。また、福島、仙台、山形、水原《すいばら》（新潟県阿賀野市）、新潟、三条、箱館（函館）にも出店を構える。以上が直営店であるが、相仕すなわち提携関係をみると、取次所は東海道の五二業者と結び、奥州街道や中山道でも同様に街道筋の業者と取次契約を交わしている。このように、嶋屋は関東以北に強い飛脚のネットワークを敷いていたのである。

もちろん、その他の街道にも、飛脚網が順次整備されていく。方法は、飛脚仲間が相互乗入などの協定を結び、ネットワークを拡大していったのである。例えば、大坂の津国屋は兵庫などへの飛脚は直営だったが、長崎便は大和屋と、西国筋早飛脚は堺屋と、下関などへの舟便は水運業者の尼崎屋とそれぞれ業務提携をしていた。

### いろいろな飛脚

江戸の商人はさまざまなニーズに着目して、新たな商売《あきない》を創り出してきた。飛脚の世界でも例外ではない。これまで紹介してきた基本的な飛脚のほかに、各種ニーズに応える、いろいろな飛脚を生み出していた。以下、その一例である。

**六組飛脚**　町飛脚には、定飛脚のほかに六組飛脚があった。簡単に述べれば、定飛脚は各宿駅で人馬を継ぎながら書状などを運ぶ飛脚に対し、六組飛脚は参勤交代の諸大名の荷物を同じ者が通しで目的地まで運ぶ飛脚である。だから「通日雇《とおしひやとい》」とか「上下飛脚」とも呼ばれた。寛政元（一七八九）年、道中奉行から六組飛脚仲間が認められた。最初の仲間は、日本橋組、神田組、山之手組、大芝組、芝口組、京橋組の六組一九三軒であった。定飛脚仲間の数と比べるとかなり多い。日本橋組（後に京橋組）の若狭屋忠右衛門は歩行飛脚をはじめ仕立ていたが、後に東海道に独自の継所を設置して通馬《とおしうま》による早飛脚を開始した。早飛脚は荷継回数が定飛脚よりも少ないので輸送時間が短縮できる。そのため商人から歓迎された。もっとも定飛脚問屋からの反対も出て、既述のとおり、早飛脚は禁

ちりんちりんの町飛脚

止されてしまう。定飛脚にとって六組飛脚は手強い競争相手になったが、後年、六組飛脚屋と業務提携する定飛脚問屋も現れてきた。一九世紀に入ると、競争に勝ち抜くための有効な飛脚ネットワークを築くために、株仲間の枠を越える提携が意外と進んでいたのかもしれない。

**市中飛脚**　江戸や大坂などの大都市では、市中とその周辺を配達エリアとする、まさに町飛脚が登場する。町飛脚のなかの町飛脚《シティーポスト》である。その様子が書状箱を担ぎ、棒の先には風鈴を付け、それを鳴らしながら町を走ったので、「ちりんちりんの町飛脚」と呼ばれた。また、町小使、町使、便り屋ともいう。ある記録によれば、浅草に二三、以下、日本橋・神田に各九、京橋・吉原に各四、芝に三、品川・本所《ほんじょ》・下谷・深川・四谷・四谷新宿に各二、三田・麻布《あざぶ》・高輪《たかなわ》・湯島に各一軒の町飛脚を営む店があった。主な料金は、日本橋から芝大門（配達のみ）は代二四文、芝大門から品川（同）は代三二文、麹町《こうじまち》から新宿（返事取り）代五〇文、遠所は代一〇〇文などとなっていた。安い料金であったこともあり、武家も町人も気楽に利用していた。江戸っ子にとっては、この町飛脚が一番身近な飛脚であったろう。もちろん、江戸以外の大坂、京都、そして地方の都市にも形を変えて地域の飛脚が存在していた。

**金飛脚**　一六七一（寛文一一）年、大坂と江戸の飛脚問屋が協力して、両都市間で実際の金銀を輸送する「金《かね》飛脚」を開始した。それは島屋三右衛門ら一四名が「手板組」という組合を作り、月番を定めて、金子入りの書状を運ぶ金飛脚であった。手板とは、厚手の紙で作成された荷送状のことで、そこにまず引受の印鑑をもらい、金子を届けたときには受取人から受取の印鑑をもらった。印鑑がある手板は後々の証拠となる重要書類となったから、土蔵に厳重に保管したという。金飛脚とわざわざ名乗れば、大金を運んでいると宣言するようなものであり、金子を運ぶ飛脚を狙う強奪事件は後を絶たなかった。宰領の仕事は危険と背中合わせであったともいえよう。

**米飛脚**　米飛脚も有名である。当時、大坂堂島の帳合米相場が米の国内取引の基準値となり日々変動していた。毎日、相場が決まると、それを印刷した相場触が出される。触は米飛脚によって近畿一円、西国筋の豪商、米穀商人たちに向けて急送される。大坂では、この米飛脚が高度に発達し、米相場の通報のみならず、商人や庶民の用にも大いに活用された。新式郵便の創業直後、郵便線路は大坂までだったので、米飛脚が大坂以西の郵便物を逓送する。いわゆる飛脚幸便の任に就いている。

**糸荷宰領**　オランダ船など外国船から長崎に陸揚げされた、幕府管理の生糸などの輸入貨物が堺や大坂に輸送された。その輸送は海路では幕府が公認した糸荷《いとに》廻船《かいせん》が、陸路では公認された糸荷宰領が独占していた。運賃は海路が安かった。幕府が慶長年間（一五九六―一六一五）に堺の三五艘《せき》の船株を公認した記録はあるが、宰領仲間については不明である。糸荷宰領は九州から山陽道にかけて糸荷宿を設けて、輸入貨物を輸送するとともに信書も逓送した。町方のものも取り扱ったが、六組飛脚も糸荷宰領も御用の性格が強い飛脚であったといえよう。

## 5　藩内の飛脚

これまでみてきた飛脚は、市中飛脚を除けば、基本的に街道筋を行き来する都市間を結ぶ飛脚であった。しかし、各藩では領内に独自の飛脚のネットワークを敷き、さまざまな触を発出し領内の村々に内容を伝達している。それは同時に村々の情報を吸収する役割も果たしていた。今様に表現すれば、ローカル・エリアのコミュニケーション・ツールだ。

藩内の飛脚で多くみられたものは触状や廻状（公文書）であった。廻状は「廻文」とか「触状」とも呼ばれ、行政的に必要な事項を伝えるものであった。名前のとおり、廻状は順番に回し読みされ、発信者に返却された。最後に受け取る者を「留」といい、村の場合には「留村」といった。廻状の内容は筆記して写がとられたが、その写の簿冊を「御用留」という。

主要街道の宿継と区別し、廻状や村相互間の文書送達を「村継《むらつぎ》」とか「村送《むらおくり》」といった。村継の運営は村政を担う村方《むらかた》三役（名主《なぬし》、組頭《くみがしら》、百姓代《ひやくしようだい》）に付属し、経費は飛脚賃を含めて村入用《むらいりよう》から支払われた。

第5章でふれるが、この村継の仕組みが、新式郵便の地方における配達ネットワーク形成に大きく貢献する。理由は、村継がいわば行政の最小単位をベースに築かれ、世帯をほぼカバーすることができる仕組みであったからである。以下、少し事例を紹介しよう。

**八戸藩の一里飛脚**

三浦忠司の『八戸藩の陸上交通』によれば、盛岡藩から別れた八戸藩には一里飛脚があった。単に「一里」とも呼ぶ。藩創設の寛文四（一六六四）年、盛岡藩の制度を準用し制度化したものと考えられている。まず、城中諸役所と出先機関である代官所などとを結ぶ街道筋に、およそ一里（一里は約四キロ）ごとに継所を開設する。代官所には、継立に従事する村から出された者あるいは村が雇った人足が待機していた。彼らを「御状持」という。リレー方式により、御状持は、継ぎ送られてきた城中諸役所や代官所の御用状を、次の継所まで運んだ。継所の村に番小屋があり、そこで次の御状持に継ぎ送る。もし番小屋がなければ、村の一里番の担当者のところで次の御状持に継ぎ送った。

八戸藩では代官所が名久井《なくい》（藩政中期には廃止）、軽米《かるまい》、志和《しわ》、久慈に置かれていた。一里飛脚の経路については不明な点もあるが、八戸から、名久井代官所へは三戸《さんのへ》街道が使われ、途中、櫛引《くしひき》、苫米地《とまべち》、剣吉《けんよし》に継所が置かれていた。同代官所は剣吉にあった。軽米代官所へは上り街道が使われ、途中、天狗沢、市野沢、苅敷山《かりきしやま》、観音林《かんのんばやし》に継所があった。また、このルートは、軽米から奥州街道を経て盛岡、そしてその先の飛地にあった志和代官所にまで継いでいた。久慈代官所へは久慈街道が使われ、田代に継所があった。

**土佐藩の村送り**

土佐藩の村送りについては香宗我部《こうそかべ》秀雄の『土佐の村送り切手』の本が詳しい。それによると、四国を統治した長宗我部《ちょうそかべ》元親《もとちか》が駅制の整備にも意を注いでいた。慶長元（一五九六）年に制定された長宗我部百箇条掟書には「急用の時に遅れた飛脚は斬首に処する」などという条《くだり》がみられる。元親が秀吉の四国征伐で破れた後、山内一豊《やまのうちかずとよ》が土佐に入ったが、元親の遺法を受け継ぐ。

土佐では継所を「送番所《おくりばんしょ》」と呼んだ。役人の移動、御用物、書状などを継ぎ送る役所である。送番所は街道沿いにほぼ三里おきに置かれたが、主なルートは次のとおり。①城下の江ノ口から東に向かう二六里の甲浦往還、②江ノ口から西に向かう三六里の松尾坂往還、③江ノ口から北東に向かう一六里の山北通り、④江ノ口から北西に向かう一五里の用居往還、⑤松尾坂往還の窪川から枝分かれして北西に向かう一六里の中家地往還の五本の街道だ。送番所の設置数は天明年間（一七八〇年代）に八六カ所を数えたことがあるが、土佐全体でだいたい三〇カ所ほどであった。

村送りは、大別すれば、公用状の緊急度に応じて、村送《おおおくり》（一時《とき》一里で継送）、急送《きゅうおくり》（速達便）、昼夜送《ちゅうやおくり》（昼夜一時一里で継送）、時付送《ときつきおくり》（一時一里で継送、各庄屋が受取時間を書状に記載）、笹送《ささおくり》（黒船到来などの重大事の通報）に区分できる。なお、笹送の名前の由来は、「手紙を笹竹に結び付けて、馬上に捧げ持った武士が、この笹が枯れないうちに城に届けた」という話から来ている。

明治五年六月、私信も扱う新式村送り（県内駅逓）がスタートした。これまでのインフラとノウハウをそのまま

村送り切手

受け継ぎ、街道沿いに三〇カ所以上の駅場、枝道にも駅場があり、県内隅々まで継送の体制を整え、毎日上下各一便を走らせた。明治五年八月、新式郵便が高知県内に一八の郵便取扱所を設け業務を開始した。土佐の村送りが有名になったのは、県が独自の切手を印刷して、新式村送りの利用者に使用させたことである。いわゆる「村送り切手」である。その新式村送りも二年ほどで幕を閉じた。その間、国の郵便と並存したが、大略、村送りは県内宛の手紙に、郵便は全国宛の手紙に利用された。

### 下総国印旛郡平塚村の廻状

八戸藩の一里飛脚と土佐藩の村送りの仕組みをみてきたが、廻状の継送が大きな仕事の一つとなっていた。ここで少し角度を変えて、そもそも廻状には何が書かれていたのであろうか、その点を検証してみたい。実は、天保一二（一八四二）年の下総国《しもうさのくに》印旛郡平塚村（千葉県白井《しろいし》市）の御用留が翻刻され、白井市が編纂した史料集に収録されている。

江戸時代、白井市一帯は下総国印旛郡に属し、木下道と松戸道が通っていた。木下道は白井宿を経由して行徳に向かう道だ。銚子の魚など海産物が利根川の木下河岸で陸揚げされ、それらが木下道を使って行徳まで運搬された。だから「鮮魚道」とも呼ばれていた。松戸道は手賀沼に入り平塚や富塚などを経て松戸に達する道である。また、この一帯は幕府の野馬の放牧場である牧の地でもあった。現在でも野馬土手が一部残っている。

江戸時代、一帯は幕府直轄の天領や旗本の領地が多かった。天保九（一八三八）年の記録によれば、平塚村も高岡藩井上筑後守領分（六三軒三九四人）、旗本井上伊織知行所（一八軒一一二人）、代官支配所の三者から支配を受けている。複数の者から重層的に支配を受ける典型的な当時の相給村《あいきゅうむら》の一つである。我孫子宿と白井宿の助郷も勤めていた。

**表３　天保12年 平塚村御用留の総括表**

| 差出人 | 点数 | 主な内容 |
|---|---|---|
| 藩地方役人 | 20 | 賄金や御用金の納入に関するもの、地方役人の罷免・就任、大御所薨御に関するもの、神社仏閣造営の寄進勧化など |
| 幕府代官 | 11 | 夏成年貢の納入、宗門人別帳などの諸帳面や絵図の提出、人馬差出しの触、質素倹約の触など |
| 野馬関係役所 | 9 | 御払馬代金未納の督促、野馬捕り人足の差出し、野馬出生の際の放し飼犬の打留め、御用のための人馬触など |
| 手賀沼組合村の年番 | 7 | 組合納入金の割合、水行見分費や大森・竹袋村との出入についての出会相談 |
| 領内村役人 | 7 | 佃屋借財返済に関するもの |
| 江戸町奉行 | 2 | 佃屋一件についての差紙 |
| 我孫子宿、白井宿問屋 | 2 | 助郷勤めに関するもの |
| 勘定奉行普請役 | 1 | 定式普請開始の触 |
| その他 | 10 | |
| 計 | 69 | |

出典：白石町史編さん委員会編『白井町史史料集Ⅱ』所収の「平塚町当丑御用留天保12年」（438、517-539ページ）から作成。

以上の平塚村の状況を踏まえながら、それでは御用留の内容をみていこう。天保一二年一月から八月までの間に受け取った廻状の内容が書き留められているが、その件数は六九件で、月平均九件弱であった。**表3**は差出人ごとに件数と内容をまとめたものである。藩地方役人からの廻状が二〇件で一番多い。内容は、新領村々名主宛が大半で、負担金納入に関するものが多い。また、徳川家斉《いえなり》逝去に伴う鳴物停止の命令もあった。次に多かったのが幕府の代官所からの廻状で一一件。表に示すもの以外に、役人の手賀沼見分の予告なども含まれている。野馬放牧場があったことから、その関係役所の廻状九件が三番目になっている。

わずか戸数一〇〇軒に満たない小さな村に、幕府代官、領主など複数の支配者からの指示、組合村間の連絡、宿場の連絡などが村のミニ通信ネットワークを通じて行き来していたことが、平塚村の御用留からうかがえる。その内容も多様であり、借金の返済や村と村との出入り（争議）などに関する文書も散見できた。江戸の村社会の縮図を読み取ることができる。

本章では、飛脚について、江戸時代に完成した飛脚制度を幕府、大名、町方、そして藩内の飛脚にわけて述べてきた。その江戸の飛脚は、全国にネットワークを張り巡らせ、政治や経済を支える運輸通信の一大インフラストラクチャとなった。江戸や大坂では市中に高密度の通信サービスが展開され、さまざまな通信ニーズを満たしていた。それは政治経済の発展のみならず、江戸の文化を育《はぐく》む役割も果たしてきた。幕末の動乱で江戸の宿駅制度は崩壊するが、そのノウハウや仕組みが新式郵便の運営を助けることになっていく。次章以降において、江戸の飛脚の仕組みがどのように新式郵便のなかで活かされていったかについて論じていこう。

# 第2章　運輸業の近代化

## 1　宿駅制度の改革

徳川の世が終わり、明治の時代がはじまった。一八六八（慶応四）年三月、新政府は、天皇が神々に誓う形で五箇条の御誓文を発布し、公議世論と開国親和などの理想に基づき、諸外国から技術を学び日本を近代国家に造り変えていく基本方針を示した。続いて政府は七月、江戸を東京と改め、九月には元号を「明治」と定めて、さまざまな改革に乗り出す。富国強兵を目指して殖産興業に力を注いだのも、その一環である。官営で、造船・紡績・鉱山・炭鉱などの基幹産業が興され、鉄道や電信や郵便などの社会基盤も整備されていく。この章では、崩壊の淵に立たされた宿駅制度を陸運事業会社に再編し、維新後の物流そして郵便逓送を担う企業に成長していく過程についてみていこう。わが国運輸業の揺籃期の話である。

### 維新直後の梃子入れ

山本弘文の『維新期の街道と輸送』に詳しいのだが、幕末から維新にかけての宿駅は疲弊し崩壊寸前にあった。前章でみてきたとおり、宿駅の役割は、書状や物資の輸送を宿駅の村人や馬で行うことであった。人馬が不足すれば、近隣の村（助郷《すけごう》）から追加の人馬を出させた。宿駅の運営経費は、幕府からの給米支給や課税免除、人馬継立の賃銭で賄うことになっていたが、急激な物価高騰でとても賄《まかな》いきれるものではなくなっていた。加えて、経済拡大で物資輸送や人の移動が増加し、それに応えられる機能が当時の宿駅にはなかった。このように宿駅財政は破産状態、処理能力も限界を超えていた。そのため宿駅の負担軽減や役職辞退の嘆願が出され、更にはサボタージュなどの形で宿駅は負担を拒否しはじめる。幕府の権勢が揺るぎない時代にはとても考えられない事態であった。

しかし、鳥羽伏見の戦いではじまった戊辰戦争などにより国内各地に混乱が起きており、新政府にとっては軍事それに行政用の通信手段を是が非でも確保しなければならなかった。新政府おいて道中奉行に代わって運輸通信部門を統括したのが内国事務総監、次いで会計官の下に置かれた駅逓司である。実態は道中奉行の域を出るものではなかった。その駅逓司が慶応四（一八六八）年三月以降、宿駅への梃子入れを行うため、矢継ぎ早に改善策を打ち出した。主なものは次のとおりである。

改善策は、①物価高騰と悪化した宿財政に対応するため、公用定賃銭を正徳元（一七一一）年の元賃銭の七・五倍に引上げ、②宿駅と助郷を一体化し、広域で負担を平等化、③問屋場などを伝馬所に改組し、宿役人を伝馬所取締役に改名、④業務範囲を制限、⑤公用信の無賃逓送を廃止し、定飛脚問屋に委託することなどであった。もっとも、伝馬所取締役の多くは、旧来の問屋役や助郷総代などから選ばれ、実体的には何も変わらなかった。

宿駅財政の改善面でも次に述べるような事情により、所期の成果を上げ得なかった。まず、①の公用定賃銭の引上げでは、定飛脚問屋が既得権益を手放さず、駅逓司から馬一疋一里四四〇文、東海道往来に九三疋の使用、定便急便月三九便の運行を認めさせた。四四〇文は元賃銭の一一倍にはなるが、相対賃銭の一里一貫（＝九六〇文）の半額にも満たない金額だったため、宿駅の負担は依然として残ることになった。そのため、明治二年四月、定飛脚問屋に適用されてきた公用定賃銭が廃止され、相対賃銭によることになった。ここに、定飛脚問屋は、幕府の保護を受け株仲間だけによる独占運営と低く抑えられた継立賃銭により、利益を上げることができた永年の営業特権を失うことになった。

累次の改善策が打たれたものの、宿駅疲弊の原因となった特権的な料金体系と封建的な伝馬助郷制を実質温存したままの改善策であり、疲弊の原因を除去するには至らなかった。特に顕著だったのが、広域平等化が謳われたものの、助郷の負担がむしろ一方的に増大し、助郷の村人の生活はますます困窮していった。明治三年九月、駅逓司は失政を認め「駅法」を再び改正する。その骨子は、①宿駅と助郷を再分離する、②東海道宿駅の公用定賃銭を廃止し相対賃銭とする、③人足定賃銭を元賃銭の一二倍に値上げする、④前年七月に府藩県に設置した駅逓掛から官員を各宿駅に派遣し監督強化を図る、などであった。これらの一連の措置をもってしても改善の目処は立たなかった。

**改正掛**

ここで改正掛について少しふれておく。明治二年一一月、民部省に渋沢栄一を長とする改正掛が設置され、近代国家建設の筋道を描く明治政府のシンクタンクとなる。改正掛に集められた人材は旧幕臣の俊英な若手中堅官僚ら十数名で、外国事情に詳しい渡航経験もある開明派、国内事情に精通し行政能力に秀でた者などであった。郵便創業に大きな功績を残した前島密（**コラム1**）は同年一二月に、郵便開業準備に奔走した杉浦譲は翌年二月に改正掛にそれぞれ出仕している。改正掛では、時に大隈重信、井上馨、伊藤博文らも加わり、租税、貨幣、行政組織、度量衡、鉄道敷設、駅制、禄制などさまざまな議論が活発に行われ、国の根幹をなす施策が生み出されていった。だが、改正掛による急進的な改革は保守派や地方から強い拒否反応を生み、特に旧幕臣一掃こそが最重要と考える大久保利通らの巻き返しにあい、改正掛は二年弱で廃止される。短命ではあったが、その後も改正掛の提言は日本の近代化に影響を与えていく。

## 2 陸運会社

前段で述べてきたとおり、困窮する宿駅救済のためにいくつかの改善措置がとられてきたが、それはあくまで旧来の仕組みを前提とした対症療法的なものであった。同時に、次のことから、近代化を見据えた陸運行政の在り方を巡り、改正掛でもさまざまな議論がなされてきたことがわかる。

### 民営継立会社の構想

まず、民営継立会社の構想。明治三年五月一二日、民部・大蔵両省の合議によって「宿駅人馬相対継立会社取建之趣意説諭《せつゆ》振《ぶり》」が決定された。この説諭振は、各宿駅に置かれていた伝馬所とは別に、民間の貨客輸送を行う継立機関となるべき「会社」を各宿駅に設置させるための行政指導書である。今様にいえば民間活力の利用を狙ったものであろうが、会社とはいえ、旧宿役人を中心とする同業組織的なものであった。決定二日前に駅逓権正《えきていごんのかみ》に就任した前島も、そして杉浦も、この説諭振作成に当たって、改正掛での議論に入っていたことであろう。決定を受け、同月、説諭振周知のために駅逓司官員が各宿駅を巡廻する。

次章において詳述するが、この時期並行して、前島を軸に郵便創業に向けて作業が進められていた。六月二日、民部・大蔵両省の会議に郵便創業に関する件が提出され、七日には太政官に建議するための稟議が起こされた。このように郵便創業が現実化してきたためか、先行していた民営継立会社設立の話は一時中断する。同月一七日、前島は渡英を急遽命じられ、後任に杉浦が就いた。渡英は鉄道借款問題を解決するため、特命弁務使・大蔵大丞《だいじょう》の上野景範《かげのり》を補佐するためであった。前島にとっては郵便開業の準備に入ろうとしていた矢先の渡航命令となった。同二八日、上野ら一行は横浜から太平洋郵便蒸気船会社《パシフィック・メール・スティームシップ・カンパニー》（パシフィック・メール）のジャパン号に乗船し、アメリカ経由でイギリスへ向かった。

**陸運会社の設立周知**

九月に入ると、「陸運会社取建説諭振」が決定される。これは五月に行われた駅逓司官員の巡廻の時に得られた情報も参考にしながら策定されたもので、いわば別会社方式から直接方式、すなわち伝馬所を母体に会社を作る内容に手直しされた。これを周知するため、駅逓司の駅逓大佑の山内頼富、駅逓少佑の五嶋孝継、眞中忠直、中西義之の計四人が、東海道の各宿駅へ陸運会社設立の説明のため出発した。

一〇月六日から三日間滋賀県の大津県庁において、一〇日から五日間京都の大蔵省別局において、巡回した駅逓司官員と各宿駅との会議が行われる。会議を準備したのは、府藩県の駅逓掛員と伝馬所（旧問屋場）の宿役人であった。会議では、「陸運会社取建説諭振」により陸運会社の立上について、また、「郵便法説諭振」により郵便創業の趣旨説明が行われた。

**陸運会社の設立**

明治四年三月一日、新式郵便が東京—大阪間でスタートする。この郵便創業と並行して、陸運会社設立の準備が進められていた。五月になると、前年九月の「陸運会社取建説諭振」を踏まえて肉付けされた「陸運会社規則案」が作成され、その案が各宿駅に示された。藪内吉彦の『近代日本郵便史』によると、別途、杉浦が規則案を作成していて、三月二九日に太政官に建策している。杉浦案がどのように生かされたのか不明である。さて、官営郵便の創業は東海道の宿駅の仕事に携わる者にとっては死活問題となるため、杉浦は駅逓司官員を各宿駅に派遣して説得にあたらせた。秋頃から東海道では陸運会社設立に向けて動きが活発になる。

この時期に、駅逓組織のトップ人事が行われた。次章でもふれていくが、新式郵便創業直後の三月一〇日に杉浦が駅逓正《えきていのかみ》に昇任、七月二九日大蔵省に転出した。後任に和歌山県出身の浜口成則が駅逓正に就任、八月一〇日には駅逓頭《えきていのかみ》（駅逓司が三等寮に格上げされ駅逓寮になったため）に就く。翌一一日に前島がイギリスから帰国し、駅逓頭就任を大蔵大輔の井上馨に直接懇願した。その結果、一七日に浜口が和歌山県大参事に転出し、その後に前島が就任する。就任早々の差替人事となった。

前島が駅逓頭に就任した後の動きになるが、陸運会社設立申請書が提出された段階で、郵便業務を陸運会社に取り扱わせる方針を決定した。一二月二三日、東海道筋に陸運会社の設立を許可する旨関係府県に布達され、年末から年始にかけて各宿駅で、その地域の輸送特権が与えられた陸運会社が相次いで設立される。各駅陸運会社の誕生である。

### 伝馬所と助郷の廃止

明治五年一月一〇日、大蔵省達が発せられ、東海道筋では、陸運会社設立に伴い、伝馬所と助郷が廃止された。伝馬所で行なっていた郵便業務は、前記方針を受け、各駅陸運会社に委託された。また、宿駅に出張していた府県駅逓掛員は引き揚げることになったが、うち一八人を駅逓寮の準官吏に任命し、東海道筋の陸運会社を指導監督するために主だった宿駅に配置した。その後、郵便の全国実施と軌を一にして、東海道と同様に、全国の各街道と脇往還においても宿駅の陸運会社化が実施された。同年七月二〇日、全国諸道の伝馬所と助郷を八月末日をもって廃止する旨の太政官布告が発せられる。

ここに永年にわたって街道の輸送を担ってきた宿駅制度が廃止され、その後を輸送の地域独占が認められた陸運会社が行うことになった。この改革には、二つの側面があると思う。一つは宿駅を採算が維持できる地域陸運会社に育成することと、もう一つは陸運会社（宿駅）の継立機能を活用して郵便を逓送することであった。前者は宿駅を近代化し、国が郵便逓送を委託することにより採算を維持させる面がある。後者は新式郵便といえども、郵便逓送については旧来の輸送手段に依存せざるを得なかった面があった。いわば民営の会社組織になったとはいえ、幕府に代わって新政府が強力に指導する国家管理の陸運業の域を出ていなかった。

ここで忘れてはならないことは「助郷」の廃止である。官設の伝馬所が私企業となり相対賃銭が適用され、公用の特権的利用がなくなった。このことが、まさに宿駅の助っ人として強制的に人馬を借り出されてきた「助郷」をなくしたのである。古来より施政者によって維持され、封建的秩序によって運営されてきた宿駅制度（駅制）は終焉を迎え、新たな運輸通信の歴史がはじまった。このことについて、前島の遺稿『行き路のしるし』には次のように記されている。

其事本邦ノ史上ニ就テハ甚タ重大ノモノニコソアル、此改革ノ時ニ方リ内ハ官吏ノ旅行不便ヲ鳴ラスアリ外ハ宿駅衰頽ヲ訴フルアリテ甚タ苦辛モ多カリシ、去レド近クハ古昔ヨリ酸毒ヲ極メシ助郷法ヲ廃シテ大数人民ノ苦ヲ拯ヒ、遠クハ船車ノ便ヲ開キ物貨ノ運輸行旅ノ装具皆一変ノ時運ヲ来タシ、終ニ爾時ノ景状ヲナスハ国家ノ利ナリト知ル人ハ僅々少カリケリ

（前島密（橋本輝夫監修）「駅制改革と陸運会社」『行き路のしるし』三七ページ）

この当時「郵便の創業」と同様に「伝馬助郷の廃止」という歴史の転換点を通過したことに気付いた人は少なく、その意味するところを理解していた人は稀であった。

## 3　陸運元会社

宿駅を中心に駅制改革をみてきたが、定飛脚問屋にとっても駅制改革それに新式郵便の開始によって家業に致命的な打撃を受ける。他方、新政府にとっても定飛脚問屋への対応そして救済が急務となってきた。ここでは飛脚問屋の視点から、各地域に設立された陸運会社が定飛脚問屋を母体とする全国規模の陸運元会社へ収斂されていく過

江戸定飛脚問屋 和泉屋

程をみていこう。

### 崩れゆく飛脚問屋の権益

既にみてきたとおり、江戸時代、定飛脚問屋は幕府から独占的な地位が認められ、幕府をはじめ各藩からも書状・荷物の輸送を請け負い大きな利益を上げてきた。すなわち、定飛脚問屋が仕立てる飛脚は低廉な公用定賃銭で宿駅の人馬を継ぎながら荷物や書状を目的地に輸送することができたのである。明治二年四月、その公用定賃銭の定飛脚問屋への適用が廃止され、相対賃銭になってしまった。そのため書状逓送料は高騰する。翌年六月には、飛脚問屋への支払が大きくなりすぎたため、政府は急便の飛脚問屋への委託を禁止して、自ら伝馬所宿継便を組織し三都（江戸・京都・大坂）の間に走らせた。

この時期、郵便創業が政府内で立案されたことが飛脚問屋側にも伝わり、定飛脚問屋にとって一番利益が上がる信書送達分野に国が参入してくれば彼らが壊滅的な打撃を蒙《こうむ》ることが必至の情勢になった。そのため、明治三年八月に東京の定飛脚問屋が、続いて一〇月には関西の定飛脚問屋が郵便創業の撤回を求める嘆願書を政府に提出したが、いずれも却下される。

この間にも郵便創業の準備は進み、差し迫った状況に置かれた東京の定飛脚問屋は政府御用を務める「陸走運輸之運輸会社」設立の許可願いを政府に提出する。そこには、無駄を省き、飛脚賃を大幅に値下げする、と記されていた。ここでも許可は下りなかった。

明治三年一二月二日、『東京市史稿』や金子一郎の論文などによると、もはや郵便創業を阻止することは不可能であると判断した飛脚問屋側は、団結し官営郵便に対抗する姿勢をみせ、東京の和泉屋・京屋・嶋屋・山田屋・江戸屋の五軒で会社規則を作り、「定飛脚陸走会社」を開業させる。主導したのは和泉屋の吉村甚兵衛であった。このように短期間に陸走会社を立ち上げることができたのは、巻島隆が指摘するように、江戸期以来の仲間組織がベースにあったからであろう。それに、これら定飛脚問屋五軒の支店と飛脚取次所は全国に置かれており、それを結束した陸走会社のネットワークは創業時の郵便網を遥《はる》かに凌駕していた。この会社が本格的に機能したら、政府にとっては侮《あなど》れない存在となったろう。

郵便創業四カ月後の明治四年七月一五日、東海道とは別に、駅逓寮は東京―横浜間に郵便線路を新設した。平たくいえば、官営郵便が飛脚便のドル箱路線に殴り込みをかけたのである。横浜には、生糸をはじめさまざまな商品を扱う貿易商館が軒を連ね、郵便の需要は増加の一途を辿っていた。その上、英米仏の外国の郵便局も設置され、東京―横浜間には外国人が経営する郵便馬車も運行されていた。郵便需要の官営郵便への取込みはもちろんのことであるが、不平等条約撤廃を目指す日本政府としては、この地の郵便線路の確保は是が非でも実現しなければならなかった。このように官営郵便がスタートし業務が展開されていくと、飛脚問屋はますます厳しい状況に追い込まれていった。

**陸運元会社の誕生**

明治四年九月、駅逓頭に就任した帰国早々の前島は、定飛脚総代の和泉屋名代佐々木荘助を召喚し、イギリス仕込みの近代郵便の原理を熱心に説明し、飛脚問屋の近代化を説くとともに、官営郵便への協力を強く迫った。以後、前島の佐々木への説得（説諭）が続く。並行して、佐々木は前島の説得を踏まえて東京の定飛脚仲間に政府の方針を累次にわたり伝え、協議を重ねていった。翌年春頃までに、政府の断固たる決意を知らされ、定飛脚問屋側は政府に協力やむなしとの立場に傾いていった。

佐々木荘助

他方、郵便全国実施と駅制廃止を直前に控えた明治五年四月、前島は飛脚業への支援策をまとめて省議にかけた。今様に表現すれば、飛脚業界の収益源であった信書業務を補償もなく一方的に国有化したのだから、その業界が成り立つようにすることが政府の責任となろう。前島はそれに応えた。支援策の内容は、郵便に関係する金子入書状の逓送など重要業務を定飛脚側に委託する、というものであった。支援の背景には、官側の円滑な郵便運営には、ノウハウと経験を持つ定飛脚側の協力が欠かせなかったという官側の事情もあった。『行き路のしるし』によると、支援策が正式に決定されると、前島は佐々木を直ぐに召喚し、支援策を伝達するとともに、駅逓寮の指導に従い陸運業の近代化を求めた。

同年四月、定飛脚側から「陸運元会社」設立の願書が、続いて五月には「運輸仕法見込御伺書」、「陸運元会社規則」、「定式急行便其他常便無宰領継送り荷物運輸規則」、「各地会社申合規則案」などの諸規則が駅逓寮に提出された。これらを受け、駅逓寮は六月、省議および太政官正院への手続を経て陸運元会社の設立を許可した。前述の陸走会社を母体とした会社といってもよい。

**陸運会社の吸収合併と解散**

設立された陸運元会社は、駅逓寮の保護の下、総元締めとして各駅陸運会社を吸収合併していくことになる。そのことは、また運送請負業から自前の輸送手段を確保し、全国規模の近代的な運送企業へ脱皮することでもあった。だが、その実現までにはなお時間を要するのである。

明治五年七月、駅逓寮は寮議の決定により、陸運元会社への加入を積極的に奨める文書を各府県に送達した。これを受け、早速、佐々木は東海道の各陸運会社を巡回し、陸運元会社への合併を働きかけたが、次のとおり、結果は芳しくなかった。
元会社新定ノ例規ヲ承諾シテ真ノ商会ニ化スルモノハ僅ニ品川、藤沢両駅ノミ、唯其聯合ヲ諾シテ以テ他日ノ改正ヲ約スルモノハ興津、江尻、静岡、丸子、藤枝、島田、御油、赤坂、藤枝、鳴海、福田、前ヶ須、土山、水口、石部、草津ノ十六駅ノミ、其他各駅皆模糊トノ其旧慣ヲ恋眷シ、共ニ語ルヘキニ足ルモノ少ナシ、元来旧伝馬所ニ従事スル輩ハ多ク其財産ニ乏キヲ以テ更ニ各駅ニ令シテ名望財産アルモノヲシテ共ニ此商会ニ結合ンテ以テ陸運改正ノ実ヲ挙ン事ヲ請フ
（農商務省駅逓局『大日本帝国駅逓志稿・同考証』五五一ページ、一八八二年）

東海道以外では、東京に陸運元会社が設立されたとほぼ同時期に、北陸地方にも陸運元会社が誕生し、後に東京の陸運元会社と合併する。大阪では東京と密接な関係にあったため、最初から東京の陸運元会社の傘下に入った。関東東北地方においても、定飛脚問屋の出張店などが陸運元会社の出張店に改編する形などをとり、陸運元会社の輸送網が徐々に拡がっていった。他方、東海道筋の各駅陸運会社については、同年一一月一二日に岡崎・池鯉鮒・藤川・赤坂・御油・豊橋・二川の七社、同月二五日に亀山・関・坂下の三社の陸運会社との合併が報告されたものの、陸運元会社との合併は遅々として進まなかった。

明治六年四月、駅逓寮は陸運元会社に現金輸送の委託を開始する。この委託は前島と佐々木との間で交わされた約束に基づくもので、内容は、金子入書状の逓送と配達をはじめ、駅逓寮から各郵便取扱所へ交付する郵便脚夫の賃銭と取扱所の御手当金、それに郵便切手の輸送、また、各取扱所から郵便切手の売却代金の駅逓寮への輸送などであった。陸運元会社にとって、この業務を受託できたことは、経営基盤の安定に大きな力になった。

同年六月二七日、更に陸運元会社に対して大きな援軍となる布告が発せられた。太政官布告第二三〇号である。布告は、これまで飛脚と称する貨物を運送する営業をみだりに行うことを禁じ、営業を希望する者は陸運元会社に

入社または合併するか、あるいは改めて営業規則などを詳細に定め、駅逓寮の許可を受けることを義務づけた。

布告が出された背景には、次のような事情があった。次章で説明するが、地方公用郵便の料金半額制導入後に郵便取扱所の大幅新設が予定され、それに伴い、新設取扱所を結ぶ運送ルートと運送手段の確保が急がれていた。陸運再編といってもよいが、陸運元会社単独の勧誘だけでは再編できないと判断した駅逓寮が、私営の運送業を禁止し、各駅陸運会社とは名指ししていないものの、事実上、同会社の陸運元会社への合併を打ち出したのである。これによって、陸運元会社を中心とする全国陸運ネットワークが構築されていく。増田廣實は『交通・運輸の発達と技術革新』のなかで、陸運元会社は、布告第二三〇号を武器にして、布告が出された六月中に各地に社員を出張させ、出張店・会社・取扱所などの名称の下に傘下三四八〇店を全国各地に開店させることに成功した、と述べている。明治八年二月には、陸運元会社は社名を「内国通運会社」と改めて、鉄道貨物の取扱いを含め、まさに内国通運全般を統括する地位に立つことになる。後の日本通運株式会社である。

このように内国通運の基盤がほぼ固まったことを踏まえ、政府内部では各駅陸運会社の解散が議論されるようになり、同年四月には内務省布達が出され、五月末日を限りに各駅陸運会社が解散させられた。解散は陸運会社が宿駅の悪弊や旧弊から脱しきれなかったこともあろうが、布達には、諸道の陸運会社を個々に近代化させるより、陸運元会社の傘下に入れ、全国規模の近代的陸運業を短期間のうちに作り上げようとする政府の意図が感じられる。

**運送業自由化と佐々木荘助の死**

明治一二年、太政官布告第二三〇号が廃止となり、運送業が自由化された。これを機に、各地にさまざまな運送会社が設立され競争が行われるようになる。自由化二年後の明治一四年、佐々木荘助は吉村甚兵衛の後を継いで内国通運会社の社長に就任する。激化する競争に対処するため、佐々木は、会社経営のなかで新たな手を次々に打っていく。だが、明治二四年、郵便輸送業務の元請入札に敗れ、仕事を日本運輸会社に奪われた。翌年、佐々木は経営不振の責任を感じてか、ピストル自殺を遂げる。佐々木と対峙しながらも、明治維新、陸運元会社設立に向かってともに進んだ前島は、『帝国郵便創業事務余談』のなかで、「嗚呼星移り物換れば昔時の情も稍く滅尽するは世事皆然らざるなしとは云ひながら知らず二十四年内国通運の状態に対し帝国郵便は如何なる眼を以て之を観たるが故社長佐々木荘助氏の終焉は余之を語るに忍びざるなり」と述べ、佐々木を「稍々気力あり識量ある好男子」と評した。

前島と佐々木とのやりとりは詳《つまび》らかではない。『郵政百年史』には「飛脚問屋が前島の官営独占への強い意志に屈服したとみるべきであろう」と書かれているが、「飛脚問屋」を「佐々木」と置き換えて読むと、佐々木が前島に屈服したと読める。しかし、別の見方もできる。すなわち、前島の縷々説明する近代郵便と近代運送業が当時の先進国家のグローバル・スタンダードになっていることを佐々木は学び取り、その上で、国内に大きなネットワークを持つ定飛脚の陸走会社が官営郵便と手を組み、国から資金を環流させ経営基盤を確立し、近代的な運送業を創り上げる。このような視点で定飛脚仲間を説得し、陸運元会社設立に漕ぎ着けた。そう考えれば、佐々木は、崩壊寸前の陸運業を救い、業界の近代化を進めた功労者ではないだろうか。そして鋭く対立する官民の狭間に立って近代郵便の発展にも貢献した、ともいえよう。

令和二年、佐々木荘助の本格的な伝記が出版された。著者の松田裕之は伝記の中で「飛脚問屋は家業中最も利益の多い書状送達を官営郵便に明け渡す苦渋の決断を強いられる。荘助はこれを飛脚問屋の総意として実現したばかりでなく、物財輸送に特化した民間事業体＝内国通運会社の創設にも尽力した。やがて日通へと発展を遂げる同社の起ち上げに際して発揮したその経営手腕《マネジメントスキル》は、まさに黎明期実業史の白眉ともいえる」と記し、荘助を高く評価している。

## コラム1　前島密

前島密（まえじま・ひそか）は、天保六（一八三五）年一月七日、越後国頸城《くびき》郡津有村大字下池部（現新潟県上越市）で生まれる。幼名は房五郎。父は農家の上野助右衛門、房五郎の誕生の年に病没。母は高田藩士の伊藤源之丞の妹てい。幼少の頃、上野家を去った母と一緒に実家のある高田や糸魚川で暮らすが、生活は苦しかった。一〇歳で母と別れ、高田の儒学者の許で学び、一二歳で江戸に出る。三一歳の時、幕臣前島錠次郎の養子となり、江戸牛込赤城下町に住む。江戸に出て前島家に入るまでの約二〇年間、前島はさまざまなことに挑戦する。なかでも全国を北から南まで旅をし各地の砲台や港湾、そして民情を見聞した。西洋に強く引かれ、長崎滞在中に、アメリカ人牧師のカミング・ムーア・ウィリアムズやグイド・フルベッキらから英語を学ぶ。航海術も習得し、福井藩の黒竜丸の機関士長に任じられたりもした。ペリー来航の時には接見役の従者となり浦賀に赴くし、ロシア軍艦が対馬に侵入した時も外国奉行に随行し対馬に行っている。洋行を企て失敗したこともあった。この時期が前島にとって、西洋事情を知り、国防の重要性を痛感するなど広い視野を持つ人格形成に役立つ。号を「鴻爪《こうそう》」と称した。

後の話につながるのだが、前島が郵便の必要性を感じたのは、たびたび全国を旅行して街道筋の地形や状況に精通していたことと、旅行中に信書往来が自由にできないもどかしさを痛感していたことがあったからであろう。また、長崎でウィリアムズから聞いたアメリカの郵便の話。それは恰《あたか》も体中を循環する血液のようなもので、体の隅々まで行き渡り、身体を維持している、とウィリアムズは説明した。言い換えれば、国の隅々まで国営の郵便サービスが展開され、国民生活や経済を支えていることを血液の循環に譬《たと》えて説いたのであった。この時、ウィリアムズが見せてくれた手紙に貼ってある切手とその役割を前島は知る。

大政奉還後、駿河藩の浜松添奉行、開業方物産掛などに就く。名前を密に改めた。明治二年に明治政府から召喚され、翌年一月から民部省九等出仕となり改正掛に勤務する。政府での最初の仕事は、鉄道の建設費用と営業収支の見積書ともいうべき「鉄道憶測」を作成したことであろう。四月には租税権正《そぜいごんのかみ》になる。

前島が郵便創業にかかわる部署に最初に就いたのは、明治三年五月一〇日、民部省駅逓司の駅逓権正がはじめてであった。駅逓正《かみ》が空位であったので、駅逓司の実質的な最高責任者となった。だが、六月一七日、駅逓権正の職を解かれ、イギリスに出張を命じられた。八日後、アメリカ経由で出発する。このわずかな期間に、前島は宿駅の再生を目指す「宿駅人馬相対継立会社取建之趣意説論振」や「郵便創業建議書」などをまとめている。鉄道憶測の時もそうだが、短時間に大きなプロジェクトの構想をまとめ上げる前島の力量は評価されている。

前島の英米出張の主な目的は、鉄道借款問題を解決するためにイギリスに派遣される上野景範を補佐することであった。この本務の傍ら一年余にわたり、前島は精力的にアメリカやイギリスの進んだ郵便制度を視察し、時に実際に利用したほか、当局者から郵便の仕組みを聞き出している。この洋行で得た知識は、その後の日本の郵便近代化に大いに役だった。

前島密

前島は明治四年八月一一日帰国。大蔵省駅逓寮の駅逓頭《かみ》には浜口成則が就いていたが、前島は駅逓頭就任を井上馨に直訴し、同月一七日に発令される。組織改正などにより、明治一〇年に内務省の駅逓局長に、明治一三年には内務大輔、駅逓総官となる。翌年一一月八日、政変により大隈重信に近い前島は下野した。在任一〇年間に、郵便が全国実施され、均一料金制を採用、郵便の政府専掌化（独占）を実現し、外国郵便を開始、在日外国郵便局が廃止され、近代郵便の基礎ができあがった。ここまで来ることができたのは、前島の構想力そして郵便に対する熱い情熱があったからであろう。

下野から七年後の明治二一年一一月二〇日、前島は逓信次官としていわば古巣に戻る。就任中、郵便局と電信局を合併し郵便電信局とする、逓信管理局を廃止、本省に郵務局を復活させるなど逓信省の組織改革を行った。前島が組織改編に意を注いだことがうかがえる。明治二四年三月一七日次官を辞任する。二年四カ月の在任であった。

このように、前島が政府部内で郵便を所管する枢要ポストを三回、合わせて一三年間近くにわたり務め、駅逓官吏、逓信官吏らとともに今日の郵便の礎《いしずえ》を築いたのである。「郵便の父」と呼ばれる所以《ゆえん》であろう。

前島は郵便関係以外にも大きな足跡を残している。政治では大隈らと立憲改進党の結成に奔走している。教育では東京専門学校の校長に就任し、後の早稲田大学の創設に尽力した。国語調査委員長も務め、漢字を廃止して平仮名を国字にすべしと主張する。漢字廃止論者であった。鉄道では北越鉄道株式会社の社長に就任し、直江津—新潟間の鉄道敷設を手がける。その他、日本海員掖済会や東京盲唖学校などの要職にも就いている。明治三五年、それまでの勲功により男爵となり華族に列せられた。貴族院男爵議員となる。四年後には勲二等瑞宝章を受ける。晩年は仕事を離れ神奈川県三浦郡西浦村大字芦名（現横須賀市芦名）に建てた「如々山荘」で過ごした。大正八年四月二七日に亡くなる。享年八四歳。

最後に前島に関する図書についてふれる。市島謙吉が大正九年に編んだ自伝『鴻爪痕《こうそうこん》』という本がある。タイトルは前島の号を冠している。年譜、自叙伝、後半生録、逸事録、夢平閑話、郵便創業談、追懐録が集録されている。集録内容に増減があるが、その後何回か復刻されている。平成二九年にも株式会社鳴美から昭和三〇年改訂版が復刻された。有名な『郵便創業談』は前島の話を口述筆記したものを雑誌『太陽』の記者がまとめたもので、功績が強調されている。前島の記憶に負っているので公式記録とはならないが、創業期の背景を理解するにはたいへん便利である。また、明治一四年に書かれた前島直筆の『行き路のしるし』の遺稿があるが、橋本輝夫によって翻刻され昭和六一年に出版されている。前記二書は創業期の郵便史や前島伝記には、必ずといってよいほど引用されている。

　ちなみに、前島が晩年過ごした神奈川県三浦郡は郵政民営化を断行した小泉純一郎の選挙区神奈川県第一一区であった。現在は息子進次郎の選挙区である。

# 第3章　郵便創業

## 1　創業への助走

前章までの叙述を簡単にまとめれば、飛脚に代表される江戸の通信は宿駅と飛脚問屋のいわば協業によって運営され、それは交通と通信が渾然一体となっていた。明治に入ると、宿駅と飛脚問屋の機能が陸運元会社に集約されて、貨物の輸送業に特化していく。一方、飛脚問屋の機能であった信書送達の仕事が分離され、その仕事を官営の郵便が担うようになった。すなわち、交通と通信が分離され、それぞれの道を歩むことになる。それは、また、交通（陸運）は民間が、通信（郵便）は国が担うという仕分けがなされたことを意味していた。本書でも交通と通信を分離して、前章では陸運関係について述べてきた。

これから郵便関係について記していくが、実は郵便創業前後の事情については、藪内吉彦がこれまでに四冊の著作を刊行している。詳しいことはそちらに譲るが、本章では、明治に入ってから新式郵便スタート直後までの流れをまとめておこう。なお、どうしても前章の説明と重なる部分が出てくるが、前章では陸運からみた、本章では郵便からみた説明である。

公用信の確保

樹立直後の新政府には、広く開かれた郵便創設という意識はなく、公用信の迅速な送達とその費用膨張が差し迫った問題となっていた。戊辰戦争は緊急の軍事通信を増加させ、新政府は、それらを宿駅に対して無賃で昼夜を問わず継ぎ送るように強制した。また、公用に名を借りた私信の無賃輸送が横行したために、宿駅の疲弊は悪化の一途を辿り、このままでは公用信そのものの送達が危うくなってきた。

このため、駅逓司は慶応四（一八六八）年六月、公用信の無賃継立を廃止する布告を発して、定飛脚問屋に公用信の送達を委託することにした。御用状仕立便である。しかし、定飛脚問屋に委託されたものの、その経費が驚くほど高くついた。当時の布告によれば、京都から江戸までの仕立便を三日限りで送ると二一両二分、以下、三日半限り一六両二分、四日限り一二両、五日限り九両、六日限りでも六両の飛脚賃がかかった。

東京遷都により駅逓司も京都から東京に移ったが、その駅逓司が明治元年一〇月に「諸官司発スル所ノ公状及諸荷物ハ一切諸道各駅伝馬所ニ於テ之ヲ逓伝セシメ駅逓司官吏一名ヲ出シ之ヲ監督セシム」という布告を出した。費用が嵩《かさ》むことから、公用信の定飛脚問屋への委託を廃止して、いわば旧来の継飛脚のシステムを復活したのである。四と九の日、月六回、公用信をまとめ護衛一人を伴わせて、東京から京都へ六日限りの定便が仕立てられた。「駅逓司の四九御用便」と呼ばれたが、遅延が多かったこともあり、この便はさほど利用されなかった。多くの公用信は急を要するものとして、依然として、和泉屋など五軒の定飛脚問屋へ託された。だが、定飛脚問屋へ支払う飛脚料があまりにも高いこと、しばしば書状の到着が遅れること、それに監督が不十分なことなどの理由により、急便の定飛脚問屋への委託も取り止めとなった。

明治二年六月、駅逓司自らが伝馬所宿継便を組織して、当分の間、東京と京都と大阪の三府間に、三日限りの大至急御用状便（京都三六時《とき》、大阪三九時）、四日限りの至急御用状便（京都四八時、大阪五二時）、五日限りの急御用状便（京都六〇時、大阪六五時）の三種類の急便を走らすことになった。一時《とき》は二時間。同月、その旨の触書が民部・大蔵両省の合意の上で、東海道の品川から守口までの各宿役人に発せられた。この伝馬所宿継便は、従来の継飛脚を活《い》かしたものではあるが、飛脚よりも少しでも早く逓送することが目標となる。駅逓司の努力により、短期間のうちに定められた日限でほぼいつでも書状を逓送できるまでになった。触には「追而郵便法御施行相成候迄」とあり、「郵便法」なる文字が使われている。この時点で郵便創業が想定されているので、伝馬所宿継便は新式郵便の試行といってもよいかもしれない。

**前島密の収支見通し**

明治三年五月一〇日、租税権正《そぜいごんのかみ》に就任したばかりの前島密に駅逓権正の兼任も発令された。郵便創業の責任者になる。前島は最初から郵便事業を官営で行うことを考えていたのではない。そもそも維新政府が巨額の創業資金や運営資金を拠出できるはずがなかった。しかし、駅逓権正に兼務になった三日後、手許に廻ってきた三府往復官状賃銭下渡帳をみていたら、政府が公用信送達のために五軒の定飛脚問屋へ毎月一五〇〇両も支払っていたことがわかった。この発見が前島にとって官営郵便を検討するきっかけとなった。前島は、この資金を転用すれば政府自らが郵便を運営できると判断したのである。『郵便創業談』のなかで、前島は、一五〇〇両を費やせば、毎日定刻の時間に東京と大阪から各一便を差し立てることができる。公用通信だけではなく、三府（東京・京都・大阪）と東海道沿道の民間人も手紙を託すようになり、その収入から転用額は回収できるし、新線拡張の基金にも充てられる、と述べている。

前島のコスト試算がある。**表4**に示すが、それによると、東京—京都間一二八里の急行便の費用は一里六〇〇文として往復で一五三貫六〇〇文、それに夜間護衛や配達の費用一三二貫六二〇文を含めると二八六貫二二〇文となる。一貫は一〇〇〇文である。一日往復の書状取扱通数を三〇〇通と見積もれば、一通の原価は九五四文となる。

上記の毎月の支払金額と原価を基準にして、東京—京都間の賃銭（郵便料金）を一貫四〇〇文、東京—大阪間を一貫五〇〇文と算定した。三日限り両京（東京・京都）間の飛脚賃を二一両と仮定すると、試算の賃銭は飛脚賃の四分の一から五分の一程度となる。

これからは著者の仮定の計算になるが、換算率一両六五〇〇文、京都・大阪の引受割合を半々、年三六五日で年間収入を計算すると二万四四二七両、同じく費用を計算すると一万六〇七二両となる。これで粗利（営業利益）が年間八三五五両となる。東海道沿道筋からの書状分の収入が加味されていないから、実際は粗利がもう少し上向くかもしれない。以上、直接経費の原価計算の結果である。創業後の決算では、粗利からまず転用金を政府に返し、その後《あと》、駅逓司の本部経費や新線拡張基金への繰入額などが差し引かれることになろうが、試算には、それが反映されていない。

しかしながら、この試算の意味は、国からの財政支援を受けないで、郵便事業の運営を独立採算を維持しつつ行うことが可能である、そのことを前島が示したことにあると思う。

**表4　前島密の郵便収支試算**

| | | | |
|---|---|---|---|
| (1) 1日の費用と書状1通当たりの費用 | | | |
| ① | 東京－京都間の距離数 | 128 | 里 |
| ② | 1里当たりの急行便の費用 | 600 | 文 |
| ③ | 両京間の急行便の費用（①×②） | 76,800 | 文 |
| ④ | 同上の往復費用（③×2） | 153,600 | 文 |
| ⑤ | 夜間割増、配達賃銭、諸雑費 | 132,620 | 文 |
| ⑥ | 急行便の総費用（④＋⑤） | 286,220 | 文 |
| ⑦ | 両京間の書状差出需要 | 300 | 通 |
| ⑧ | 1通当たりの送達費用（⑥÷⑦） | 954 | 文 |
| (2) 書状賃銭と1日当たりの賃銭収入 | | | |
| ⑨ | 東京－大阪間 | 1,500 | 文 |
| ⑩ | 東京－京都間 | 1,400 | 文 |
| ⑪ | 1日当たりの賃銭収入 {(⑨＋⑩)÷2×⑦} | 435,000 | 文 |
| (3) 1年間の収支 | | | |
| ⑫ | 賃銭収入（⑪×365日） | 158,775,000 | 文 |
| ⑬ | 急行便費用（⑥×365日） | 104,470,300 | 文 |
| ⑭ | 収支差（⑫－⑬） | 54,304,700 | 文 |
| (4) 1年間の収支（両換算、1両＝6,500文） | | | |
| ⑮ | 賃銭収入（⑫÷6,500） | 24,427 | 両 |
| ⑯ | 急行便費用（⑬÷6,500） | 16,072 | 両 |
| ⑰ | 収支差（⑮－⑯） | 8,355 | 両 |

注：前島の試算を基に、著者が、年間収支などを表にした。

## 郵便創業の建議

以上の前島の構想は、明治三年五月一五日の民部省改正掛の会議にかけられて、渋沢栄一や玉乃世履《せいり》ら改正掛全員の賛同を得た。続いて、前島がとりまとめた「郵便創業建議書」をはじめ、「継立場駅々取扱規則案」、「書状ヲ出ス人ノ心得案」、「各地時間賃銭表案」、「郵便役所規則案」などの諸規則案が六月二日の民部大蔵両省の会議において決定され、両省から太政官に郵便創業が建議された。建議書の全文を次に紹介する。

追而官便郵伝法取立、国内普ク信書物貨之往来自由相成候様致度、就而者馬車等相用ヒ簡便之方法モ可有之ト存候得共、多分之御入用相掛リ、殊ニ新規之儀ニ付、全国総躰申合規畫相整候様ニ者多分之日月相掛可申、然ルニ両京大阪之三地ハ国家之咽喉百政之機軸ニ候処、朱夕日々報知信書ヲ通スルニ至ラス、東西之景況遠近之人情貫徹イタシ兼、政令上於テ不都合不少、且月々御用状之費東京而已ニテ八百両余之数ニ及ヒ候得共、人民信書之便利ニ毫モ與リ難ク、蓋シ文化政府之欠典トモ被存候ニ付、何様ニモ郵便法差急御取開相成度、依テ試験旁先東海道筋西京迄三十六時大阪迄三十九時之郵便毎日発行之御仕法別紙之通調候間、何卒至急御評決、夫々御施行有之度、依之別紙件々相添此段相伺申候

新式郵便の創設は、まさに新政府のスローガンである富国強兵・殖産興業・文明開化の政策を支えるものとなるのだが、前島の建議をみると、新式郵便を全国に展開するには相当の準備期間が必要となるので、まずは試験的にもっとも重要な三府間で実施し、そこに郵便を毎日走らせ、東京から京都まで三六時《とき》すなわち七二時間、大阪まで三九時七八時間で結ぶことなどを提案している。それは伝馬所宿継便の三日限りの大至急御用状便の最速日限をすべてに適用するというものであった。

新式郵便とはいっても、それは従来からの宿駅の機能を活用した飛脚の制度を再編したものである。そのため名称を「飛脚便」とか「駅逓便」と呼ぶ案もあったが、前島が敢えて「郵便」とした背景には、当初政府部内を説得

するため、実施後は宣伝のために、郵便を、新しい時代の、新しい制度として普及し、旧来の飛脚との違いをできるだけ際立たせたかったという事情があった。だから時として、前島は飛脚を古い慣習にとらわれた高くて遅い不便なものと殊更《ことさら》に強調する傾向があった。その飛脚と郵便の大きな違いは、飛脚が特定の地域で、客の注文に応じて便を仕立てるのに対して、郵便は毎日決まった時刻に出発する、そして最終的にはそのネットワークを全国くまなく敷こうとしていたことである。ユニバーサルサービスの提供である。最速便のスピードを標準とすることも、飛脚への対抗を意識したものであった。

もっとも「郵便」という言葉自体は、江戸時代から使われていた。諸説あるが、「郵」には飛脚の中継場所、宿場、更には継送などという意味がある。「便」は便りや手紙を意味する。郵便はこれら二つの意味を持つ漢字で構成されている。和製漢語であろう。新式と銘打った制度に江戸時代の言葉が用いられたことはやや皮肉なことかもしれないが、前島がこの言葉を選択した理由は語感や言い易さなどからであろう。

前島は、郵便創業の構想を描き、建議書や諸規則の立案などの作業を駅逓権正に就いてわずか一カ月間でこなし、太政官建議まで漕ぎ着けた。しかし、太政官から許可が下りる前に、既述のとおり、六月一七日、新式郵便の創業準備に入ろうとしていた前島に、特命弁務使・大蔵大丞上野景範を補佐するために、イギリス行きを命じられた。六月二四日、上野ら一行は横浜からアメリカ経由でイギリスに出帆した。

## 2　創業準備

明治三年六月一七日、前島密の後任として、杉浦譲（**コラム2**）が駅逓権正に就いた。杉浦はパリ万国博覧会随員などとして二回渡欧している開明派だ。前島が郵便の創業案を完成させていたとはいえ、準備を進めていくと、やはり前島案どおりにはならない。原則的に前島案を踏襲していったが、杉浦は前島案を現実に即して再検討し、かなりの修正を加えたほか、新たな事柄も追加して実施案を練り上げている。『郵政百年史』に「わが国における近代郵便は、前島密の構想に杉浦譲の推進力が加わって創始された」と記述されているが、まさに当を得た評価である。以下、杉浦が軸となり駅逓司が行った郵便開業までの準備についてみていこう。

　駅逓司が郵便開業に向けて検討しなければならい事項は多岐にわたっていた。主な事項だけでも、規則類では、郵便時間賃銭表、郵便役所、切手売捌金、輸送速度・継立などの規則類の制定。要員関係では、職員採用・配置、運送員の確保、人件費支払など。調達関係では、郵便印、郵便旗、行李、鞄などの用品類の製作・配備など。また、郵便切手の製造、郵便ポストの設置もある。それに、そもそも郵便役所と郵便取扱所などの施設整備もあった。検討に当たって、杉浦は、江戸の定飛脚問屋から書状の取扱方法を駅逓司に報告させたりもしている。

**郵便準備会議の開催**

九月一日、郵便創業の建議書が太政官において決裁された。これを受け、同月七日、郵便法説諭《ゆうびんほうせつゆ》振《ぶり》を東海道筋の府藩県の駅逓掛に通達する。説諭振はいわば郵便ガイドライン、通達はガイドラインを周知するためであった。通達書では、郵便の意義を説くとともに、逓送手順や速度など一八項目にわけて、その実施方法を解説している。

九月一〇日、この説諭振を東海道筋の各伝馬所に説明するため、駅逓司から駅逓大佑《だいじょう》の山内頼富、駅逓少佑の五嶋孝継、眞中忠直、中西義之の四人が出発した。特に、十月六日から三日間大津県庁において、同月十日から五日間京都の大蔵省別局において、郵便準備会議が開催された。会議では、直接開業準備に当たることになる各府藩県の出張駅逓掛員と伝馬所の取締役らに対して、駅逓司から郵便規則類や取扱手続などについて詳細な説明が行われた。その後、質疑が交わされている。また、前章で述べたとおり、同時に、陸運会社取建説諭振についての説明も行われた。

なお、駅逓掛の職務は、伝馬所の人馬継立や先触などの業務を管理監督することであったが、郵便創業が決まり、職務に郵便業務の管理監督も加わった。東海道筋には、当時、品川県、神奈川県、韮山《にらやま》県、度会《わたらい》県、大津県、堺県、小田原藩、静岡藩、豊橋藩、岡崎藩、苅谷藩、名古屋藩、桑名藩、亀山藩、水口藩、膳所《ぜぜ》藩、淀藩、高槻《たかつき》藩の六県十二藩があった。ちなみに、大津会議には、膳所藩、水口藩、亀山藩、桑名藩、度会県、大津県の駅逓掛員と、大津から桑名までの各伝馬所の取締役が出席している。

**切手の製造**

九月一七日、郵便賃銭切手の製造を大蔵省に委任する。いわゆる切手である。当初は「賃銭切手」とか「書状切手」と呼ばれていた。世界初の切手はイギリスから発行されたが、今でも、郵便料金を前払いした証拠として欠かせないものとなっている。さて、額面は、当初案では一〇〇文、二〇〇文、五〇〇文の三種類であったが、追加料金用の四八文（九六勘定で表記、五〇文に相当）が加えられ四種類となった。図案についてみると、偽造防止の観点から、前島による簡単な「梅の花」の図柄が複雑な「雷紋と七宝に取り囲まれた双龍」の図柄に変更された。後に「龍切手」と呼ばれる。王政復古後、龍は天子すなわち天皇の象徴として使われ、紙幣や貨幣や切手に配された。切手に彫られた龍は火焔（稲妻）龍で、太政官札や民部省札などにも描かれている。駅逓司の了承を得て、大蔵省出納寮は一一月末に玄々堂緑山の松田敦朝に切手製造を命じている。しかし、松田は太政官札などを印刷した実績を持っていたが、切手の図柄の均一性の保持などの技術的問題を解決することは難しいと判断したため、当初は受注を躊躇《ためら》っていた。

龍切手（明治４年）

## 郵便ポストの作成

一〇月七日、書状集メ箱の制式《デザイン》を決定する。書状集メ箱とは郵便ポストのことで、創業時、都市用と街道筋用の二種類のポストを準備した。江戸時代の目安箱を参考にしたという説があるが真偽のほどは定かではない。駅逓司は一二月、書状集メ箱と郵便切手売捌所の標札を各伝馬所において官費で作るように、雛型《ひながた》図と寸法などを添えて、各府藩県を通じて各伝馬所に通達した。標札は郵便局の看板である。最初は「郵便切手売捌所」と表示されたが、直ぐに「郵便御用取扱所」という標札も作られる。各駅では、達書の雛型図に従って、上り方と下り方の二つの書状集メ箱を作ったり、標札を作り郵便の開業に備えた。

都市用（左）と街道用の書状集メ箱

当時の史料によると、達書が静岡藩から廻ってきた赤坂宿では、岡田作郎が実物大の絵図面を描いて書状集メ箱を作っている。集メ箱と標札の作成費用は三両永《えい》一五八文で、内訳をみると、柱四本一分永一〇八文三分、幅広板二枚一六六文七分などと記されている。袋井宿の大工は四両一朱と見積もったが、三両二分に値切られている。石部宿では、大工安治郎が五両一朱で請け負った。開業直前には、駅逓司の眞中忠直ら二名が各宿を回って、書状集メ箱と標札が達書のどおりできているか調べ、標札に官許の証印を押している。この時期、運送用の書状通箱《かよいばこ》、郵便区分箱、朱印、焼印の規格も決められた。

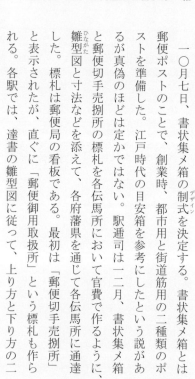

## その他の準備

一〇月二九日、日本橋四日市にあった旧幕府の魚納《うおな》屋《や》役所《やくしょ》を郵便役所に改修することとし、地所家屋を大蔵省から譲り受け、翌月、建増《たてまし》や改修を行った。現在、日本橋郵便局がある場所である。また、郵便取扱所は単独で作る必要はない、と駅逓司から指示が出ていたので、各宿駅では、在来の伝馬所の一隅を仕切り、そこに事務スペース、郵便取扱者のための風呂や便所などを増設した。資金不足に悩む駅逓司にとっては、局舎の新築などは望むべきもなかった。

一一月八日、切手に押す「検査済」と「賃銭切手済」と刻す二種類の消印の製造を大蔵省に委任した。郵便準備会議では、切手の再使用防止が大きな議論となり、駅逓司からは「検査済の印を配布するので、それで切手を抹消すべし」と回答した。すると今度は、消印した切手は駅逓司に返すのかと質問があり、これに対して「受取人が反故《ほご》にして差し支えないので、差し返すことは不要」と答えている。当時の関係者が手探り状態で郵便創業を準備していたことが垣間みえ、このやりとりは興味深い。

賃銭切手済印（左）と袋井検査済印

**郵便創業の布告**

明治四年一月二四日、郵便創業の太政官布告が発布された。同時に、「継立場駅々取扱規則」、「書状ヲ出ス人ノ心得」、「各地時間賃銭表」も発表された。以下に、それぞれの内容を簡単に紹介しよう。

太政官布告の大意は、「飛脚便をなるだけ簡単にし公用にも私用にも自由に使えるようにすることが重要である。しかし、これまでの飛脚業者に任せると、書状が日限までに遅れたり、届かなかったりする懸念すらある。急便は高い料金なので貧しい人には利用ができず、遠方の地では安否もわからず、風説に惑う者も出てくる。この不便を解消すべく、ゆくゆくは全国遍く一般急便を広めていく。その趣旨に沿って、試行として、三月一日から東京―京

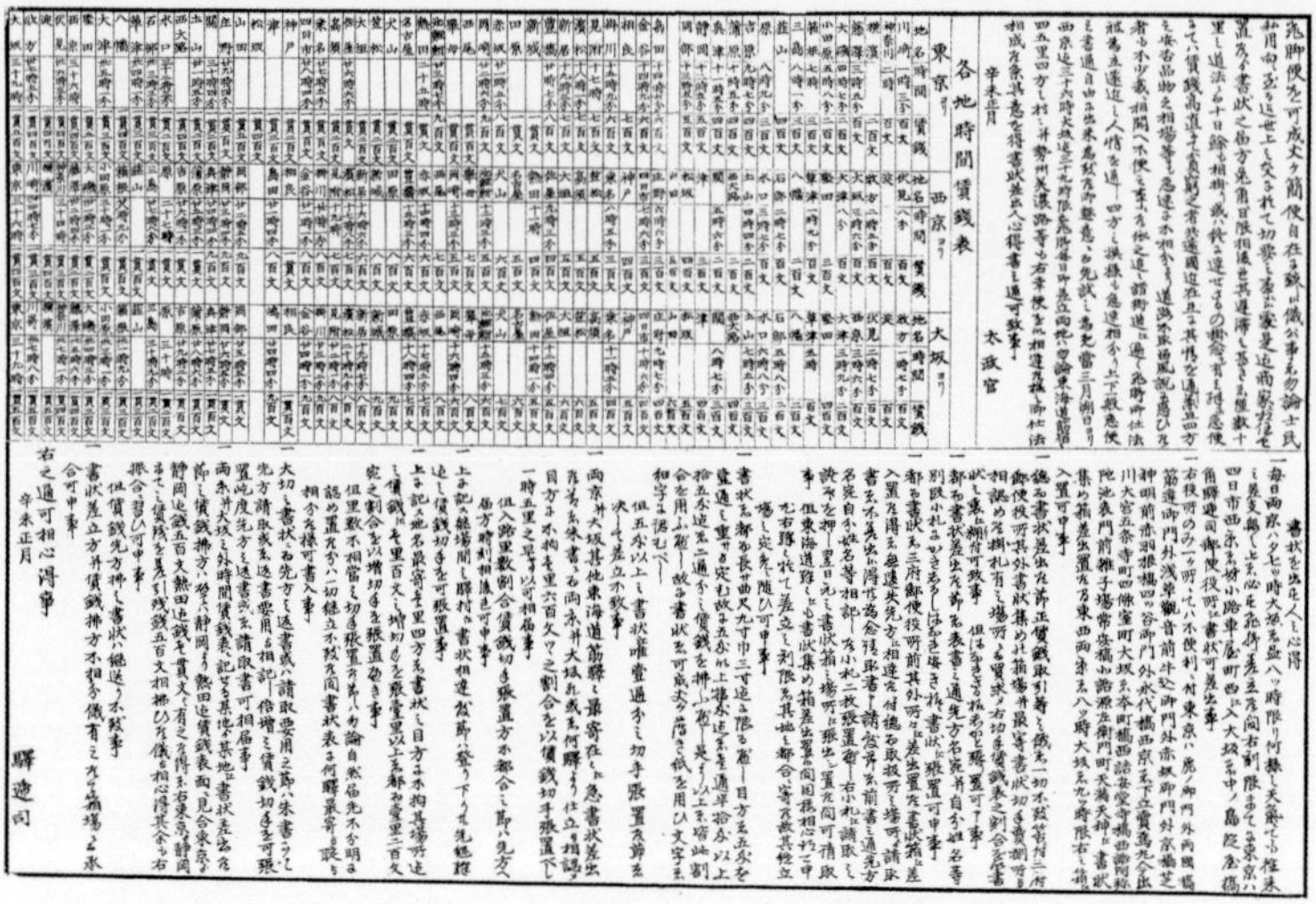

太政官布告、賃銭表、心得（明治４年）

都―大阪間に飛脚を毎日差し立てる」ということになろう。

この布告では「郵便」の文字が使われていないが、飛脚便はもちろん郵便のことを指す。当時の人は郵便に馴染みがないので、敢えて「飛脚便」という文字を使った。

「継立場駅々取扱規則」は、郵便取扱所の業務取扱マニュアルである。前島案では八条構成による規則であったが、初代駅逓正杉浦譲先生顕彰会編『初代駅逓正 杉浦譲伝』によれば、前島の八条に杉浦は六条を加えた。例えば、郵便物を運ぶ脚夫の賃金は一カ月分を前渡しするが、脚夫への賃金は日払とする、などの条項が追加されている。

「書状ヲ出ス人ノ心得」は、郵便を知らなかった当時の人にその利用法を懇切丁寧に説明した規則である。冒頭で、毎日両京から夕方四時、大阪から午後二時に如何なる天候でも飛脚を出す。その刻限までに郵便役所までに書状を差し出すこと。このように定時に毎日便が出発する。ここが旧来の飛脚と根本的に違う。まさに新式郵便なのである。また書状集メ箱（ポスト）に投函すれば間違いなく届く、とも書かれていた。この文言は杉浦が追加したといわれている。

このほか「心得」には、料金は切手を買い書状の裏面に剝がれないように貼ること、書状はなるべく薄い紙に小さな字で書くこと、料金は距離別・宛地別であることなどが一二項目に整理され説明されている。「各地時間賃銭表」には、東京・京都・大阪からの郵便料金と送達所要時間、途中の郵便継立駅、継立駅から枝分かれする入路《いりろ》名が記載されている。しかし、この表を完成させるまでに何回となく手直しが行われた。検討過程で、当初案から品川、沼津、江尻、藤枝、気賀、亀山、大溝が削除され、川崎、大磯、箱根、原、興津、岡部、島田、赤坂、名古屋、庄野、土山、石部が追加された。また、藤沢、蒲原、浜松、新居、大津の宿駅間の送達時間が変更されている。変更は郵便の送達速度を上げるために、できるだけ効率的に継立を行えるように試行錯誤を繰り返した結果であった。

二月に入ると、以上の太政官布告、書状ヲ出ス人ノ心得、各地時間賃銭表の三種類の告文を一枚の用紙に刷り込み、広く周知するために、市中各所をはじめ、郵便役所や函場《はこば》と呼ばれた書状集メ箱の設置場所、街道筋の伝馬所などに掲出された。郵便役所と函場には「郵便」と大きく染め抜いた旗も遠くからでも目につくように高々と掲げる。杉浦は、同月一二日からは準備要員を駅逓司に泊まり込ませ、風雨に耐えるように書状集メ箱に金物を付けさせる、郵便役所の門番と書状配達人を雇い入れる、郵便取扱所となる現場では担当者に規則や取扱手順などを学習させる、など開業準備に余念がなかった。

## 3　新式郵便の開業

明治四年三月一日、東京—京都—大阪間に試験的に新式郵便が開業した。新暦では四月二〇日、現在、この日が郵政記念日となっている。特に式典のような行事はなく、静かなスタートであった。それでは開業時の郵便の姿をまとめておこう。

## 郵便役所と郵便取扱所

開業当時の体制は、杉浦譲を中心に駅逓司が全体を統括したが、三府に駅逓司直轄の郵便役所が置かれた。現在の中央郵便局の役割を果たす。東京は日本橋四日市の旧幕府魚納屋役所の跡に、京都は姉小路車屋町西入《あねやこうじくるまやちょうにしいる》に、大阪は中ノ島淀屋橋角の民部省出張所内に、それぞれ郵便役所が置かれ、駅逓司の官吏が責任者に就いた。『大阪商業史資料』のなかに出てくる「飛脚の話」によると、大阪郵便役所では、地域別差立や配達区分など書状取扱業務に精通した定飛脚の手代を官員に雇った。金沢の江戸三度飛脚村松家の一〇代目村松直松を駅逓方手代に採用したのも、その一例といえよう。民営飛脚の作業ノウハウを活用するためであった。

また、郵便取扱所（郵便局）が次に列挙する宿駅に開設された。郵便取扱所は専用局舎を設けず、伝馬所の一隅を改造したものであった。郵便取扱人（郵便局長）は府藩県駅逓掛からの出張地方官員らが就き、実務を担ったのは推挙された伝馬所の元締役、年寄役、書記役、人足方らであった。

四日市郵便役所（左側）と駅逓司（右側）

郵便取扱所の設置場所は、品川、川崎、神奈川、保土ヶ谷、戸塚、藤沢、平塚、大磯、小田原、箱根、三島、沼津、原、吉原、蒲原《かんばら》、由比、興津、江尻、静岡、丸子、岡部、藤枝、島田、金谷、日坂、掛川、袋井、見附、浜松、舞阪、新居、白須賀、二川、豊橋、御油、赤坂、藤川、岡崎、知立、鳴海、熱田、名古屋、岩塚、万場、神守、佐屋、桑名、四日市、石薬師、庄野、亀山、関、坂下、土山、水口、石部、草津、大津、伏見、淀、枚方、守口の各宿駅六二カ所であった。美濃路と佐屋路の五カ所も含まれている。郵便役所の三カ所を加えると、開業時、東海道とその隣接地に六五の郵便局を設けてスタートしたことになる。

**郵便ポスト**

書状集メ箱（郵便ポスト）は都市用と街道筋用の二種類がある。まず都市用から。三府の郵便役所前と市内要所に設置された書状集メ箱をいう。江戸の風情を残した白木作りの切妻型の屋根がついたポストである。東京では、郵便役所前、虎ノ御門外、両国橋、筋違御門外、浅草観音前、牛込御門外、赤坂御門外、京橋、芝神明《しばしんめい》前、赤羽根橋、四ツ谷御門外、永代《えいたい》橋の一二カ所。京都では郵便役所前、下立売烏丸《しもたちうりからすま》、今出川《いまでがわ》大宮、五条寺町、四條室町の五カ所。大阪では郵便役所前、本町橋西詰、安堂寺《あんどうじ》橋、阿弥陀池表門、雑子場《ざこば》、常安橋《じょうあんばし》北詰、源左衛門《げんざえもん》町、天満天神の八カ所。三府合計で二五カ所にそれぞれ設置された。これら市内要所の設置場所は「函場《はこば》」と呼ばれるようになる。函場には、ポストのほかに、切手を売り捌く場所もあり、そこには大きな郵便旗が掲げられ、新式郵便のＰＲに一役買っていた。

浅草観音前の函場と郵便旗

街道筋用の書状集メ箱は高さ一八〇センチ程度、二本の柱の中間に箱を置く台がある簡素なもので、屋根がない。六二カ所の郵便取扱所の場所に「上り用」と「下り用」の書状集メ箱を設置した。街道筋用は計一二四本、都市用二五本を加えると、郵便開業時のポストの総数は一四九本であった。郵便開業当初は「書状に切手を貼らずに現金を括《くく》りつけてポストに投函した」とか、「投函した書状が心配で、取集時間まで物陰からポストを見張っていた」などという逸話《エピソード》も残っている。今では到底考えられない話である。

表５　創業時の東京からの郵便料金

| 宛地名 | 料金 |
|---|---|
| 川崎、神奈川、藤澤 | 100文 |
| 大磯、小田原（横浜） | 200文 |
| 箱根、三島、原 | 300文 |
| 吉原、蒲原、興津（韮山） | 400文 |
| 静岡、岡部 | 500文 |
| 島田、金谷、掛川 | 600文 |
| 見附、浜松、新居（相良） | 700文 |
| 豊橋、赤坂 | 800文 |
| 岡崎、池鯉鮒 | 900文 |
| 熱田、佐屋（新城、田原） | 1貫 |
| 桑名、四日市、庄野（西尾、挙母、名古屋） | 1貫100文 |
| 文関、土山、水口（犬山、笠松、大垣、高須、神戸） | 1貫200文 |
| 石部、草津、大津（津） | 1貫300文 |
| 西京、伏見、牧方（淀、松坂、西大路、八幡） | 1貫400文 |
| 大坂（山田、堅田） | 1貫500文 |

出典：『各地時間賃銭表』、近辻喜一「手彫時代の郵便史(5)」『郵趣研究』(第44号) 10ページ。

注：カッコ内の地名は、入路上の地名を示す。

### 郵便料金

まず書状の大きさが決められ、長さ九寸（一寸は約三センチ）幅三寸までのものとした。次に、基準の重さを五匁《もんめ》（一匁は三・七五グラム）とする。五匁までの賃銭すなわち基本料金は、宛地別に定められ、**表５**に示すように、東京からの郵便料金（賃銭）は、宛先別に一〇〇文から一貫五〇〇文まで一〇〇文刻みで書状一通分の料金が定められていた。厳密な距離別料金ではないが、遠くなれば遠くなるほど高くなる鉄道運賃と同じ方式である。表中カッコのなかにある地名は、入路上の、すなわち東海道の本筋から少し離れたいわば枝道にある町で、当時、横浜は神奈川から、名古屋は熱田から別れて行く町であった。料金は割高となり、横浜宛の料金は藤沢宛よりも高かった。五匁を超える重さの書状は、一〇匁までが基本料金の一・五倍、一五匁までが基本料金の二倍となった。五匁刻みである。

### 郵便物の逓送と配達

開業時の郵便のスケジュールは、毎日、東京と京都では午後二時までに、大阪では正午までに郵便ポストから郵便物を取り集め、検査済と表示された消印を切手の上に押印する。それらの郵便物を東京と京都からは午後四時に、大阪からは午後二時にそれぞれ差し立てられた。継立場所になっている郵便取扱所では郵便発着時刻が定められていて、時間に合わせて要員が待機し、郵便物の受け渡しを行う。通常、逓送人（逓送脚夫）が各取扱所に八人程度配置されていた。作業をみると、まず郵便物を宛先別に区分し行嚢《こうのう》（小郵袋《ゆうたい》）に入れ、それらをまとめて郵便行李《こうり》に収める。逓送人は一人で三貫目（約一一キロ）の郵便行李を担ぎ、二時間五里（約二〇キロ）のペースで走った。時速一〇キロである。午後八時から午前五時までの夜間運送では、盗賊などから郵便を防護するために二人で走った。この逓送人の基準賃金は一人一里六〇〇文であった。

郵便物をリレー方式で運んだが、郵便物を受け渡しして逓送人が交替する継立駅と、立ち寄って郵便物の受渡だけを行う立寄駅があった。だから、立寄駅宛の郵便物は手前の継立駅の行嚢に入れ、手前の継立駅に着いたらそれを行嚢から取り出しておく。立寄駅に着いたら、立寄駅宛の郵便物とそこで取り集められた郵便物の受渡を行う。立寄駅で受け取った郵便物は次の継立駅で区分し、届先別の行嚢に入れる。このような継立手順を踏んで、郵便物を運送したのである。

郵便逓送人

　郵便物が到着すると直ちに方面別に区分され配達された。賃銭表の料金だけで配達される地域は、三府市内と東海道各郵便取扱所から一里以内の地域であった。それ以外の地域では、最初の一里まで一〇〇文、それ以降は一里ごとに二〇〇文の割合で追加料金が必要となった。配達は幸便（都合良く来た者に託す便）が使われたが、四、五里の範囲に入る地域が限界であった。明治四年にスタートした「新式郵便」は東京・京都・大阪と東海道筋の町や村を駅伝でつないだものであり、まさに点と線の試行郵便であった。

## 開業直後の実績

大阪から東京までの郵便の送達時間は、初日七五時間余、二日目七六時間余、三日目七九時間であった。初日と二日目は計画した七八時間よりも早く着いている。江戸時代の最速の継飛脚とあまり変わらないスピードだ。伝馬所宿継便の経験が大いに役立ったのではないだろうか。

開業初日の郵便取扱数は、東京から上り一三四通差出、東京への下り到着分が京都から二一通、大阪から一九通、下り途中から一三四通で計三〇八通であった。東京郵便役所だけの数字だが、全体ではもう少し多い数字であったことであろう。一日三〇〇通を見込んでいたのだから、まずまずの成績であった。

開業三月の単月収支は、収入（切手売上）一七八二両・支出（運送費など）一一〇四両で、差引六七八両の黒字という数字がある。いわゆる直接営業収支と思われるし、支出には間接経費がどこまで含まれているかわからないが、これもまたまずまずの成績であろう。

この郵便開業の準備を全力で推し進めたのは、杉浦の指揮下、駅逓司の改正・用度・定式・郵便の四掛三〇名余の職員であった。三月一〇日、杉浦は駅逓正に昇任する。その後、外国との窓口となる横浜郵便役所の開設などにも尽力する。七月二八日、杉浦は駅逓正に就いた浜口成則に事後を託し、翌日大蔵省少丞に転出する。

## コラム2　杉浦譲

杉浦譲（すぎうら・ゆずる）は、天保六（一八三五）年九月二五日、甲府で生まれる。父杉浦七郎右衛門、母とよの長男。前島密と同年生まれ。杉浦家は代々甲府勤番を務める家系で、甲府勤番支配戸田下総守組の十五俵二人扶持の同心であった。しかし、父は同心という低い身分ながら学識は高く、その息子の譲も「甲斐の天才児」といわれるほどの才能を幼少期から発揮していた。幕府昌平坂学問所の分校である徽典館に入り、一九歳で助教授となる。

文久元（一八六一）年、二七歳で幕府の外国奉行所に登用され、支配書物御用出役となる。三年後、外国奉行池田筑後守を正使とする横浜鎖港談判使節団の随員としてフランスに渡航し、開港した横浜港を再閉鎖する交渉に就く。ここで列強諸国との厳しい外交関係を経験する。慶応三（一八六七）年には、パリ万国博覧会幕府使節団の随員として再度渡欧する。この使節団は、将軍慶喜の実弟である徳川昭武を団長に、外国奉行向山隼人正を全権公使とするもので、随員を含めて三〇人を超す当時としては大型使節団。渋沢栄一も随員の一人であった。ナポレオン三世の謁見式にも参列し、パリ万国博覧会を視察している。

杉浦譲

杉浦は、明治維新後、一大名となった徳川家に従い駿河藩（後に静岡藩）に移るが、人材不足の新政府に招聘され、前島と同じ民部省改正掛に配属された。政府では、郵便創業を成し遂げたほか、国家機構の再編、不平等条約の改正などに従事している。明治一〇年、内務大書記官兼地理局長に就任する。民間では、東京日日新聞の創刊や富岡製糸場の立上などに携わる。

前島との関係では、杉浦が渡英する前島に対して「杉浦は前島の成案に一字一句の修正も加えずそのまま実施に移すと約束した」（要旨）と『郵便創業談』に書かれているが、そのようなことは実際には不可能であり、仮にそう述べていたとしても、後ろ髪を引かれる思いで渡航する前島への配慮を滲《にじ》ませた杉浦の挨拶と解すべきである。事実は、前島が郵便創業の構想をまとめ諸規則を立案した直後に杉浦と交代したため、杉浦は開業準備の段階で発生した問題や細部について、前島案を現実に即して修正を行っている。すべての人が平等に利用できる郵便制度の創設——、杉浦が前島に約束したことはこの精神を守ることであった。

明治一〇年八月二二日、現職の杉浦は気管支炎の療養中に亡くなった。木曽の官有林を籠《かご》に乗り無理な現場視察を強行するなどの激務が重なったためであろう。東京台東区谷中にある天王寺に葬られた。享年四三歳。

最後に杉浦に関する文献についてふれる。昭和五三年から五四年にかけて、杉浦譲全集刊行会が杉浦に縁の深い書簡や書類などを翻刻し、『杉浦譲全集』五巻を出版した。二〇〇〇ページを超す大部の全集である。一般向きには、昭和四六年、郵便創業一〇〇年を契機に初代駅逓正杉浦譲先生顕彰会が編んだ『初代駅逓正　杉浦譲伝』が通信教育振興会から出版された本がある。こちらは三二二ページの四六判。杉浦に関係する資料は国立国会図書館憲政資料室に寄贈され、書簡をはじめ、甲府城、外国、静岡学問所、民部省、太政官正院、内務省の各時代の書類文書、また、絵図や写真などが整理されて保存されている。目録はウェブからダウンロードできる。

# 第4章　近代郵便への移行

## 1　前島密の洋行

既述のとおり、郵便創業を建議した直後の明治三年六月から一年余の期間、前島密は、上野景範の副使として米英に派遣された。表向きの目的は、偽造ができない紙幣製造の調査と発注であった。本務は鉄道建設借款の紛争解決である。林田治男の論文に詳しいのだが、その内容とは、日本政府がイギリス人ホレーシオ・ネルソン・レイを通じて年利一割二分で一〇〇万ポンドの鉄道建設借款を起債しようとした。だが、このレイが日本の関税を担保にしてロンドン市場で九分で公募し、三分を自分の利益にしようとしていると日本側は理解した。そこでレイとの契約を直ちに破棄することが上野らの使命となった。

紙幣製造の仕事は数カ国の印刷工場を調査して、ドイツのフランクフルト市にあったドンドルフ・ナウマン社と契約することができた。輸入された紙幣はゲルマン紙幣（明治通宝）と呼ばれている。凹版と凸版を併用して印刷され、図案は鳳凰と龍、菊の紋章などで構成されている。縦型の一〇円札。前島のドイツ滞在中の通訳はシーボルトの長男アレクサンダー・フォン・シーボルトが務めた。

## 前島密がみた米英の郵便

この外国派遣は、前島にとってアメリカやイギリスの進んだ郵便事情を直《じか》に視察できるまたとない機会《チャンス》となった。渡欧経験が二回ある杉浦譲の薦めもあったこともあり、前島は英米の郵便事情をつぶさに視察してくる。その様子が『郵便創業談』に書かれているので、その部分を以下に抜粋しよう。

……私の乗つた汽船は、米国政府の郵便物を東洋に運送するのが本来の目的であつて、其《そ》の為め同国政府から毎年五十萬弗《ドル》を補給されて居る……此日《この》船の上に掲示があつた、其要《そのよう》は

本船は明何日を以て桑　港《サンフランシスコ》本社船と洋中に行き逢ふべし、右に付き日本及支那地方に向け出す所の郵便物は、其《それ》以前に船内郵便局若くは郵便函に投ずべし

……どうして此《この》船内に郵便局が設けてあるのかと、不思議に思つて、船長に質問した所が、彼は詳細に其《その》事由を説明して、猶《なお》英佛等の文明国も皆同様であるといふ事を説き聞かされた。

それから米国に着いて見ると、郵便特用の汽車汽船もあるし、四頭六頭の馬に曳かせる郵便馬車もある。又各都邑には巍然《ぎぜん》たる大建築の郵便本支局もあつて、総て法律規則の具備して居る許《ばか》りでなく、特に郵便行政の一省を設けて、専ら其《その》事務を管掌せしめて居る。……

又英国に行けば、尚一層完備して居る。それ故私の眼に触れ心に印する者は、悉《ことごと》く我斯《わがし》事業に利益する資料とならない者はない、中にも私の一番感嘆に堪へなかつたのは、ローランド・ヒル氏の発明したといふ遠近均一の郵便料金法を、各国で採用施行するといふ事である。

其外《そのほか》郵便物の数の非常に多くして、為に収入の巨額である事、新聞書籍商品見本からして郵便為替法の便利な事など、何れも皆私の意想外であつたので、とくに英国などは郵便貯金法の設けもあつて細民の福利を進める事に汲々として務めて居る。実に至れり尽せりという有様である。我邦は今僅かに郵便の種を蒔《ま》いたばかり

ヴィクトリア朝のロンドン中央郵便局

であるのに、欧米諸国では既に根幹長大して盛に果実を収穫して居る。……本務の余暇があれば郵便と為替貯金との事業を視察するに余念なく、先づ初めて龍動《ロンドン》に着した時、直に数件の大書肆《しょし》に就て、郵便に関する書籍を買はうとした處《ところ》が、何れの書肆にも此類《このるい》の本はなく、唯《ただ》郵便案内書と英国郵便史とを得たばかりでした。私は此《この》二書に於て英国郵便の一斑を知る事が出来て、大いに参考の益を得ました。

……私は一個人として為《な》し得られる丈《だけ》の研究を為《し》ようと思つて、或時は郵便為替の差出人となつたり、其《その》受取人となつたり、又は貯金預人となつて、更に又其払戻の手続をするなど、出来る丈《だ》けの実験を試みました。

……東洋銀行頭取の紹介で以て、度々《たびたび》駅逓院に行く事が出来た。……其《その》筋の役人とも交を結んで、懇親になつたのですから、実地取扱上の事も聞取り、又数種の官版の諸規則や官用印刷の諸式紙まで公然貰ふ事が出来た。

前島が太平洋を渡り、はじめてみたアメリカの景色、そして大きな街の目抜き道路に面したところに堂々と建っている郵便局、郵便物を専門に輸送する六頭立ての駅馬車《ステージ・コーチ》、汽車や汽船など、その先進的な文明の成果に度肝を抜かれたことであったろう。大西洋を渡りロンドンに着けば、更に産業革命《インダストリアル・レヴォリューション》で世界の工場になり盛時を極めたヴィクトリア朝のイギリスが眼前に拡がっていた。煉瓦造りの大きな建物が林立する市街地、煙を上げて疾走する蒸気機関車、大きな工場など。そして、イギリスの郵便制度（コラム3）がアメリカ以上に完備していること、また、ローランド・ヒルが発明した遠近均一郵便料金法が各国で採用されていることに驚いた。

ここでも前島は機会を逃さなかった。彼は、郵便にとどまらず、郵便為替、郵便貯金などの仕組みを学び取り、みずから貯金の出し入れも実践している。切手製造現場では目打作業も視察している。明治の人たちが貪欲に外国の知識を吸収していった様子が偲ばれる。

**帰国後の交代劇**

帰路、前島はニューヨークに滞在し、米国通貨法《ナショナル・カレンシー・アクト》、銀行法、国債公債の製造方法などを調査するように伊藤博文から命じられていた。しかし、中島作太郎（土佐藩出身海援隊員、後に初代衆議院議長）がすでに着任していたため、上野景範と帰国する。明治四年八月一一日、二人は横浜に着いた。

帰国前日の八月一〇日、駅逓司が三等寮に昇格し大蔵省駅逓寮になった。この官制改革により、同日、杉浦譲の後任として二週間前に駅逓正になった浜口成則が駅逓頭《えきていのかみ》に就く。帰国した前島は浜口に創業後の郵便について尋ねたところ、浜口は「通信の事は已に飛脚屋あり。官営は余の可とする所に非ず」と答えた。これを聞き、前島は、井上薫大蔵大輔に対して西洋における郵便の状況を報告し、郵便近代化を自ら推し進めたいと申し出た。同月一七日、浜口が和歌山県大参事（副知事）に転出し、その後に前島が就いた。以後、外国で吸収した先進的な知識も活用しながら、前島は、わが国の郵便や陸運をはじめ交通全般の近代化に向けて取組みを開始したのである。

浜口についていえば、浜口が駅逓頭就任早々に前島の意向で地方に出される形になってしまった。新政府の要職に就いた直後、地方転出となった浜口の心境を察すると、とても穏やかなものとはいえなかったろう。浜口は安政の南海大地震（一八五四年）が起きたとき、紀伊国広村の海岸に大きな津波が襲ってくることを、自分の畑の稲穂に火を放ち警告し村人を救った。この話は「稲むらの火」として、教科書に載り、今でも語り継がれている。山サ醤油の当主を務めるなどなかなかの人格者であった。

## 2　郵便線路の延伸

明治四年三月一日、東京―京都―大阪間に試験的に郵便がはじまったが、間を置かずして郵便線路（郵便ルートのこと）が各地に延びていく。以下に開業年の暮れまでの状況を記録しておこう。

**横浜**

七月一五日、前島の帰国直前のことだが、『初代駅逓正　杉浦譲伝』などによれば、杉浦の主動で、横浜弁天通三丁目に郵便役所が開設された。実は、創業と同時に駅逓司は、横浜に郵便切手売捌所を設け、その売下人に受け付けた書状を郵便継立駅がある神奈川に運ばせていた。外国人も手紙を出したり、土産物として日本の切手をたくさん買っていく人も現れた。そのため、外国貿易港としての体裁を整える上でも、横浜に本格的な郵便施設を早急に設けなければならないという事情が出てきた。

横浜郵便役所（明治６年）

　また、来《きた》るべき政府専掌を考えれば、飛脚業者の独壇場であった横浜に官営郵便が是が非でも食い込む必要があった。官側は、横浜港七軒の飛脚屋が日におよそ一〇〇〇通の書状を取り扱っているが、その半数の五〇〇通を奪還すると目標を立て、新たな郵便サービスを投入した。一つは別仕立便。八王子、桐生、信州上田、上州富岡、同高崎、甲府など一一カ所に仕立てた。上田までの距離は五七里もあり、東海道筋のサービスの一〇倍以上の距離を逓送する。いずれも生糸や織物と関係深い場所であり、いわ

大阪郵便役所（明治４年）

ば日本のシルクロード上の都市である。料金は宛地別ではなく距離別を採用し、一里六〇〇文とした。

もう一つは金子《きんす》入書状。いわゆる現金書留で、利用には追加料金がかかった。もちろん横浜―東京間の並便もあり、午前九時出発、五匁まで二四八文とした。翌月八月には、飛脚業者が料金を値下げしたことに対抗して、官営郵便は料金を何と五分の一、四八文に値下げし、朝晩二便に増便した。このように料金大幅値下げや増便などで、横浜では飛脚便と官営郵便との間で熾烈な競争が展開されていたのである。

**関西**

関東では官民の熾烈な競争が続いていたが、関西では事情が少し違っている。官営郵便が南海道と山陽道への郵便物の逓送・配達を、大阪の相場飛脚問屋（堺屋喜十郎・万屋喜兵衛・大和屋庄兵衛）に委託した。この結果、東京から大阪までは官営郵便で、大阪からは相場飛脚に引き継がれて、大阪以西は下関、以南は四国宇和島、紀州田辺まで書状が届くようになった。この関係は、飛脚問屋にとってはとりあえず書状の仕事が維持できるし、官営郵便にとっては時間と費用をかけずに東京など東から大阪に届いた郵便物を更に遠くまで届けることができる。逆コースもしかりである。

八月、この郵便がはじまった。当時の賃銭表をみると、官営郵便で大阪に届いた書状は、翌日、相場飛脚によってそれぞれ宛地に発送された。大阪からの到着日と追加料金は、播州高砂が翌日着三〇〇文、以下、備前岡山三日目着五〇〇文、備後福山四日目着八〇〇文、防州山口七日目着七〇〇文、伊州松山八日目着九〇〇文、泉州堺翌日着一〇〇文、紀州田辺六日目着四〇〇文などとなっていた。大阪以西の便は毎日翌日に発送されたが、大阪以南は月に四日から六日の休日があった。

官民連携プレーの郵便といえるが、次に述べるように長崎や紀伊へ郵便線路が延伸されていくと、そこからは連係プレーが消え、官営郵便が直接担うようになっていった。

**長崎**

一二月五日、大阪以西長崎までの郵便線路が開通する。この時、長崎と神戸に郵便役所が新設され、大阪から長崎に至る街道沿いや枝道に郵便取扱所も増設された。これで東京—長崎間の郵便がつながったことになる。開通までに駅逓寮は、山内頼富大属を摂津・播磨に、眞中忠直権中属を安芸・周防・長門に、中西義之少属を備前・備中・備後に、戒能権少属を豊前・筑前・肥前に、根立中属を長崎にそれぞれ派遣し、現地で準備の指揮に当たらせている。

長崎延伸が急がれた背景には、ロシアと気脈を通じていたデンマークの大北電信会社《グレート・ノーザン・テレグラフ・カンパニー》が、六月には上海から、八月にはウラジオストックからの海底ケーブルを長崎に陸揚げしたので、長崎から欧米に電報が打てるようになった。そのため東京—長崎間の電信線が敷設されるまでの期間、電報の通信内容をひとまず郵便でつなぐ必要に迫られていた事情があった。

長崎郵便局（明治８年）

石原藤夫の『国際通信の日本史』によると、当時、列強各国が通信権益の確保を虎視《こし》眈々《たんたん》と狙っていた。大北電信会社との交渉では、寺島宗則（後の外務卿）の奮闘により、①ケーブル陸揚地を長崎と横浜だけにしか認めなかった、②両港間のケーブル敷設を認めさせられたが、瀬戸内海通過を断固阻止した内容で妥結した。その結果、大北電信会社は費用と時間がかかる太平洋を迂回してケーブルを敷設しなければならなくなった。国の中枢通信機能を握られれば事実上列強の植民地にもなりかねなかったから、寺島の功績は大きい。明治二年一二月には東京―横浜間の通信線が開通していたが、政府は、イギリスからケーブルを輸入し突貫工事で、明治六年二月までに東京―長崎間の通信線を完成させた。翌年には青森まで、翌々年には函館まで通信線を延ばす。ここに九州から北海道まで通信線で結ばれた。

**その他の郵便線路**

一二月二〇日、大和―河内―和泉―紀伊に郵便線路が開通する。翌二一日、横須賀―浦賀―三崎への郵便線路も開通した。また、横浜―横須賀間には郵便船が就航する。更に、同月、福井（足羽《あすわ》）県から「越前国より加賀、越中、越後の諸国と、近江国を経て京都、大阪の二府に達する信書逓送を郵便施行までの間、仮規則をもって行ないたい」という申請があり、許可されている。郵便創業の明治四年末までに開設された郵便取扱所は、東京以西に一七九カ所になった。年度の数字になるが、明治四年度の郵便引受数は五七万通になり、前島が一日三〇〇通（年間換算約一一万通）と見積もった予測を大きく超える実績を上げることができた。

## 3　郵便規則制定と新たな進展

ここでは、郵便全国実施に向けて、明治四年から翌年前半までに行われた郵便規則の制定や新たな郵便事業の進展についてまとめてみた。

**最初の郵便規則**

明治四年一二月五日、長崎までの郵便線路が開通した日、最初の「郵便規則」が制定され施行された。その内容は、まず郵便料金が宛地・重量別であったものが、距離・重量別に改められた。重さ四匁（一五グラム）までの書状基本料金は、二五里以内一〇〇文、五〇里以内二〇〇文、一〇〇里以内三〇〇文、二〇〇里以内四〇〇文、二〇〇里超え五〇〇文となった。その結果、例えば二〇〇里以内の東京―大阪間の書状料金は一貫五〇〇文から四〇〇文に引き下げられる。ほぼ四分の一になった。また、日誌・新聞紙の取扱いが定められる。駅逓頭の免許を受けた刊行物については、料金が五〇里以内四八文などと低く抑えられた。現在の第三種定期刊行物の嚆矢《こうし》となる。

更に、書籍類や商品見本の取扱いも制度化された。料金も重さ一六匁まで五〇里以内四八文などと書状料金と比べると、こちらも低料金になっている。加えて、別段書留郵便（書留郵便）の取扱も定められた。これら二つのサービスは翌一月一〇日から実施される。

**文単位から銭単位への移行**

明治五年一月二〇日、前年末の旧銅貨価格改定と新貨への交換が開始されたことを受けて、郵便料金が文単位から銭単位に改定される。すなわち一〇〇文を一銭にする。これに伴って、茶色の四八文、青色の一〇〇文、朱色の二〇〇文、黄緑色の五〇〇文の最初の切手が廃止される。翌二月、前記額面に相当する半銭、一銭、二銭、五銭の新しい額面の切手が発行された。刷色もそれぞれ同じ色が採用される。図案は旧切手と同じ「龍」。だから切手収集家は「龍切手」と総称し、また、前者を「龍文切手」と、後者を「龍銭切手」と区別して呼ぶこともある。これらの切手は二色刷りで、龍のフレーム図案は額面によって刷色が異なるが、額面の数字は黒。この部分だけ新しい版と差し替えて、龍銭切手が印刷された。変化といえば、目打が施されたことと、裏面に糊がコーティングされたものも発行された。

**近代郵便のビジョン**

三月、郵便全国実施に備えて「郵便規則」が改正された。改正増補郵便規則である。規則前文において、わが国の郵便を欧米列強の郵便制度と同等となるように、まず、郵便を全国で実施し、政府専掌により均一料金制度を採用する。近代化された郵便によって国内の通信主権を回復して、海外と対等な通信の道を開き、もって日本の文化と産業の振興を図るものとする、といわば近代郵便のビジョンが高らかに謳われている。前島の構想そのものである。イギリス滞在中の調査研究が活かされている。郵便全国実施、均一料金制度導入、海外郵便条約締結へ向けた布石が打たれた。なお、この規則において、在日外国郵便局を利用する「海外郵便手続」が定められた。不完全なものではあるが、一先ず海外への通信の道が開かれた。このほか、通常郵便物の損害不賠償が明示されたことにも注意する必要がある。

三月一日、東京府下では、郵便物の増加に伴い朝昼夜一日三度の配達が行われるようになった。また、新たに郵便取扱所が一八カ所、書状集メ箱が一五〇カ所に設置される。五月には、品川—横浜間に仮開業した鉄道に郵便物を搭載しはじめた。翌月には、東京—横浜間の郵便輸送と配達を一日五度に増便する。同時に、政府専掌を見据えて、同区間の鉄道に飛脚便を搭載することを禁止した。一方、東京—高崎間では郵便馬車も走るようになった。関西では、この時期までに大和街道伊賀路や伊勢街道にも郵便が開始されている。

## 4　郵便全国実施の準備

明治五年一月一八日の駅逓寮の省議では、東京以西以南の郵便線路があらかた整ったのを受けて、残る東京以東以北の地方においても速やかに郵便線路を延伸させることとし、同地方に駅逓寮から官員を巡回させることを決定した。脆弱な経済、厳しい気象風土の地方が多い中、駅逓寮は郵便全国実施に向けて未実施地区の解消に全力で取り組む。以下、その実施状況である。

## 使府県郵便掛の設置

郵便開業のための各宿駅の作業は多岐にわたる。ごく簡単に記せば、まず伝馬所を廃止して、陸運会社を設立する。その片隅になろうが、そこに郵便取扱所を設ける。次に伝馬所の仕事を行っていた者に、書状の継送などの郵便業務を担わせる。この準備作業が円滑に進むように、駅逓寮から出張した官員が宿駅などの指導に当たるのだが、宿駅の数は多いし、地方の慣習などもあり、駅逓寮の官員だけでは対応ができない。それを補佐したのが、次に述べる使府県（使は北海道開拓使の意）の郵便掛員であった。

三月四日、駅逓寮は、使府県に対して、郵便全国実施に対応するため庁内に郵便掛を設け、職員一人を郵便事務取扱担当に兼務させ、信書不達の地がないようにすることと通達を発出した。四月四日には郵便事務の内容も定められた。使府県の郵便掛は、駅逓寮のいわば地方組織として機能し、現場指導の最前線に立つ。使府県内への郵便線路敷設、否、通信インフラストラクチャの導入といってもよいが、その導入は使府県の経済発展、文化向上、住民福祉の観点からも欠かせないものと理解されるようになっていく。郵便全国実施に当たって、使府県郵便掛の果たした役割は大きかった。

## 官員巡回と口達書

駅逓寮館員の巡回ルートと人数は、次のとおりであった。中山道《なかせんどう》筋の武蔵、上野、信濃へ一人。越後、佐渡へ一人。越後、越中、越前、加賀、能登へ一人。甲州道中の相模から甲府までと川越道中筋へ一人。房総《ぼうそう》から野州、水戸を経て海岸通り（越前浜街道）仙台まで一人。陸羽道中筋の仙台南部から青森へ一人。陸羽道中筋の最上から青森へ一人。なお、青森に至った二人は函館に渡り、開拓使と北海道の郵便開設について打合せを行っている。この巡回に際して、駅逓寮は、郵便開設指導用の口達書を作成し、巡回の前に使府県に伝えている。その内容は次のとおりであった。

一　地域商業の景況などにより、郵便の利用頻度を想定し、郵便逓送を月に何回行えばよいか予め調査しておくこと。
二　逓送を行う脚夫に対して支払う賃銭額を距離、夜間などの条件を加味して、詳細に調査しておくこと。
三　本街道、脇往還にある各宿駅において、身元が確かで仕事に精励できると思われる者を郵便御用取扱人（郵便取扱人。明治四年一二月から「郵便取扱役」に改称される）として選定しておくこと。
四　往還筋でなくても、分庁や市場《いちば》などがあって郵便を必要とする場所には、郵便御用取扱人を命じておくこと。
五　郵便御用取扱人は、すべて近傍在村へ多く往復する便宜のある業体の者のなかから選定すること。ただし、飛脚渡世の者は除外すること。
六　郵便御用取扱所（郵便取扱所）は、郵便御用取扱人の自宅または将来陸運会社となる予定の場所を使用すること。
七　郵便御用取扱人に対して改正増補郵便規則を事前に配布し、熟読させその内容を理解するよう指導すること。

この口達書をみると、郵便取扱所は基本的に街道筋の宿駅に配置するが、分庁や市場などがあって郵便を必要とする場所には郵便取扱人を命じておくこととなっている。したがって、街道を外れて取扱所を設けることができると読める。また、郵便取扱人を選定する際には、飛脚業は除くが、本業で近隣の村々への商品配達などの幸便ルートを確保している人物を選ぶように指示している。このことから、宿駅から近隣への郵便物の配達は、幸便に依存することを前提に、郵便の全国実施を行おうとしていたことがわかる。使府県の郵便掛員は、口達書の内容に沿って事前に調査を行い、疑問点や問題点などについて、駅逓寮官員が巡回してきたときに協議している。

ケーススタディーになるが、田辺卓躬は、下総国《しもうさのくに》（千葉）において選定された郵便取扱人の職業を調べている。それによると、取扱人三一人中、上位は名主（庄屋）八人、問屋・運輸業六人、酒造・醤油醸造業五人、本陣・旅館業四人で、これらの人で全体の七割を超す（コラム４）。その他、農業、質屋、呉服商、農機具商などが並んでいる。郵便創業時の東海道筋の郵便取扱人の職業と比べると、幅広い職業層から人選されている。運輸業はもちろんだが、酒造・醤油醸造業などは原材料や商品の運搬手段を持っていたことから、郵便物逓送を託すことができると判断されたのだろう。

## 5　郵便の全国展開

明治五年七月一日、郵便が全国に展開されることになった。郵便取扱所の開設数は七七二。正確に述べれば、北海道の後志《しりべし》と胆振《いぶり》以北の地域が除かれているが、郵便試行からわずか一年三カ月の短期間で、面の広がりに欠くものがあるが、郵便の全国ネットワークが曲がりなりにも整えられた。前島や杉浦をはじめ、駅逓寮官員、使府県郵便掛員らが一丸となり目標に向けて邁進した結果である。文明開化を標榜する若い国、明治というただ上を向いて疑いもなく進んだ時代、郵便全国実施は、その文明開化を切り開いた果実の一つであろう。

### 郵便全国実施の布告

話は一年ほど前に遡るが、明治四年八月二九日、駅逓頭に就任したばかりの前島は、帰国早々、欧米で習得した新しい知識に基づいて、郵便全国実施と信書逓送の政府専掌について、太政官に建議した。翌五年六月一七日、前島の建議は太政官で裁可され、次のように布告される。

本年七月以降、北海道後志胆振両国以北を除く外、全国の官道支道を論ぜず、凡そ県庁を設置する地方及び港津市駅、公私の事務頻繁の地は、其景況に応じ、毎日或は隔日或は一月二、五、六次を期して郵便線路を開設し、沿道傍近の市村にいたるまで往復交通せしむ、因て、郵便規則に準依し、信書等は各地郵便役所及び郵便取扱所に発付すべし

### 礎となった人々

明治五年度に全国で引き受けられた郵便物は、前年度比四・四倍の二五一万通まで増加した。この時期、新規開設として報告された郵便取扱所の数は七〇六カ所、同年末には一一五九カ所になった。郵便取扱人の家屋の一部が取扱所になったが、無償提供であり、名ばかりの手当が出たものの、運営経費はそれを大きく上回っていた。それなのに、損な役回りを各地の資産家や名望家が受けたのは何故だろうか。小林正義は『みんなの郵便文化史』のなかで「お上《かみ》の仕事とは、かつて武士のする仕事であった。明治維新によって世の中が大きく変わろうとしていた時に、その変革に参画し、お上に従って新しい国家づくりに協力することは、かけがいのない生き甲斐であると認識されていた」と述べてる。その認識をお金がない明治政府が上手く利用した。後の特定郵便局の淵源《えんげん》となる。

田舎の郵便取扱所

そして郵便取扱役について、島崎藤村は小説『夜明け前』のなかで、取扱役になった妻籠《つまご》宿の問屋・本陣の青山寿平次の働きぶりを「郵便物を袋に入れて、隣駅へ送ること、配達夫に渡すべきものへ正確な時間を記入すること、妻籠駅の判を押すこと、すべてこれらのことを寿平次は（江戸時代の）問屋と同じ調子でやった」と描写している。

このように江戸時代からの街道宿駅の機能を新式郵便に合わせて少しカスタマイズするだけで郵便取扱所に変換で

きたから、郵便線路の急速な拡大が可能となったのである。郵便取扱人の任命にしても、郵便取扱所の設置にしても、苦肉の策であり、民間人の協力なしには実現できなかった。しかし、このことが、わが国の郵便ネットワークの土台となり、今日の郵便事業の発展の礎《いしずえ》を築いたのである。そのことを忘れてはならない。

**中央官庁の郵便利用**

七月一八日、郵便全国実施に伴い、「自今各省府県ノ公文ヲ発送スルハ総テ郵便ニ託付セシム但速逓ヲ要スル者ハ特一脚夫ヲ以テ発送セシム」と太政官布告（第二〇三号）が出された。要すれば、中央官庁から使府県宛の公用文書は郵便で発送すること。ただし、急ぎのものは脚夫で発送できる、となった。中央官庁の郵便利用が義務づけられたことも、大きな変化である。郵便の全国実施が実現したが、当時の状況を、前島自身は「斯く郵便は普及せりと、其声大に聞れど〈右の如く国内普く郵便を通すべしと令せられしも〉其実際の事情に於ては、僻境辺陬は云ふも更なり、本線を隔る数里なるも〈未だ郵便を以ては〉亦達す得べきの道は無かりき」と述べている。

**北海道と沖縄**

郵便全国実施がスタートした明治五年七月になっても、その恩恵が北海道の大半の地域と沖縄には届いていなかった。ここでは両地に郵便が展開されるまでの事績をかいつまんで話そう。

まず北海道から。宇川隆雄の『北海道郵便創業史話』によると、郵便全国実施と同時に、函館に郵便役所が開設された。函館は江戸時代から繁栄し、当時の人口は六六一三戸二万四五八四人で、郵便引受が一日平均一五通、配達が二〇通ほどであった。同年一〇月、函館―札幌―小樽ルートが開通する。札幌の人口は五五六戸九一六人であった。二年後には太平洋岸の苫小牧―浦河―釧路―根室ルートが、その一年後にはオホーツク沿岸の宗谷―紋別―網走―厚別ルートなどが拓《ひら》かれ、曲がりなりにも、北海道を一周する郵便線路が完成した。

郵便線路の大半が旧来の駅逓線路の上に乗る形で敷設されている。本州の宿駅とは違う。駅逓は松前藩時代からあり、駅逓所は宿泊施設や人馬の継立などの業務を行っていた。北海道庁は補助金を出して駅逓所を民間人に運営させていたが、利益の出ない奥地には駅逓所ができないため、後に官費により駅逓所を運営するようになる。駅逓所は地方の交通宿泊機関として機能する。形式的にみれば、直接の郵便組織ではなかったが、北海道における郵便輸送は、この駅逓所のネットワークに負っていたのである。駅逓所の廃止は昭和二二年で、それまでに六六〇の駅逓所が全道で作られた。それは北海道開拓のフロンティアたちを支える一大インフラストラクチャとなり、郵便ネットワークにもなったのである。現在、別海町には奥行臼《おくゆきうす》駅逓所の建物が、また、北広島市には松島駅逓所の建物が保存されている。

次に沖縄について。維新政府は明治五年、琉球国を琉球藩とし琉球王は藩王とした。七年後、琉球藩を廃止、新たに沖縄県を設置した。すなわち島津藩の支配下にあり、同時に清国にも名目上属するという複雑な両属関係にあった琉球国を日本に帰属させた。琉球処分である。このような時代背景のなかで、日本にとって、本土と沖縄をむすぶ郵便の設置は重要な国策の一環となる。金城康全《こうぜん》の『琉球の郵便物語』や原口邦紘の論文などによると、駅逓寮の眞中忠直大属と小尾輔明小属は明治七年一月、沖縄に渡り、藩側と協議して三月二〇日郵便実施に踏み切った。続いて五月七日付けで、首里、那覇、今帰仁《なきじん》の三カ所に郵便仮役所が、また、浦添《うらそえ》、北谷《ちやたん》、読谷山《よみたんざ》、恩納《おんな》、名護《なご》、本部《もとぶ》、羽地《はねち》、大宜見《おおぎみ》、国頭《くにがみ》の九カ所に郵便取扱所が設置された。沖縄における近代郵便のスタートである。

眞中は滞在中に琉球藩王の尚泰《たい》と会見している。藩王は藩内に「京官ノ令ヲ奉シ新ニ郵便会社ヲ設ク（中略）脚夫ヲ賞シテ各エ銭ヲ給ス其ノ金銭ノ賜ハ皆東京政府ヨリ出ヅ」と郵便の開設を布告している。この時期、日本国郵便蒸気船会社が東京と那覇とを結ぶ定期船を年六回往復させて、郵便も運ぶことになった。郵便所要日数は二五日程度であった。沖縄における郵便開設は、通信ネットワーク拡大という表面上の意味のほかに、金城や原口が述べているように、当時の琉球国を日本国の領地であるということを示す狙いがあった。郵便開設は既成事実を一つ作ったことになろう。

以上、北海道と沖縄における郵便開設の状況を概観してきたが、広く全国に郵便ネットワークを開設していくという維新政府の郵便政策に基づいているものの、両地への郵便展開は、政治的かつ経済的な意味合いが強い。すなわち郵便の展開は本土化あるいは内地化への布石の一つとなったのである。なお、創業期の郵便ネットワークについては、山﨑好是が現在の地図にトレースして『郵便線路図（明治4～9年）』として刊行している。

## 6　均一料金制度と政府専掌

明治六年三月一〇日、郵便料金を全国均一制にすることと、郵便事業を政府専掌とすることを定めた太政官布告（第九七号）が出され、翌四月一日から実施された。わが国の郵便史上、もっとも重要な布告の一つである。

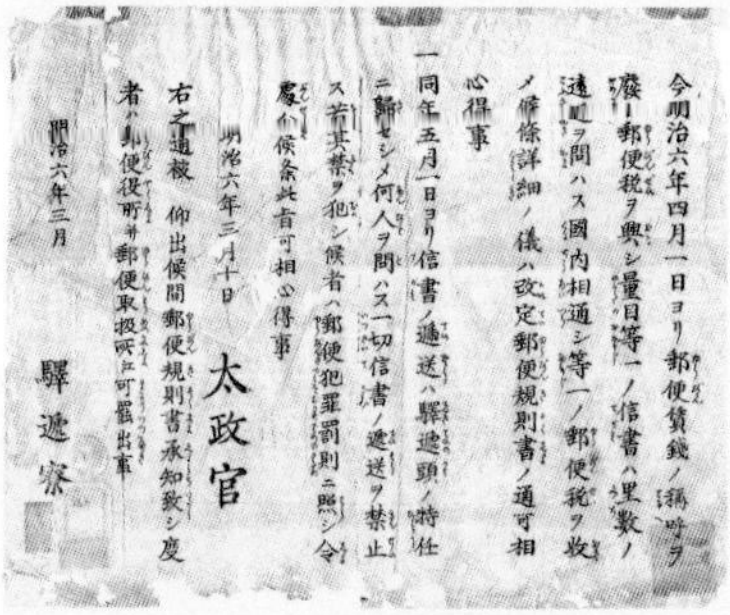
今明治六年四月一日ヨリ郵便賃銭ノ稱呼ヲ廢シ郵便税ヲ興シ量目等一ノ信書ハ里数ノ遠近ヲ問ハス國内相通シ等一ノ郵便税ヲ收メ候條詳細ノ儀ハ改定郵便規則書ノ通可相心得事

一同年五月一日ヨリ信書ノ遞送ハ驛遞頭ノ特任ニ歸セシメ何人ヲ問ハス一切信書ノ遞送ヲ禁止ス若其禁ヲ犯シ候者ハ郵便犯罪罰則ニ照シ令處分候条此旨可相心得事

明治六年三月十日　太政官

右之通被　仰出候間郵便規則書承知致シ度者ハ郵便役所并郵便取扱所江可罷出事

明治六年三月　驛遞寮

太政官布告（明治６年）

### 均一料金制度の採用

布告前段には、「郵便賃銭ノ稱呼《となえ》ヲ廃《やめる》シ郵税ヲ興《おこ》シ量目等一《めかたのおなじ》ノ信書《てがみ》ハ里数《みち》ノ遠近《とおくちかき》ヲ問ハス国内相通《あいつう》シ等一《おなじ》ノ郵便税ヲ収《おさ》メ候」と謳われている。郵便料金の呼称を「郵便賃銭」から「郵便税」に改め、料金を全国均一制にすることを宣言している。具体的には、距離の遠近にかかわらず国内一律、書状一通二匁（七・五グラム）までごとに二銭とした。ただし、市内宛は一銭割り引いて一銭に、不便地宛は一銭割り増して三銭とする、割引・割増料金の特例が設けられていたので、完全な全国均一料金制度とはならなかった。大局的にみれば、料金体系が大幅に簡素化されたし、料金そのものも引き下げら

駅逓寮（明治７年）

れているから、郵便の利便性が大いに高まり、郵便の全国展開に弾みをつけた。完全な均一料金制度の実施は一〇年後になってからである。

### 郵便事業の政府専掌

布告後段には、「信書《てがみ》ノ逓送ハ駅逓頭《えきていかみ》ノ特任《ひとり》ニ帰セシメ何人《なんぴと》ヲ問ハス一切信書ノ逓送ヲ禁止ス若其禁ヲ犯シ候者ハ郵便犯罪罰則ニ照シ令処分《しよぶんせられたる》候条此旨可相心得事」と郵便の国家独占を宣言している。すなわち、郵便は国の独占事業とし、何人も信書逓送を禁じる。それを犯した者は罰則に照らして処分する、という意味である。

郵便を国家独占とした背景には、一義的には、当時の国是であった富国強兵や殖産興業や文明開化を強力に押し進めていくためには、それらを支える、安い料金で全国遍《あまね》く信書が届く通信インフラの構築が不可欠であり、そのような公益的な事業の運営は民間企業には望めず、国家以外にないという考え方が支配的であったからであろう。前島が見聞きしてきたアメリカやイギリスでは、郵便は国営で行われ、当時、それが先進工業国の標準であったのである。

郵便を国家独占にする、もう一つの実質的な理由は、均一料金制度の維持、換言すれば、ユニバーサルサービスの提供の維持である。つまり、大都市でも、人口がわずかな寒村でも、遍く公平に同じ料金でサービスを享受できるようにするためには、平たくいえば、収益性の高い都市部で稼いで、その稼いだ金をコストがかかる遠隔地に補填し、全体で収支をバランスさせる必要がある。もし、飛脚業者に自由に商売をさせたら、これまでどおり、横浜や三府間など収益が上がるところだけで飛脚を営み利益を上げ、利益の見込めない場所には手を出さなかったであろう。民間人の商売だから当然である。だから飛脚業者が参入すれば、官営郵便にとっては、飛脚が取り扱った分だけ収入が圧縮され、収支バランスが崩れ、料金値上げや低収益地域へのサービス打切りなどの問題が生じてくる。それでは国民に不利益が生じてくる。

このような観点から、郵便を公益的な国の事業と位置づけ、均一料金制度を維持するため、郵便を国家独占にする。布告は、そのための強制的な法的措置を明示したものであった。近年、公共サービスに新規参入する事業者のクリームスキミング（いいとこ取り）が問題になっているが、郵便の国家独占の底流にも酷似した問題が横たわっていた。郵便の均一料金制度と政府専掌には、表裏一体であり密接不可分の関係があった。

**政府専掌の実態**

太政官布告によって飛脚業者の信書逓送が禁止された。しかし、政府が一方的に布告を出したのではなく、この時期に飛脚業者への救済策に目処《めど》がたったからである。第2章で述べたとおり、駅逓寮は、布告発布の翌月に、旧来の飛脚業者で組織された陸運元会社に対して、郵便業務に関連する現金や切手の輸送を委託したのである。この委託によって、陸運元会社は継続的な収入源を確保することができることになった。

それに信書逓送の禁止を打ち出したものの、郵便の力が及ばない部分があった。例えば、地方行政の公用文書の配達や迅速な配達が求められていた相場飛脚などのサービスは、飛脚業者などが引き続き行うことを認めざるを得なかった。郵便と飛脚が並存していた時代であったのである。

なお、郵便犯罪罰則において罰則の対象から除外された書状は、①親類友人従僕を以て名宛の方へ直に差送る書状、②郵便を待合せ難き至急の用事にて別段一人を差し立て、その用事のみを達する書状、③諸官状公令公訴ノ書状、④荷物に添えて送る添書送り状の類にて別に賃銭手数料などを払わず受け取る書状の四種類であった。

ところで郵便犯罪罰則第三条には、大蔵卿と司法卿に信書の開封・拘留を行う権限を与える規定が盛り込まれていた。薮内吉彦は『日本郵便創業史』のなかで、推察の域を出ないがと断りつつ、郵便の官営独占には、政府の機密漏洩の防止と、士族反乱や民権運動に対する諜報活動への思惑があったのではないか、と述べている。実態は不明だが、イギリスやフランスなど郵便先進国の歴史をひも解《と》いてみれば、あながち穿《うが》った見方とはいえない。

## 7　外国郵便の取扱開始

明治四年三月、前島密や杉浦譲らの努力により新式郵便がスタートしたものの、外国郵便は引き受けていなかった。大方の日本人にとって、外国に手紙を出すことも、受け取ることも考えられなかった時代だから特に問題がない。しかし、開国で進出してきた日本で暮らす外交官、外国商人などは母国との郵便交換は切実な問題となっていた。そこでイギリス・アメリカ・フランスの三カ国は安政六（一八五九）年、横浜などに設けられた領事館のなかに自国の切手などを備えて郵便局を開局し、本国との郵便業務を開始した。何と江戸幕末に外国の郵便局が日本にあったのである。いわゆる在日外国郵便局で、治外法権的存在となる。明治政府は外国郵便の開始を急いだ。

**在日外国郵便局の利用**

明治五年三月、「海外郵便手続」を定め、在日外国郵便局の機能を利用して外国郵便の業務を開始した。その方法は、在日外国郵便局に届いた手紙は日本の郵便局に渡され、日本側が配達し、配達の際、後払いになるが国内料金相当分の料金を受取人に支払ってもらった。反対に外国宛の手紙は、手紙より一回り大きい別の封筒に入れ、それに国内料金と外国料金の合計額の日本切手を貼り、駅逓寮に差し出す。駅逓寮では、外国宛の手紙を取り出し、イギリス宛ならイギリス切手を貼って、横浜にあるイギリスの横浜郵便局に持ち込み、イギリス側が本国などに向かう船に積み込んだ。二重封筒方式と呼ばれ過渡的かつ変則的な制度ではあったが、特に地方で活動するお雇い外国人らにとっては大きな福音になった。

例えば、松本純一の『横浜にあったフランス郵便局』によれば、横浜から遠く離れた但馬国《たじま》（兵庫県）生野銀山に赴任していたお雇い外国人の一人、ジャン・フランソワ・コワニーと母国フランスに住む人たちとの間で交換された手紙が今でも残っている。それら一連の手紙には、それぞれの無事を確かめ合い、日本の珍しい出来事やフランスの最新ニュースを知らせることがたくさん綴られていたに違いない。この時期、日本とフランスとの間の郵便所要日数は五〇日から六〇日ほどであった。

横浜郵便局（明治８年）

この間にも、駅逓寮は、本格的な外国郵便開始に向けて準備を進めていく。その一歩は、わが国の郵便が近代郵便の内容を備えていることを、列強先進諸国に認めさせることであった。準備を進める上で、先進国の標準となっていた郵便の全国実施や均一料金制度の採用は大きな前進となる。また、三府の郵便役所とは別に、外国人が多く居住する函館、新潟、横浜、神戸、長崎（開港五港）にも洋風建築の郵便役所建設を計画し建設に取りかかった。

### 日米郵便交換条約の締結

明治六年二月、駅逓寮は、外国郵便業務に精通したアメリカ人のサミュエル・M・ブライアンを大臣級の月給四五〇円でお雇い外国人として招聘した。ブライアンは米国財務省で英米間の郵便業務の監査などに従事していた外国郵便の専門家。外国郵便の経験がほとんどない駅逓寮は、駐米臨時代理公使高木三郎を全権とし、ブライアンと大蔵小輔吉田清成を補佐役にして対米交渉を行い、同年八月六日、日米郵便交換条約に調印した。翌年四月にワシントンで批

サミュエル・M・ブライアン

准書交換、六月に条約が公布された。高橋善七の『お雇い外国人―通信』によれば、条約に「アメリカの郵便船には日本の郵便物を無料で載せ、日本の郵便船にはアメリカの郵便物を無料で載せる」という条項があったが、当時、日本では太平洋横断ができる蒸気船をいつ就航できるか目処《めど》さえ立っていなかった。この点を突かれれば、日本側は返答に窮したに違いない。

明治八年一月五日、横浜郵便局とサンフランシスコ郵便局を郵便物の交換本局に指定し、わが国は正式に外国郵便の業務をスタートさせた。約一五グラムまでの書状料金が日本から一五銭、アメリカから一五セントなどと定められ、わが国は「鳥」を描いた外国郵便用の三種類の切手を発行した。これにより日本切手が貼られた手紙が外国で、外国切手が貼られた手紙が日本で配達されるようになった。明治八年の外国郵便の実績は、差出一六万通・到着一四万通であった。日米の二国間条約であるが、アメリカが他の国とも郵便交換条約を締結していたから、同国を経由して、日本からアメリカ以外の外国にも手紙を差し出すことができた。条約締結により、アメリカは在日アメリカ郵便局を廃止した。なお、外国郵便開始に合わせて、郵便役所・郵便取扱所の呼称を「郵便局《ポスト・オフィス》」に改称している。

### 万国郵便連合への加盟

明治一〇年六月一日、日本が三年前に創設された万国郵便連合《ユニヴァーサル・ポスタル・ユニオン》（コラム5）に加盟する。連合加盟国は、それぞれ二国間条約を締結することなく、連合の単一条約（多国間協定）に基づいて加盟国間相互で郵便が交換できる。その連合に日本が加盟したのである。加盟までの経緯だが、連合創設の立役者であるドイツのハインリッヒ・フォン・シュテファンから連合加盟の勧告を受け、駐ドイツ公使青木周蔵は勧告を本国に上申した。日本の外務省は駅逓局などと協議し、青木公使を介し、ドイツに駐在するスイス公使を通じて連合加盟を正式に申し入れた。この間、わずか数カ月の時間である。わが国の連合加盟は二二カ国の創設メンバーに入ることこそ逃したものの、それに次ぐ二八番目の加盟となった。連合加盟は、明治前半、わが国が独立国として国際社会に受け入れられた大きな事績の一つと理解してよいだろう。加盟翌年、パリで三八カ国が参加した第二回万国郵便大会議に駐フランス特命全権公使の鮫島尚信が日本を代表し出席、この会議で駅逓寮顧問のブライアンが鮫島を補佐している。わが国の連合加盟の結果、八月二〇日から、日本からアメリカ宛の郵便料金は一五銭から五銭に引き下げられ、香港宛は八銭、その他加盟国宛は一〇銭または一二銭などと決められた。

ここで問題になったのが在日外国郵便局の存在である。アメリカは日米郵便交換条約の締結時に、在日アメリカ郵便局を廃止しているから問題がない。しかし、イギリスとフランスは、日本自らが外国郵便を運営できることになったにもかかわらず、日本の郵便運営に信頼が置けないとし、在日局の廃止を拒んだ。だが、イギリス駐在の書記官やブライアンらの粘り強い交渉により、明治一二年一二月にイギリスが、翌年三月にフランスがそれぞれの在日郵便局を廃止した。これにより、わが国の郵便自主権が完全に樹立した。新式郵便創設からわずか九年後のことであった。小川常人が『近代郵便発達史』のなかで詳しく述べているように、関税自主権や裁判自主権などと比べれば日立たないが、郵便自主権樹立は治外法権撤廃の先駆けとして評価されるべきであろう。明治一四年の外国郵便の実績は、差出四一万通・到着五七万通までに増加した。前ページの明治八年の数字と比べると、到着は四倍になっている。うち四割が新聞であった。ラジオやテレビがない時代、新聞は日本で暮らす外国人にとって母国の情勢を知る重要な情報源となっていた。

以上、みてきたとおり、切手を発行し均一料金により国内郵便を全国に展開し、日本人の手によって外国郵便も取り扱うようになる。ここに近代的な官営郵便の骨格ができあがった。明治維新、西洋の最新技術やノウハウをそのまま日本に移植した鉄道や電信などの近代化プロセスとは異なり、郵便は、江戸時代の宿駅や飛脚の仕組みを巧みに再編しスタートさせた。ローテク技術の再生だ。次いで、イギリスをはじめ外国のノウハウを巧みに取り入れて、新式郵便から近代郵便へ移行させることに成功した。

## 8　台湾と朝鮮

前段でアメリカなどの在日外国郵便局の話をしてきたが、その逆の話もしておかなければならない。台湾と朝鮮が日本の植民地であった時代、日本が台湾と朝鮮で郵便を展開していたのである。『近代日本郵便史』のなかで特論という形で、田原啓祐が台湾の郵便について、藪内吉彦が朝鮮の郵便について論述している。特論を参考にしながら、簡単に整理しておこう。

### 台湾

明治二八年、台湾は下関条約により清国から日本に割譲された。日清戦争での日本勝利の結果である。この戦争から軍事郵便がはじまる。戦地の兵士と故郷の家族との間で交換される手紙などを扱った。戦争期間中、遼東半島、朝鮮、台湾などの戦地に六四の野戦郵便局が設置される。軍の組織ではあったが、野戦局に動員された逓信省の職員らが実際の郵便業務を処理した。

台湾平定は、現地義勇軍の抵抗が強く、日本軍は全島制圧までに約半年を費やした。軍の動きを追うように、明治二八年三月、澎湖島に、続いて基隆と台北に野戦郵便局が設けられた。翌年三月までに島の西側に二〇局が開設された。これら一連の野戦郵便局開設が台湾への日本郵便進出のはじめとなった。これら野戦局は、九カ月間で引受・配達合わせて三八三万通の郵便物を扱った。

明治二九年四月、郵便の管理が台湾総督府の陸軍局から民政局通信部に移った。民政移管である。野戦郵便局も普通郵便局に転換され、四年後、業務も日本国内の業務と一体化される。もっとも、現地人ゲリラによる抵抗が長い間収まらず、郵便脚夫が死傷する事件が多発した。

武装反抗の沈静化後、明治三三年の郵便線路の総延長は、前年の三倍一万一二八二キロまで延伸された。郵便取扱量も民政移管後一〇年で三倍になり、引受配達合計で年間三七二四万通に達した。日本人の利用が圧倒的に多いが、台湾人の郵便利用率もアップする。引受ベースでみると、民政移管初年度〇・二パーセント、一〇年後一五パーセント、三〇年後には三五パーセントにまで上昇する。しかし、収支面では、少なくとも創業後長い間決して収入の見込める事業ではなかった、と田原は分析している。

**朝鮮**

ある時期、三つの異なる郵便制度が朝鮮に存在していた。一番目はもちろん朝鮮の郵便である。アメリカ人を責任者に任命し同国との郵便協定締結を計画したり、明治二七年にはじまった近代化を目指す甲午《こうご》改革では、日本人を郵政顧問とし、廃止されていた郵便事業を立て直していく。だが三国干渉で日本の影響力に陰りが出て、事業は衰退していった。六年後、通信院を設立、フランス人を郵政顧問に招請して、郵便制度を再組成する。万国郵便連合にも加盟した。郵便局に相当する郵逓司などの三四〇の施設も全国に広がっていった。

二番目は在朝鮮日本郵便局である。それは、明治九年に締結された日朝修好条規により釜山など三港の開港が決まったが、条規締結を契機に、釜山、元山、仁川、京城、木浦、鎮南浦、馬山、城津、平城などに設置されていった日本の郵便局である。背景には、在住日本人への便宜供与と欧米列強への対抗意識があった、と藪内は断定している。三番目は日本軍の野戦郵便局である。日清日露の戦争時に日本軍が戦地に開設した。

日露戦争中から日韓協約を三次にわたり結び、韓国（一八九七—一九一〇、大韓帝国と改称）を保護国化した。明治三八年四月に締結された取極書により、韓国から受託する形をとりながら日本は韓国の通信機関を引き継ぎ、複数の組織を合同し、事実上、日本の管理下で運営する。引き継いだ郵便局数は四九、臨時郵逓所は三三五に達した。当時、ロシア艦隊が東進中であり日露の勝敗がどのように決着するかわからなかったため、そこを見透かし韓国側が引継交渉に応じなかった。また、韓国人従業員の待遇や賃金などの条件をそのままにしたものの、日本への反発でかなりの人数が合同後の組織に戻らなかった。更に逓送人が殺害されたり、反日義兵闘争で事業は停滞した。

それでも合同後一〇年間で、郵便局は一五倍の一八〇局に、郵便線路は約二倍の三万二五七四キロに、郵便物は引受配達合わせて約四倍の年間一億六五八二万通になった。ここでも日本人の利用が多かったが、韓国人の利用も三割弱ほどになる。郵便を含めた通信事業全体の収支は黒字であった。

## コラム3　イギリスの郵便近代化

一八世紀から一九世紀にかけて、イギリスは「世界の工場」として、世界中から原材料を輸入し、さまざまな製品にして世界中に輸出していた。同時に、蒸気機関を発明し、鉄道や運河も建設し、イギリスが近代工業国家に生まれ変わっていく。産業革命の成果である。しかし、郵便は旧態依然のままであった。

問題は山積していたが、最大の問題は高すぎる郵便料金であった。理由は税金（郵税）であったために、税収不足が生じると料金（郵税）がたびたび引き上げられた。一八一二年には書状の基本料金が最高一シリング五ペンスにもなる。この額は当時の農業労働者の一日分の賃金に見合う額に相当し、庶民が負担できる金額ではなかった。そのため、国会議員らだけに認められていた無料郵便に見せかけて手紙を出すなど不正利用が頻発し、収支を大きく圧迫した。

ローランド・ヒル

これらの問題を下院議員のロバート・ウォーラスが議会で本格的に取り上げ、一八三五年、院内に郵便調査委員会（委員長ダンキャノン卿）を設置させた。委員会は、郵便馬車の供給独占や杜《ず》撰《さん》な郵便船の管理など、さまざまな問題を総ざらいした。一〇巻に及ぶ調査報告書にまとめ、議会に提出する。郵便青書だ。もっとも、委員会は抜本的な改革案を打ち出せなかったが、当時の郵便に多くの問題があることを人々に認識させた。

一八三七年初頭、一民間人であるローランド・ヒルが、郵便青書などを基に郵便改革案をまとめ、有名な『郵便制度の改革―その重要性と実行可能性』という小冊子《パンフレット》のなかで発表した。その内容は次のとおりである。

第一は、郵便料金を大幅値下げし、手紙の基本料金を一ペニーとし、郵便需要を増大させることを提案する。経済学でいう「需要の価格弾力性」の法則に沿った考え方である。ヒルの試算によれば、当時の手紙一通当たりの送達原価は一・三三ペニーになるが、取扱量が増えれば一通当たりの原価は下がり、一ペニーでも十分に利益が出せる、とヒルは判断した。

第二は、距離別料金制を全国均一料金制に移行することを提案する。理由は、近距離でも少量の手紙であれば一通当たりの送達原価は高くなるし、長距離のものでも大量にあれば原価は下がる。問題は、輸送コストではなくて、原価の大半が人件費などの固定経費で占められている、とヒルは指摘する。それに、鉄道が開通して、貨物の大量かつ長距離輸送が可能になったことも、この提案の背景にあった。

第三は、用紙の枚数制だった料金算定の基準を、フランスですでに実施されていた重量制に改めることを提案する。これで、メモ用紙のような小さい軽い手紙も、テーブルクロスのような大きな重い手紙も、料金が同じという矛盾が解消できる。それから、郵便局員が蠟燭《ろうそく》の淡い明かりで手紙を透かして、用紙の枚数を確認するキャンドリング作業も省くことができる。

第四は、料金の受取人払いをやめて、差出人払いにすること、すなわち郵便料金の「前納制」を提案する。それは、もっとも手間のかかる郵便配達時の料金徴収業務をなくし、手紙の配達がスピードアップできる。この提案が切手の発行につながった。以上がヒルの郵便改革案の骨子である。

ヒルの郵便改革案は、その利益をもっとも受ける商工業者を中心に、広く国民から歓迎され、有力紙『タイムズ』などの新聞にも支持された。他方、改革案が実施されれば大幅な収入減になることが必至とみた政府は、この案に反対する。

しかし、郵便改革案は、一八三七年一一月から九カ月間かけて下院の委員会で審議入された。急速な世論の高まりを受け、渋々ながら政府は一八三九年七月、全国均一料金制度の採用と無料郵便制度の廃止などを盛り込んだ、いわゆる一ペニー郵便法案を議会に上程した。同年八月、ヴィクトリア女王の裁可を受けて法律となり公布される。一二月二八日、半オンス（一四グラム）までの書状基本料金を全国一律一ペニーとすることが告示され、翌一八四〇年一月一〇日から一ペニー郵便がスタートした。準備が間に合わず、世界初の切手「ペニー・ブラック」が発行されたのは四カ月後の五月になってからであった。近代郵便の誕生である。

改革の結果、初年度、収支面では、大幅な料金値下げにより収入は半減、更に利益（税収）は七割減の五〇万ポンドまで落ち込んだ。赤字には転落しなかったものの、厳しい結果となった。実績面では、郵便取扱量は倍増し一億六八八〇万通になったが、ヒルの初年度五倍の予想を大幅に下回った。税収が改革直前の水準に戻るのにその後二四年、取扱量が五倍になるのに一四年かかった。税収面から考えれば明らかに失敗であった。だが、公益事業の運営としてみた場合、黒字を維持しつつ、毎年、郵便取扱量を増加させていった実績は評価されるべきであろう。

## コラム４　下総国の郵便事始め

郵便全国実施に向けて各地で準備が進められていたが、その準備状況を下総国我孫子《あびこ》宿の名主小熊甚左衛門が記録していた。それは「郵便並陸運会社御用留　明治五壬申年三月」と「郵便御用留　明治六癸酉年一月一日」の二冊の御用留。田辺卓躬が『下総郵便事始』のなかで詳しく紹介している。

同書によると、駅逓寮出仕小田直方が巡回掛となり陸羽道中千住駅から水戸通陸中岩沼までと房総一円を巡回した。明治五年三月一四日、小田は千住から松戸を経て我孫子宿に入る。ここでは印旛県駅逓掛十二等出仕の真野順美が小田に対応した。この時、郵便取扱所開設地の取扱人予定者たちは、郵便取扱所開設と伝馬所廃止の請書を駅逓寮巡回掛の小田に提出し、翌日、小熊は印旛県から郵便御用取扱人の任命辞令を受け取る。全国郵便実施直前の六月二二日、印旛県では郵便御用取扱人たちが葛飾郡加村にある県庁に呼び出され、示書をもって、次の指示が与えられた。

一、郵便御用取扱人え示書

今般郵便てふものを被開、御国内は四方の極まで所として書翰の往復せざるなきやう広く御世話之ある御趣意は郵便規則の巻について拝誦して又解得あれば敢而筆せぬと斯者上下の便利を置るるの幸は聞もの雀躍せざるはなし、随て其方共に右の御用取扱を命し下これ未曽有の役に付大切に心得て発起をあやまり指笑をのこさざる様配意いたし、信書を差出す人に善悪の扱振なく不深切の粗漏は更になきを旨とし可申、一人の落度の一入而己と見效《ママ》されば全国一般え差響き便途の障碍となるものなれば、已に郵便の二字に拘はり其害は大なるべし、故に能く其職を尽して不倦不怠を要す犬は夜を護り鶏は暁を告く鳥獣てすら職を尽す、況や萬物の霊なる人におゐて其職を尽さずんばあるべからず、事務の挙ると挙らざるとは少しの配意によれば御発行の其日より一期を待ず管下の人民便利を唱をふる声の囂《かしがま》しきをきかまほしく精々可有勉励もの也

壬申　六月　　　　　　　　　　　　　　　　印旛県

二、郵便道案内

今度御国内一般に郵便を開かれ、近ゐ国々わいふへくもなく、とうき国の村さとや御国を離れる土地にても、亜細亜わおろか欧羅巴亜非利加洲のはてまでも文の通わぬ地とてはなく、広く御世話あるといふわほかならす、御国の人民御布令ことをよくよく守り、互に信書を往復し四方に起るよろつの情実かたちのかけよりも早くしれ、互に便利を達し互に其幸を祈り、士農工商各其分を尽し銘々の業につゐて骨を折り、天理人道に従てたかひの交を結び、憂楽を同して千里の遠きに離れ住むも一区の近きに住むかく《ママ》（如か）、自由自在をなさしめん手引は郵便なるべし、是迄親子十里或は二十里とはなれて稼き暮す時、親子兄弟姉妹たち年始の祝祠や夏冬の暑さ寒さを尋ねたく思ひたちても、脚夫賃高ゐか身には及ばねばおもひをはたす時やなく、つゐに無音となれるものなれば、より親子の情薄く他人によつて事をとり、これ人情か違ふゆへ親子喧嘩や口争次第に兄弟不和となり、したしき友を笑ひたり夫婦別れするやうになるもならねも便にあると深く御憐察のある事にて、書翰の目方四匁なれば二十五里まて一銭なり、二十五里より五十里までは是又わつか二銭、かかる低価に便を得るは、さて有かたき御鴻意にて、たとへ如何なる貧客も年に二三度急の事報合ぬといふことなくことの欠たる憾みなからしめむとの御趣意なれは、おのおの能々この理を解して、郵便切手といふものは人々常に懐中して急の便を欠かぬやう心懸たきものに候

壬申　六月

（木下町吉岡家文書）

**表６　下総国の郵便取扱人**

| | | |
|---|---|---|
| 年齢 | 10代 | 1 |
| | 20代 | 10 |
| | 30代 | 8 |
| | 40代 | 7 |
| | 不詳 | 5 |
| | 計 | 31 |
| 職業 | 名主 | 8 |
| | 問屋・運輸業 | 6 |
| | 酒造・醤油醸造 | 5 |
| | 本陣・旅館業 | 4 |
| | 農業 | 4 |
| | 質屋 | 2 |
| | 呉服 | 1 |
| | 農機具 | 1 |
| | 計 | 31 |

出典: 田辺卓躬『下総郵便事始』69-71ページ.

郵便取扱人は、この郵便道案内を近傍在村小前の者に至るまで周知することと命じられた。我孫子宿の小熊は、これを廻状により管轄の三三カ村（現在の我孫子市、柏市のほぼ全域）の村役人に対して周知している。

郵便全国実施の準備に当たって、駅逓寮は使府県に対して口達書を発しているが、既述のとおり、郵便取扱人選定について、「郵便御用取扱人は、すべて近傍在村へ多く往復する便宜のある業体の者のなかから選定すること。ただし、飛脚渡世の者は除外すること」と指示している。下総国の郵便取扱人は、果たしてこの指示に沿った人選であったのだろうか。前ページの**表6**に示すように、総勢三一人、年齢別にみると若い二〇代と三〇代の者で約六割を占めている。職業別では、郵便取扱人の代名詞となっている名主や宿駅にかかわる本陣・問屋などの運輸・旅客業が多いことは理解できる。しかし、土地柄であろうか、農業や酒造・醸造の者も多く、郵便創業時の東海道の郵便取扱人よりも幅広い職業層から選ばれている。

### コラム５　万国郵便連合の誕生

一九世紀、多くの国で近代化が達成されつつあり、多種多様な財貨が生産され、それらは帆船に代わり蒸気船で大洋を運ばれた。人々の移動も世界中に広がり、そこには通信需要が高まっていったが、それに応えるグローバルな郵便サービスが存在していなかった。当時のヨーロッパをみれば、郵便交換条約が各国間で無数に締結され、それはモザイク状に壊れやすいガラス細工のようなもので、カオス的状況を呈していた。郵便料金は国により異なり、その基準も尺度もさまざまで、前払いあり、後払いあり、一説によれば、その種類は一二〇〇にも達していた。この複雑きわまりない状況を打破するために、郵便料金の均一化、交換手続の簡素化などが急務となっていた。

これに対応するため、オーストリアがまず動き出した。同国は一八四二年、バイエルン、バーデン、ザクセンと郵便交換協定を締結、翌年にはタクシス郵便（ハプスブルク家を後ろ盾にしたヨーロッパの国際郵便）も協定に加わる。一八五〇年にはドイツ連邦の諸邦も包含するプロイセン・オーストリア郵便連合協定が成立する。その後、数次の会議を経て、一八六六年に最終合意され、それまでの複雑で膨大な二国間協定を整理し、単一の国際協定を全加盟国が承認するという簡素な形になった。協定締結国が限られていたし、内容も完全ではなかったが、外国郵便の交換業務の簡素化に向けて第一歩を踏み出した。

この時期、もう一つの動きがあった。アメリカの郵政長官モンゴメリー・ブレアの提唱により、一八六三年、欧米一五カ国の代表がパリに集まり、各国の郵便当局に対して勧告すべき相互協定の基礎となる一般原則を採択した。

この採択により、もはや二国間協定の積み重ねでは多国間の郵便交換を円滑に行うことは不可能であることが明白になり、早急に多国間の枠組み作りに進んでいく。これを主導したのが北ドイツ連邦郵政庁の高官ハインリッヒ・フォン・シュテファンで、郵便総連合創設の素案を発表した。一八七四年、スイスのベルンに各国が集まり、外国郵便に関する条約（ベルヌ条約）が成立し、翌年発効した。創設時の参加国は、ヨーロッパの主要国、アメリカ、ロシア、エジプト、トルコなど二二カ国。郵便総連合の誕生である。一八七八年に万国郵便連合《ユニバーサル・ポスタル・ユニオン》（UPU）に改組される。本部の所在地はベルンとした。余談になるが、

UPU記念碑（ベルン）

シュテファンは、ヨーロッパの国々に手紙を運んでいた、かのタクシスの外国郵便を取り潰し、プロイセン郵便に吸収した張本人であったことはあまり知られていない。

なお、当初合意された外国郵便の基本ルールは、次のとおりであった。

一　交換する郵便物の種類は、書状、葉書、書籍、新聞、その他印刷物、商品見本、業務用書類とする。

二　加盟国宛の外国郵便料金は固定料金に近い水準とし、徴収した料金は郵便差出国に属し、徴収料金を加盟国間では精算しない。具体的には、書状一五グラムまで二五サンチームなどと規定。それぞれの国の切手を郵便物に貼ることとし、収入は差出国に入る。極めて簡素なルールであった。

三　外国郵便は国内郵便と同様に取り扱わなければならない。このルールは配達国の義務規定で、内外無差別条項とでもいえる。すなわち、外国から到着した郵便物は速やかに受取人に配達することとし、その費用《コスト》は配達国が負担することとした。特に陸続きのヨーロッパでは、国をまたいで郵便物を逓送する必要があり、その場合の中継業務も加盟国の義務とした。

世界をつなぐ郵便の構想は、まさにこの万国郵便連合の創設で実現した。現在、国際連合の組織となっている。連合は単に郵便交換のルールを検討する場だけではなく、世界の人々が遍《あまね》く質の高い郵便サービスを受けることができるように、郵便運営技術に関する国際協力の推進機関の役割も果たしている。二二カ国で創設された万国郵便連合であるが、一九〇〇年代に五〇カ国、一九六〇年代に一〇〇カ国、そして一九七〇年後半に一五〇カ国になり、現在一九二カ国が加盟している。歴史の長い、そして最大の加盟国を誇る国際機関の一つとして活動している。その目標は、誰でも、何時でも、何処でも、安い料金で郵便が利用できる、その実現である。

# 第5章　公用通信による郵便網の形成

## 1　近代国家への編成

明治五年七月一日から郵便が全国で実施された。既述のとおり、北は函館から南は長崎まで郵便線路がつながった。だが、郵便が配達された地域は、三府など大都市を除いて、旧街道とその一部の脇街道上の町や村、そこから数里離れた場所までに限られていた。全国実施とはいっても、点と点を結んだ幹線とその周辺だけであり、面の広がりに欠けていた。だが、ある手法でこのような状態を覆《くつがえ》し、面の広がりを持つ郵便ネットワーク、否、郵便サービス・エリアを出現させた。その手法とは、府県が府県内の公用通信のために独自に維持していた定便や飛脚などの業務を、官営郵便が担うことにしたのである。具体的には、府県と官営郵便が契約を結び、郵便が府県内の公用文書を集配し、加えて、一般私信も引き受けることにしたのである。もちろん、駅逓寮にはそれを整備する資金がないから、戸長役場などに郵便局の役割を果たしてもらった。まず、目まぐるしく変遷した明治初期の地方行政区画について、松沢裕作の『町村合併から生まれた日本近代』などを参考しながら、簡単にみておこう。それは新たな国家編成の作業でもあった。

### 廃藩置県

明治二年、版籍奉還を受けて、新政府は、東京・京都・大阪を「府」と、大名領を「藩」と、直轄領となった旧幕府領の代官支配地などを「県」とした。いわゆる府藩県三治制の時代である。

明治四年七月、廃藩置県が行われ、三府三〇二県に編成される。それは、幕府直轄天領、旗本領、大名藩領などがモザイク状に位置し境界が錯綜していたが、それをほぼそのまま府県藩に置き換えただけであった。三〇二県の数字がそのことを物語っている。編成後も引き続き大規模な統廃合が行われ、同年一一月には三府七二県までになった。そこに府知事と県令と呼ばれる地方官が派遣された。その後、一時は一府三五県まで絞られたこともあったが復活分県運動が起こり、明治二〇年代に入り四五府県に増え、ほぼ現在の府県の区画の形になる。ちなみに、明治二年、蝦夷《えぞ》地は北海道と呼称し、北海道開拓使が任命される。

### 地方行政組織

府県の下に設けられた行政組織はどのような変遷を辿っていったのであろうか。まず、明治四年、戸籍作成のために戸籍区が置かれた。続いて明治五年四月、庄屋、名主、年寄などの村役人の名称が廃止され、戸長、副戸長に置き換えられた。一〇月には大区小区制が実施され、大区に区長と副区長が置かれた。府県を大きく区分《くわけ》してそれを大区と、その大区をいくつかに小分けしたものが小区と呼ばれた。だから信書の宛名は「第二大区第七小区」などと郵便番号もどきの味気ない表示となった。近世の村をそのまま区に移行したり、村々で自主的に区割を行っていたケースもあったが、中央政府の画一的な一方的な押し付けであったという説が多い。この大区小区制は六年間で終わる。

明治一一年、郡区町村編制法、府県会規則および地方税規則が制定された。いわゆる地方三新法体制に移る。まず郡区町村編制法により、府県下の行政単位を郡・区・町村として、郡には郡役所が、区には区役所が、町村には戸長役場が設けられた。また、それぞれに郡長・区長・戸長が任命された。戸長役場は、郵便取扱人が自宅を郵便取扱所としたのと同様に、戸長の自宅をそのまま戸長役場として使うことが多かった。以上のほかに、地方三新法体制下では、府県レベルで税金を徴収し、府県内の橋や堤防の建設資金などに使うことが定められた。地方税の誕生である。そのことで、村民の負担で自分たちの村に橋を架けるなどの村請負の機能が失われていった。この時期、村全体の責任で年貢を納める形が消え、地租改正で土地所有者（地主）自身が地租を金納することになったことも大きな転換である。このように江戸時代の封建的仕組みが崩れ、地方行政面でも近代国家への衣替えが急速に進んでいった。

## 2　公用通信の実態

明治維新、新政府は中央集権国家建設を目指し、さまざまな施策を打ち出す。それらを実行に移すために、政府は、幾多の布告や指令を出した。それら布告や指令の内容は府藩県に伝達され、末端の地方組織にも転伝されていく。同時に、府藩県そして地方組織からも、上申、照会回答などが中央に上がってきた。このような公用通信の情報伝達過程で、郵便がどのような役割を果たしてきたのであろうか、そのことについて考えていく。

### 中央―地方間の公用通信

明治二年、政府は中央と地方の公用通信を確保するため、府藩県に対して東京出張所を設けさせる。出張所は日本橋馬喰町《ばくろう》にあった元郡代屋敷に集められた。そこを通じて中央―地方間の公用文書の送受が行われる。もっとも、公用文書そのものの送達は各府藩県が手当しなければならなかった。明治四年廃藩置県後、府県の東京出張所は丸の内の常盤《ときわ》橋内にあった元福井藩主の私邸に移転させられている。そのことについて、岩手県の「官省御達同願伺府県掛合」の記録によると、明治四年一一月一二日付、一関県から元江刺《えさし》県、元胆沢《いさわ》県出張所詰、酒田県、置賜《おきたま》県外一一県宛の文書に「常盤橋御門内松平正四位私邸に各県出張所設けられ候に付一関県出張所引移の儀申入」とある。東京出張所が一カ所に集まっている姿は、性格が違うが、東京平河町にある都道府県会館に多くの府県の東京連絡事務所が集まっている現在の様子によく似ている。

明治四年三月に郵便が試行されると、三府間など郵便が開設されたところの府県は、公用文書の送達に郵便を利用するようになる。このため、出張所の門番に郵便切手の販売を行なわせたが、「府県出張所門番之者エ郵便切手売下ケ方先般願之通り聞届置候処公事ヲ奉スル者ニシテ公然公務之余暇ヲ以公物ヲ売捌其手数料請取候儀者詮議之次第モ有之候ニ付自今右売下ケ方差止申候此段門番ノ者へ可被為相達候也」として、明治五年一〇月の駅逓寮達により郵便切手の販売を中止している。利便性があるのだから、もう少し弾力的な運用ができなかったものかと考えてしまう。これも明治人の律儀さというものであろうか。

明治五年七月、既述のとおり、郵便全国実施に伴い中央から発出する公用文書、各府県から中央へ発出する公用文書は、速達を要するものを除き、すべて郵便によることとなった。それまで、郵便線路が通っていない県では、脚夫による定便か飛脚によって公用文書のやりとりをしていたが、これで中央との公用文書のやりとりが郵便に一本化される。翌年には、郵便が均一料金制度を採用、政府専掌に移ると、同年七月から、府県庁の所在地に毎日郵便が行き来するようになった。公用文書の送達が郵便によることとなったため、明治八年、府県の東京出張所は廃止される。

**地方の公用通信**

中央—地方間の公用文書の送達は郵便によるようになったが、郵便が府県内の公用文書の送達を担うようになるまでには少し時間が必要であった。

の点にすぎなかった。とても管内の隅々まで郵便を届けることができる広域ネットワークには遠く及ばなかった。府県内の郵便状況をみれば、街道筋や脇往還の宿駅に郵便取扱所があった府県もあるが、それは一条の線のなかの点にすぎなかった。

このような状況のなかで、明治六年五月一日から、郵便の政府専掌が宣言された太政官布告により、国（駅逓頭）以外の者による書状送達が禁止され、郵便犯罪罰則規定が定められた。しかしながら、規定第一三条において「諸官状公令公訴の書状」は、送達が禁止された書状から除外された。これにより府県が管内でやりとりする書状は、これまでどおり府県独自の定便や飛脚によって送達される。郵便サービスがそこまで達していなかったのだから、地方の公用通信を独占の例外扱いにしたことは当然の帰結であった。

明治一一年に地方三新法体制に移ると、府県は地方自治体としての体裁が一層整えられて、管内の公用通信の重要性はますます高まっていった。しかし、官営郵便の状況は前記のとおりであり、この段階でも、府県の公用文書は定便や飛脚によって送達されていた。

仮に、駅逓局（明治一〇年一月、寮から局に昇格）が府県の隅々まで郵便をくまなく行き届くようにサービスを展開するためには、街道から離れた農村部や山間部を含む府県全体をカバーする郵便ネットワークの構築が必要となる。加えて、郵便局やポストなどの施設も設けなければならない。サービスを展開しても、公用文書の利用は見込めても、民間需要はそれほど期待できない。だが、ユニバーサルサービス提供の観点からは、全府県全地域の集配エリア化を国是として推進しなければならない。それには膨大な資金が必要となるが、駅逓局には金がない。前島密は、このパラドックス状態を抜け出すための一つの打開策を見出す。

## 3 特別地方郵便

前島が見出した打開策とは、各府県内の公用文書送達をすべて郵便で行うという契約を、各府県と個別に締結することであった。特別地方郵便（地方約束郵便）の制度である。この契約を締結した府県では、府県庁と戸長役場など出先機関との間でやりとりされる公用文書の集配業務を郵便が行うことになった。それは府県の定便などの公用便に代わるものとなる。契約によって、駅逓局は地方官庁の郵便需要を取り込むことに成功した。

### 契約締結の利点

まず駅逓局側の利点《メリット》。この公用郵便の業務を活用して、民間人のための郵便サービスを開始することができる。そのため、駅逓局は、ほぼすべての戸長役場の所在地に郵便差立箱と切手売下所を設けた。要衝の地にある戸長役場には郵便局を併設した。この結果、駅逓局側にとっては、府県単位ではあるが地域の郵便インフラストラクチャを府県の協力を得て一挙に整備することができたし、公用郵便の需要に加えて民間人の郵便需要も同時に獲得できる。資金面についていえば、府県単位だから開設資金がいっぺんに必要とならないから分散できるし、ここでも郵便局は無償貸与の形がとられていたから経費を最小限に抑えることができた。

他方、府県側の利点は何であったろうか。実は、特別地方郵便には現在の後納郵便や別納郵便の仕組みが取り入れられていた。その利点を挙げれば、①府県は前年度実績により郵便料金を一括納付することができる、②府県は各書状に切手を貼付することなく郵便として差し出すことができる、③経費のかかる自前の公用文書送達制度を縮小することができる、などであろう。府政県政という広い視野でみれば、民間人の郵便利用に道が開けたのだから、全国各地と郵便でつながり、府県の殖産振興や府県民の生活向上にも大きなプラスになったに違いない。

なお、契約締結府県は切手を貼らない書状を郵便として差し出すことができるようになったので、そのことについて法令上の修正手当が行われている。具体的には、明治一四年の郵便規則及び罰則第一条第四項の「郵便税は必ず郵便切手を以て払ふべきこと」の後に「但駅逓総官と特別の約束あるものは此限に在らず」という、ただし書きが追加された。

**評価**

特別地方郵便は総じて評価が高い。最大の理由は、特別地方郵便を導入した府県では、管内に郵便集配のネットワークが一挙に広がり、公用のみならず一般の郵便利用の増進にも大きく役立ったからであろう。この状況を『中外郵便週報』は「官民公私の便利いかばかりかや」と伝えている。また、熊本県では特別地方郵便を導入するに当たり、「茲《ここ》に一の良法あり、即チ地方郵便特別法是なり。この地方郵便特別法を行えば、官民間の公用は勿論、自然人民往復の信書も速達される便法である。既に実施している地方もあり、その方法書を駅逓局が送ってきたので、官民双方の便利のために地方郵便特別法を実施したい」と説明している。

なお、特別地方郵便を最初に導入した府県は、近辻喜一の調査などによれば、明治一三年一月から実施した埼玉県と思われる。その後、各府県との契約交渉が続き、明治一六年までに各府県との契約締結がほぼ完了。同年度の通常郵便物引受数は一億一一六一万通に、郵便局数は五六

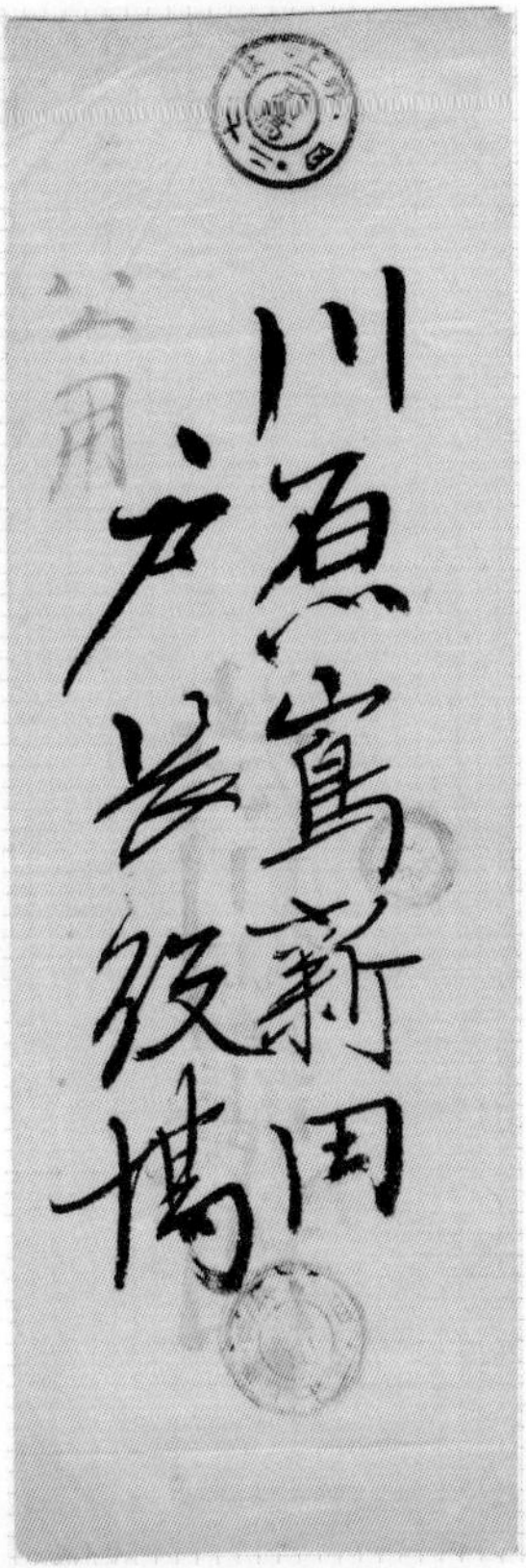

特別地方郵便
（明治15年、群馬県）

六三局に、郵便差出箱設置場所は三万九〇七カ所に達した。いずれも大きな伸びを示している。こうして、各府県の公用通信に対応して拡大していった集配ネットワークが、結果として、官民の別を問わない日本全国をカバーする普遍的な郵便ネットワークに発展したといっても過言ではないだろう。**コラム６**に特別地方郵便の導入事例を紹介しておく。

最後に、田原啓祐が論文のなかで、特別地方郵便（地方約束郵便）の濫用問題を指摘している点について注目しておきたい。論文によると、末端の戸長役場まで公文書が届くことと、それに切手貼付不要の便利さが受けて、利用が急拡大した。明治一七年度の特別地方郵便の利用額は、前年度比一〇万円増の三八万円で、料金収入全体の一八パーセントになった。わずか二年ほどで利用を止《や》めた府県をみると、その間の特別地方郵便への支払額が愛知県二・三倍、京都府一・七倍、群馬県一・六倍に急増している。急増の背景には、同じ戸長役場宛に担当ごとに公文書を出すため通数が増える。まとめて出すように指示しても上手くいかなかったなどの事情があったようだ。また、近友勝彦は「明治一七年度、岡山県の約束郵便の前納額を巡り、駅逓局から前年度の倍額一万八一二六円を要求され、県官吏が奔走したことを示す書簡や意見書」について『郵便史研究』に報告している。駅逓局の要求も増加要因の可能性があり見逃せない。以上の点を差し引いて評価しても、特別地方郵便が全国郵便ネットワークの構築に果たした役割はやはり大きい。

## 4　地方管内官民往復郵便

郵便が日本の封建的な慣習をなくすのに一役かっていた。それが地方管内官民往復郵便である。前段で説明してきた特別地方郵便（地方約束郵便）は、官と官との間を行き来する官専用の公用郵便。他方、官民往復郵便は、官と民との間を往復する公用郵便のことである。

江戸時代、町民が代官所や奉行所に何か文書を出すことになれば、名主などが同道して、一同揃って深々と頭を下げて恭《うやうや》しく文書を役人に差し出したものであった。ご維新の時代になっても、役所には戸長が付き添っていったから、町民が郵便でお上（役所）に書面を送りつけることなど許されないと思われていた。だが、新政府は明治六年五月、太政官布告により、「今後は一通りの事件はなるべく封書を以て郵便に託し、管轄庁へ差出し、指令の儀も同様郵便を以て区会所に達するよう行うこと」とお達しを出したのである。つまり、通常の案件はなるべく手紙で願書を役所に送り、役所も郵便で返答することを勧めたのである。更に、同年七月からは官民往復郵便で開封や帯封により書類を送る場合には、料金が書状料金の半額に割り引きされた。その後、割引適用は、官から民に送る公報などの刊行物、書籍、公用簿冊などに拡大していった。しかし、明治一六年一月からの全国均一料金制の完全実施によって、官民往復郵便の割引制度は廃止された。

官民往復郵便が古い仕来りを破るのに何某《なにがし》かの意義があったことは確かである。しかし、官民双方に大切な書類を開封で送ることなどに戸惑いもあり、官民往復郵便がどの程度利用されていたのかわからない。穿った見方になるが、公用信が政府専掌の適用外になっていたので、それを郵便に取り込もうとする一策として見ることができないであろうか。

## コラム６　特別地方郵便の導入事例

このコラムでは、特別地方郵便の契約締結事例を検証する。まず愛知県の事例である。明治一四年に駅逓局と締結した特別地方郵便の契約内容は、次のとおりであった。

一　郡役所所在地の郵便局は、県庁と郡役所との間を往復する専用便を設置する。
二　同所の郵便局は、郡内巡回集配人を置いて、郡役所と戸長役場との間を往復する公文類を集配する。
三　各郵便局には、市外集配人を置き、市外配達の郵便物はすべて一村分ごとにまとめて各村の戸長役場へ配達し、戸長役場にある郵便掛函《かけばこ》（ポスト）に投入された郵便物を取りまとめる。
四　郵便局が設置されていない各村の戸長役場においては、
ア　設置された郵便掛函の取集めは戸長役場の切手販売担当の筆生が行い、郡役所等へ差出す公文類と通常郵便物とを区分し、公文類は事前に把束し巡回集配人へ交付する。
イ　切手売下所として郵便切手の売捌を行う。
ウ　村人が書留郵便物を差し出すときは、戸長役場において一時仮証を交付し、所轄局の請取證書と引き替えて差し出す。
エ　郵便局から戸長役場にまとめて配達された郵便物は即日村内に配達する。

このように、愛知県の特別地方郵便の運用では、郵便局が設置されていない村においては戸長役場が郵便局の業務を代行している。いわば県庁の公用専用便と国の郵便を合体させたようなもので、便宜的な郵便制度であった。

千葉県においても、愛知県と同様に明治一四年に特別地方郵便を採用している。その際、やはり配達は戸長役場までであったが、翌年、郵便局が各戸へ配達するように改正されている。この制度を導入した府県においては、一時的に戸長役場など行政の力を借りているが、その後、公用文書を含めて、すべての書状集配が官営郵便によって管内全域で行うことができるようになっていった。そのつながりが全国郵便ネットワークへと発展していった。『中外郵便週報』は、特別地方郵便を利用した県民の声を次のように伝えている。

○第一号（明治一四年一月三日）

宮城県にては是まで県庁と郡区役所との間に往復する公用書状を総て別便にて差立られたりしを先月一月より全たく郵便一途に帰せしめ書留にて各地逓送の方法を設け之がために郵便局六十三ケ所を設け且つ戸長役場の在る土地には函場を置き郵便切手売下所も二百四十四ケ所へ命ぜられ県庁への線路は都て毎日往復と定められたり官民公私の便利いかばかりぞや

○第五三号（明治一五年一月二日）

岡山群馬千葉乃三県下は本月本日より管内地方郵便方法を改正し各局市内外をも定期集配となし且つ各所へ郵便函と切手売下所を設置し其数群馬は三百五十一ケ所千葉は六百七ケ所岡山は千六十二ケ所なりと云えは公私の便利いかばかりならん

# 第6章　郵便条例制定と事業運営の見直し

## 1　郵便条例

明治一五年一二月一六日、郵便条例が公布された。施行は翌年一月一日。条例制定により、毎年年末に翌年の郵便事業運営の基本となる郵便規則及び罰則が公布されてきたが、その煩雑さがなくなり、郵便条例が郵便の基本法令となり、恒久的な郵便法の制定につながっていく。ここでは、制定の背景、条例の構成、条例に盛り込もうとした料金改定案などについてみていこう。

### 野村靖の駅逓総官就任

本論に入る前に、この時期に起きた駅逓総官の人事にふれておく。明治一四年一一月八日、前島密は総官を辞職、その後に野村靖《やすし》が就任した。理由は、議会開設を巡る路線対立や北海道開拓使官有物払下事件などにより大隈重信が下野したからで、同時に大隈系の前島も政府を離れた。明治一四年の政変である。その結果、薩長派中心の政権に移っていく。野村は長州藩士の次男で天保一三（一八四二）年山口萩生まれ。岩倉使節団の一員として渡欧し、帰国後、外務権大丞、神奈川県令となり、県令から駅逓総官に就いた。田原啓祐が『近代日本郵便史』のなかで述べているのだが、長州派の野村を迎える駅逓局の職員らは動揺を隠せなかったが、野村は秘書役一人を随伴しただけで、その他一切の人事に手をつけなかった。刷新人事が普通であった当時の官界では異例のことである。これまでどおり職務に励むことを期待するという姿勢に、野村は職員の信任と期待を得たと、といわれている。

**条例制定の理由**

郵便条例制定に当たって作成された農商務省（明治一四年四月から駅逓局を所管）の稟議書を見ると、条例の制定経緯と理由が次のように記されている。

郵便規則及び罰則の義は、明治六年定むる処のものを準とし、毎年多少の改正を以って御発令相成り来り候処、郵便の旺盛なる今日において、遠く明治六年の法を準となす能わざるのみならず、其の永く以って法となすものは必ずしも毎年の御発令を要せざるべく思考候条、更に別冊の通り郵便条例御創定、来る明治十六年一月一日より御施行相成り候様仕りたく、別冊の儀は、多くは現行規則及び実際の経験によって改正を加え、かつ欧米の法を折衷周密を致し候義にこれあり、ただ郵便税法に至っては遠近等一共同負担の主義を以って大いに改正を加え候、現行の税法に拠れば郵便物の種類重量に従い、税額に各区別あるのほか、市外増税の法ありて、郵便局を置かざるの地に配達する郵便物は種類、重量に拘わらず一銭の増税を課し、また市内郵便ありて郵便局設置の地に出て直に同市に配達するものは其税を半額とし、及び郵便帯紙ありて、市内郵便中定時印刷物、即ち新聞紙などこの帯紙を持ちうるときは其税を四分の一に減じ、或いは地方郵便は各郵便物の種類を別かち、大いに其税を軽減するなどこれあり、これらの法は何れも偏倚に失し到底存在すべからざるものにこれあり

野村靖

### 恒久法令の制定

この稟議文書からもわかるが、郵便条例制定の第一の理由は、規程類や慣習などを抜本的に整理して、恒久的な法令に作りかえることである。新式郵便開業から一一年、毎年、少しずつ改正を加えて「郵便規則及び罰則」が施行されてきたが、取扱規程類などが整備されていなかった。そのため郵便局の現場では慣例と口伝などにより事務処理がなされてきた。前島は、欧米諸国の郵便条例規則などを参考にし、かつ、郵便のみならず為替や貯金も含めた包括的な法令体系を作ることを考えて、その草案を書き進めていった、と自伝に記している。それにしても、郵便創業時と同じように、郵便条例制定という大きな仕事を前にして、前島が自分の意志とは関わりなく、外国渡航の命令や今度は政変という外部要因によって、駅逓当局の最高責任者のポストを離れなければならなかったことは、前島の胸中に忸怩《じくじ》たるものを残したことであろう。

### 全国均一料金制の完全実施

郵便条例制定の第二の理由は、明治六年三月一〇日の太政官布告第九七号に定めた全国均一料金制を完全に実施することであった。前段でみた理由を敢えていえば法令整備のテクニックであって、もっぱら政府（駅逓局）部内の問題として捉えることができる。しかし、均一料金制の完全実施は利用者の負担に直接影響する問題であり、実質的な変更になった。全国均一料金制の立場から問題とされ廃止されたものは、次のとおりである。実施は明治一六年一月一日から。

まず「市内郵便」の割引・割増が廃止された。全国均一料金制が導入されたときに、例外措置として設けられたものである。書状基本料金が二銭となったが、同一市内宛の書状は半額の一銭、郵便局がない地域宛のものは持込税とか不便地増料金などと呼ばれた追加料金一銭がかかることになった。手嶋康・淺見啓明の『19世紀の郵便』によると、東京では明治五年三月から市内郵便がスタートした。書状料金は半額の一銭となった。市内の範囲は江戸時代の朱引《しゅびき》の内側で、ほぼ現在の山手線の内側に江東区と墨田区などを加えた地域であった。これに即していえば、朱引内の深川から芝宛の手紙は一銭ですんだが、それより距離が短い芝から品川宛のものは朱引外だから二銭になった。更に品川でも、品川宿からわずかに出たところにあった南品川利田新地《かがだしんち》宛となると、追加料金がかかり、合計三銭になった。明治九年、市内郵便の範囲が広がり、品川、内藤新宿、板橋、千住、中野村、王子、赤羽、南葛飾郡の篠原、四ツ木、渋江などの町村が追加された。しかし全国均一料金制の完全実施により、それまで市内郵便を利用していた者からみれば、手紙の料金が一銭から二銭になり、二倍の値上となった。

また「公用郵便」の割引が廃止された。明治七年に設けられた地方管内官民往復郵便からはじまったもので、同一管内を往復する官民間の書類を開封または帯封で郵送した場合には、料金が基本の半額となった。後年、官公庁が頒布する定期刊行物や書籍などにも対象が広がり、明治一三年に「地方郵便」と改称された。官民両者が利用できる地方郵便は、前章でみてきた官だけの利用を前提とした地方特別郵便とは異なる。

**郵便条例の構成**

明治一五年一二月一六日に公布された郵便条例は、一五章二四九条で構成されている。大条例である。各章で定められた事項は、第一章が郵便物、以下、郵便税、郵便切手封皮葉書帯紙、免税郵便、書留郵便、郵便物逓送配達、別配達郵便、郵便私書箱、留置郵便、貨幣封入郵便、郵便没書、郵便為替、駅逓局貯金、外国郵便、罰則の各事項であった。郵便為替と駅逓局貯金の規定に二章を割いているが、その他一三章がすべて郵便に関する規定で占められている。

第一章で郵便物を次のとおり四種類に整理して、それぞれ定義した。郵便の基本規定として、改正を経ながらも、現在の郵便法に引き継がれている。

第一種郵便物は、書状である。いわゆる手紙。送達物品が条例に抵触しなければ第一種とすることができること、また、封をした郵便物は第一種とすることも条をたてて規定している。

第二種郵便物は、郵便葉書である。ただし、税額印面に文字を記したもの、紙などを貼ったもの、表面に音信を記載したものは、第一種として取り扱うことも定められた。

第三種郵便物は、毎月一回以上発行する定時印刷物とその付録である。ただし、発行人は定時印刷物であることを証し駅逓総官の認可を受け、印刷物に駅逓局認可の文字を印刷しなければならないことも定められた。

第四種郵便物は、書籍、帳簿、印刷物、写真、書画、絵図、罫紙、営業品の見本および雛形である。なお、開封で差し出すことが規定されている。

第二章では郵便税（郵便料金）を定めている。前章で定められた郵便の種別に則し、次のとおり、全国均一料金により郵便税が規定されている。すっきりした料金体系になった。

| | | |
|---|---|---|
| 第一種郵便物 | 重さ二匁（一匁＝三・七五グラム）未満、同二匁ごとに | 二銭 |
| 第二種郵便物 | 一葉 | 一銭 |
| 第三種郵便物 | 一号一個重さ一六匁未満、同一六匁ごとに | 一銭 |
| 同 | 二号または二個以上一束重さ一六匁未満、同一六匁ごとに | 二銭 |
| 第四種郵便物 | 重さ八匁未満、同八匁ごとに | 二銭 |

以上のほかに、第四章関係では、「無税郵便」が「免税郵便」と改称され、無税扱いとなっていた新聞原稿、勧農事務などが有料化され、免税郵便は郵便・為替・貯金などの事務に関するものなどに限られることになった。第七章関係では、それまで別配達と別仕立としていたものを別配達郵便に統合した。いわゆる速達郵便である。第一〇章関係では、「金子入書状」が「貨幣封入郵便」と改称された。現金書留である。また、送金限度額が五〇円から三〇円に引き下げられ、かつ、同一差出人が同一受取人に差し出す場合には一日一通に限るとされた。なお、地

表7　郵便税（郵便料金）改定による増収見積額

| 項　目 | | 金額(円) | 算出根拠 |
|---|---|---|---|
| A 郵便税増収高合計 | | 379,172.723 | |
| | 市内郵便書状税増収高 | 49,203.465 | 3,569,348個×(1−0.081)×1銭5厘 |
| | 市内郵便葉書税増収高 | 89,484.950 | 9,737,209個×(1−0.081)×1銭 |
| | 市内郵便書籍税増収高 | 1,037.630 | 112,909個×(1−0.081)×1銭 |
| | 郵便帯紙税増収高 | 6,947.423 | 926,323個×7厘5毛 |
| | 地方郵便税増収高 | 10,000.000 | 廃止による増収分の概算見積 |
| | 全国郵便書状税増収高 | 157,613.105 | 34,301,002個×(1−0.081)×5厘 |
| | 全国郵便葉書税増収高 | 64,886.150 | 14,121,034個×(1−0.081)×5厘 |
| B 増税（追加料金）廃止による減収高 | | 122,246.440 | 12,224,644個×1銭（不便地増税分） |
| C 差引郵便税増収高分（A-B） | | 256,926.283 | |

出典:「明治十五年七月四日農商務省伺」(『公文録』『法規分類大全』運輸・郵便・郵便条令）より作成した。
注: 1 各項目の郵便物数および見積額は、明治13年度の調査に基づいて算出した。
2 書状、葉書、書籍の各郵便物数の8.1%を地方郵便とみなし、その分を除外している。
3 全国郵便書状と葉書の増収高は、料金改定（書状2銭から2銭5厘、葉書1銭から1銭5厘）に伴う増収分。

方特別郵便の低料金扱いも廃止されている。

**郵便料金の改定案**

当初の郵便条例案には、書状二銭を二銭五厘に、葉書一銭を一銭五厘に値上げする、換言すれば、増税案だが、その増税案（料金改定案）が含まれていた。理由は、料金値上をせず均一料金制を導入した場合、経費増大が見込まれるものの、収入が伸び悩み赤字が約二万七〇〇〇円生じることが見込まれたからである。料金改定が認められれば、丸めた数字になるが**表7**に示すとおり、増収額は二六万円になると見込まれた。内訳は、市内郵便が一四万円、以下、帯紙・地方郵便二万円、全国郵便一二万円で計三八万円。そこから不便地追加料金廃止による減収一二万円を差し引くと、二六万円になる。駅逓局は、この増収分を郵便の基盤整備や改善に充てたいと考えていた。

しかし、政府は、料金改定案のうち、均一料金にするための市内郵便の値上げと帯紙の値上だけを認め、その他の値上は認めなかった。前記見込額により、この部分改定をみれば、増収額が一五万円、不便地追加廃止の減収一二万円を相殺すると、わずか三万円の増収にとどまる。何故、料金改定が全面的に認められなかったのであろうか。それは、『郵政百年史』の説明に則していえば、当時の経済情勢が激しいインフレを回避するために松方正義による緊縮財政が行われ、いわゆる松方デフレが進行していた。そのような経済環境下では、政府が郵便料金の値上を認めるわけにはいかなかった。また、郵便料金がインフレ期に実質的に安くなり、デフレ期に入り相対的に高くなったといえる。この局面で料金を値上すれば、郵便の利用が減少する可能性が大きい。そのため政府は料金改定を断念したのである。

## 2　郵便事業の抜本的な見直し

前段でみてきたとおり、郵便料金の改定が完全実施されなかったため、従来どおりの運営では赤字が出ることが確実視され、赤字が累積していく可能性が出てきた。そこで郵便条例の制定に続いて、駅逓局は、野村総官の下、効率的な事業運営を目指し、地方管理組織の強化や郵便局の適正配置、更に各般にわたる事業運営の改善に乗り出すことになった。

### 駅逓区編成法

郵便条例制定を機に、郵便の全国展開と均一料金制の完全実施に目処がついた。この時期、全国規模となった郵便事業を一体として統一的に運営していくためには、各府県の郵便掛を経由しないで、中央の駅逓局が全国の郵便局を管理して、事業を効率的に運営していことが必要となってきた。

明治一六年二月一五日、駅逓区編成法が制定される。法とあるが、いわゆる法律ではなく、駅逓区の編成方針を明らかにしたものである。編成法では、まず、全国を五二の駅逓区に分割し、それぞれの駅逓区を郵便区に細分化する。駅逓区の地勢などによって郵便区の数は異なるが、それぞれの郵便区に一つの郵便局を置くこととされた。

この結果、日本全国どこの町や村でも、例え山奥であってもいずれかの郵便区すなわち郵便集配エリアに属し、そこに郵便局が置かれた。

次に、全国三五カ所に順次設置された駅逓出張所が四六の駅逓区を管理することになった。従って、複数の隣接駅逓区を管理する駅逓出張所もある。残り六つの駅逓区（東京、千葉、水戸、宇都宮、甲府、沖縄）は駅逓局（本局）が直接統括した。主な業務を挙げれば、郵便区画の調整、郵便局・郵便受取所・郵便切手売下所・郵便函場・為替局貯金預所の配置変更の取調、逓送集配方法の取調、貯金預所受書保証書などのとりまとめである。これら業務の多くがこれまで府県の郵便掛に委ねられていた。そのため、郵便局の再配置などの案件は府県民の生活に直結するため、そのような案件については駅逓出張所が関係府県と十分に摺り合わせた上で結論を出していった。なお、駅逓出張所は所在地の駅逓区の郵便も扱っていたので、戦後の地方郵政局と地域の統括郵便局の役割を兼ね備えていた組織でもあった。

**郵便線路**

郵便線路とは郵便物の逓送経路のことである。従来、郵便線路は「本線・支線」と区分されていたが、「大線路・中線路・小線路」の三線路に区分することになった。これを受け、駅逓区編成法制定と同時に、郵便線路の大線路と中線路が設定された。杉山信也の論文によると、明治一六年、陸路の郵便線路は延べ五万四一七三キロ。内訳は、主要都市間を結ぶ大線路が五二四六キロ、大線路と大線路を結ぶ中線路が七九六八キロ、地方の小線路が四万九五九ルキロであった。このほかに海路が約八万キロある。

郵便線路の区分見直しは、郵便物の逓送を全国的に管理し効率的に行うことができるようにすることが狙いであった。郵便は結束なり、という言葉がある。郵便線路上の郵便局（差立局）をリレーしながら郵便物を目的地まで運ぶ。それも、風雨などの天候にかかわらず、差立局と差立局の間を定められた時間で逓送し、差立局では郵便物

表８　明治18年制定の郵便業務に関する規則類

| 告示(達)日 | 文書番号 | 名　称 | 内　容 |
|---|---|---|---|
| 6月 4日 | 甲 94号 | 郵便区市内規画法 | 郵便区内の市内、市外の区域を規定 |
| 6月 4日 | 甲 95号 | 郵便物集配等級規程 | 市内に配達する郵便物数により、市内、市外の一日の配達回数を規定 |
| 6月12日 | 乙 10号 | 郵便逓送時計取扱規則 | 携帯時計による逓送時間管理を規定 |
| 7月31日 | 甲176号 | 郵便線路規程 | 郵便線路を大・中・小線路の3種とし、逓送回数、逓送速度を規定。逓送便の種類を4種に規定 |
| 10月16日 | 甲 28号 | 郵便函場配置準則 | ポスト、切手売捌所の設置基準を戸数、土地の状況により規定 |
| 10月29日 | 甲262号 | 汽車郵便逓送規則 | 汽車に搭載する郵便物の差立、区分、郵袋納入方法等を規定 |

出典：井上卓朗「日本における近代郵便の成立過程—公用通信インフラによる郵便ネットワークの形成—」『郵便資料館 研究紀要』(2) 平成23年、48ページ。

の積み卸しを定められた時刻までに行い、次の差立局に郵便物を送り出す。そのことを結束といい、日々の郵便運営は結束を如何に正確に実行できるかにかかっていた。区分見直しでは、大中の二線路上の差立局間の逓送時間と差立時刻が定められた。

**見直しの結果**

郵便条例が制定された明治一六年から明治一八年にかけて、駅逓区・郵便区の編成や郵便線路の大中線路の制定が行われ後、それまでの郵便運営を全国規模で見直され、さまざまな改善が行われ、それらが規程類に文章化されていった。**表8**は明治一八年に制定されたものの一例である。

駅逓局指導の下、駅逓出張所が行った郵便の運営見直しと経営合理化の結果は、明治一八年から明治一九年にかけて出てくる。すなわち、明治一四年前後から急増した郵便局、郵便ポスト（函場）、切手売捌所が大幅に減少するという形で顕れてきた。実績をみてみよう。ピーク時の数字と明治一九年の数字を比較すると、郵便局数は五六五二局から一七パーセント減の四六九三局に、郵便ポスト設置数は二万五六四四カ所から五パーセント減の二万四四四二カ所に、切手売捌所数は二万〇〇六カ所から六パーセント減の二万四五三三カ所に、郵便線路キロ数は五万四一八二キロから一三パーセント減の四万七〇〇四キロにそれぞれ減少している。減少幅が大きいものは郵便局と郵便線路であった。

しかし、この見直しと事業合理化によって郵便物の取扱数が減ることはなかった。むしろ増加している。通常郵便物の取扱数をみると、明治一二年五六〇〇万通、明治一六年一億通、明治一九年には一億二〇〇〇万通に達した。何故このような結果になったのであろうか。

理由は次のとおりである。まず、公用通信を郵便に取り込むために、特別地方郵便や約束郵便などを完璧に行うべく、大方のケースでは、各府県の公用通信のルートをそのまま引き継ぎ、かつ、郡役所や戸長役場などの施設を活用しながら、郵便局や郵便ポストを設置していった。駅逓区編成法の施行時には、その郵便局を基準に一先《ひとま》ずそのまま郵便区として指定した。もっとも郵便区は府県により広さがばらばらであり、極端の場合、直ぐそばに郵便局が隣り合わせになっている場所も少なからずあった。このため、郵便が無駄なくスムーズに流れるように郵便区を改めて定め直し、郵便局(差立局)や郵便ポストを適正に配置する必要が生じていた。それが合理化の一義的な理由である。見直しに当たっては、いったんすべての郵便局と郵便ポストを廃止して、白紙の状態で最善の配置を検討した駅逓出張所もあった。

見直し合理化の基準を示すべく規程類の整備も進み、例えば、明治一八年には「郵便函場配置準則」が定められた。同準則によれば、戸数一〇〇戸以上三〇〇戸未満の町村には函場一カ所、三〇〇戸以上九〇〇戸未満の町村には函場二カ所、九〇〇戸以上の地は三〇〇戸ごとに函場一カ所とする。ただし、函場から二里以上離れた町村には一〇〇戸未満であっても函場を設置する、と郵便ポストの設置基準が具体的に規定されている。このほか、曖昧であった取集、逓送、配達に関連する業務の詳細部分が明確に規定された。また、郵便を取り扱う郵便局長(郵便取扱役)、郵便局書記、郵便物集配人、郵便物逓送人の採用や服務、郵便局経費についても詳細に規定される。

この時期の郵便事業の収支をみると、事業合理化の成果が少しずつ出てきて、業務費のうち最も大きな比率を占める郵便逓送・集配費が、郵便物取扱数の増加にもかかわらず、明治一六年度をピークに減少、横這い傾向となった。また、明治一五年度から赤字となっていた郵便事業収支は、明治一九年度から改善され、黒字に転換していく。

このように、明治一六年から明治一八年にかけて郵便条例が制定され、創業時からの郵便普及拡大の成果を土台にしながらも、郵便事業の抜本的な見直しと合理化が行われる。この時期、わが国郵便の事業基盤が固まった、といってもよい。全国どこでも、いつでも、誰でも、同じ料金で公平に郵便サービスが受けることができる体制が整った。明治版郵便ユビキタス時代の到来である。次の段階《ステージ》は、質の高い郵便サービス提供に向けての新たな挑戦の時代に入る。

# 第7章　逓信省の時代

## 1　逓信省（本省）

明治一八年一二月二二日、西洋近代国家の制度に倣い太政官制度に代わって内閣制度が創設された。逓信《ていしん》省も創設九省の一省となり、初代逓信大臣に榎本武揚《えのもとたけあき》が就任。閣僚一〇人のうち八人が薩長出身者で占められ藩閥内閣と批判されたが、榎本は旧幕臣。軍艦を率い箱館（函館）を占拠したものの、五稜郭の戦いで新政府軍に敗れた人物である。逓信大輔心得（逓信次官）には駅逓総官であった野村靖が就いた。

### 通信と海運で出発

逓信省は、旧農商務省の駅逓局と管船局、旧工部省の電信局と燈台局の四局の業務を一元的に所管することになった。庶務・会計の二局を加え六局体制でスタートする。このようになった背景には、次のような事情があった。明治一八年二月の第三回万国郵便連合大会議に出席した際にドイツの逓信事業を視察してきた野村が、同国の制度を手本にし一つの構想を描いていた。駅逓（郵便）と電信は通信関係、管船と燈台は海運関係なのに、当時の日本では、これらの業務を旧農商務省と工部省がそれぞれ襷《たすき》掛けに所管していた。この事態を解消するために、野村が

逓信省（明治43年）

通信と海運に再編し、それらを一つの独立した省で所管することを、伊藤博文や井上馨に提唱したのである。この提唱が逓信省誕生につながった。

**鉄道や航空行政も追加**

逓信省の組織改廃は、時代の変化に伴って頻繁に行われた。主だったものとしては、明治二五年七月、内務省から鉄道の管理監督業務が移管され、逓信省に鉄道庁が置かれた。この時期、東海道本線や東北本線が開通しており、地方においても門司―熊本間など各地で鉄道が開通していた。明治四一年一一月に鉄道院となり内閣に移管される。明治末の逓信省は、内局に大臣官房・通信局・電気局・経理局・管船局・電信燈台用品製造所を置き、外局に航路標識管理所・臨時発電水力調査局・郵便貯金局を置く体制になっていた。電気と郵便貯金などの業務も追加されている。

大正時代に入ると、簡易保険が加わり、陸軍から航空局が移管される。この結果、大正末の逓信省の体制は、内局として大臣官房・郵務局・電務局・工務局・電気局・管船局・航空局・経理局が、外局として燈台局・貯金局・簡易保険局が設けられた。

戦前の昭和に入ると、簡易保険局が厚生省に一時移管されたり、太平洋戦争の遂行がますます苛烈になり、管船局が増大する業務に対処するため海務院に拡大されるなど、一層目まぐるしく組織の改廃が行われた。その結果、昭和一八年一〇月末の逓信省の体制は、内局として大臣官房・総務局・郵務局・電務局・工務局・電気局・逓信官吏練習所・電気通信建設事務所・海底線工事事務所が、外局として貯金局・簡易保険局・海務院・航空局が設置されていた。

## 逓信という言葉

このように、逓信省の業務は、郵便や電信はもとより、陸海空の運輸交通全般、加えて貯金・保険などの金融サービスも所掌し、一大現業官庁となっていった。逓信省は、日本の産業構造の変化に対応し、時代が求めるニーズを踏まえて、鉄路をつなぎ貨客輸送の増強と円滑化、海国日本の育成と発展、経済の米ともなる電力の確保と供給などに力を傾けてきた。また、郵便局を全国津々浦々まで展開させて通信インフラを築いて、郵便や電信の通信サービスを提供し経済活動や国民生活を支え、更に、郵便局は庶民の金融機関の役割も果たしてきた、否、今も果たしている。

こうしてみると、「逓信」の言葉にはさまざまな意味を込めることができるが、そもそも逓信省の名称は駅逓局の「逓」と電信局の「信」を組み合わせたものである。その駅逓局の「駅逓」には、古くは馬に乗って宿駅から次の宿駅に書状、荷物を送り届けるという意味がある。それが転じて、運輸交通全般と解するようになった。もう一方の「電信」は、明治期、モールス信号に代表される新時代のコミュニケーション手段を意味していた。だから逓信は、新旧二つの意味を持つ言葉でできている、ともいえる。

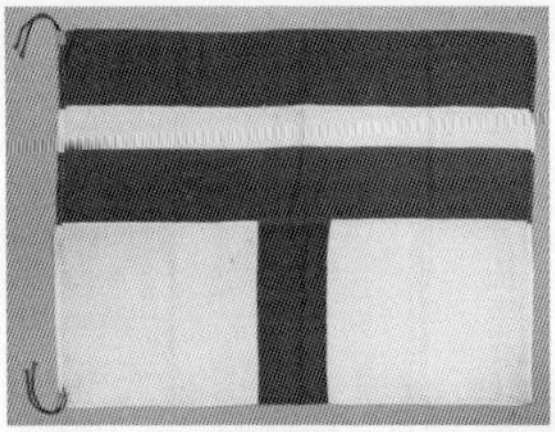

逓信旗

逓信の言葉に愛着を持つ、かつての逓信マン、郵政マンは多い。戦後、郵政省になってからも、国会には逓信委員会があり、逓信病院、逓信総合博物館、逓信協会など、関係の組織で「逓信」はごく普通に使われてきた。郵政民営化を堺に、古色蒼然とでも映ったのであろうか、逓信の文字が急速に消えていった。今、わずかに逓信病院、それから逓信省の「テ」を表す「〒」マーク（明治二〇年制定）に、その痕跡をとどめているだけである。地図記号も国際標準化が進められているので、いずれ「〒」マークは地図から消えていく運命かもしれない。

## 2 地方監督機関（地方機関）

前段において逓信本省の変遷についてみてきたが、逓信業務を全国一体として円滑に遂行していくために地方に監督機関が置かれてきた。その変遷と在り方についてみていこう。

### 逓信管理局の設置

明治一九年三月二六日、地方逓信官制が制定され、全国一五カ所に新たに設置される逓信管理局が郵便局と電信分局の業務を監督することになった。開局は同年七月一日で、その名称と管轄府県は次のとおりである。

○東京逓信管理局（東京府、神奈川県、静岡県、山梨県、埼玉県、千葉県、茨城県、群馬県、栃木県）、○大阪逓信管理局（大阪府、京都府、兵庫県、滋賀県、和歌山県）、○新潟逓信管理局（新潟県）、○函館逓信管理局（北海道、青森県）、○名古屋逓信管理局（愛知県、三重県、岐阜県）、○岡山逓信管理局（岡山県、広島県）、○赤間関逓信管理局（山口県、福岡県、大分県、長崎県、佐賀県）、○松江逓信管理局（島根県、鳥取県）、○熊本逓信管理局（熊本県、宮崎県、鹿児島県、沖縄県）、○丸亀逓信管理局（愛媛県、徳島県、高知県）、○金沢逓信管理局（石川県、福井県、富山県）、○長野逓信管理局（長野県）、○福島逓信管理局（福島県）、○仙台逓信管理局（宮城県、岩手県）、○山形逓信管理局（山形県、秋田県）

当時、山口県下関の赤間関が枢要な都市であったことがわかる。この逓信管理局の設置に伴い、明治一六年二月制定の駅逓区編成法により設置された三五の駅逓出張所が廃止された。新しい体制では、一つの駅逓管理局の管轄エリアが複数の府県にまたがる大管区制になった。地方逓信官制のアイディアは、ドイツの郵便電信政策や組織体制に深く傾倒していた野村次官によるものである。現業部門と監督部門の分離などを骨子とした内容であるが、いわばドイツ方式の採用であった。

一等局による監督

明治二二年七月一五日、郵便及電信局官制が定められた。これは、逓信管理局を廃止して、一等局となった郵便局と郵便電信局の四五局が現業業務をこなしながら、二等局以下の現業機関を管理監督する体制なのである。改正には、明治二一年一一月二〇日、野村に代わり、次官として逓信省に戻って来た前島密の意向が強く反映している。前島が問題にしたのは、大管区制では一つの逓信管理局が膨大な数の郵便局を指導監督しなければならず、指導監督が不徹底につながっている。また、本省と現業機関の間に中間組織を置くことは、上下の意思疎通の阻害、コスト増につながると指摘した。一等局の活用は小管区制であり、中間管理機関を取り除く組織のスリム化、スケールダウンとなった。なお、野村辞任には、電話事業を巡り榎本大臣と意見に隔たりが生じたからとも伝えられている。前島は明治二四年三月に辞任、次官在任二年三カ月であった。

一等局の名古屋郵便局（明治10年）

逓信管理局の復活

もっとも、明治後半になると、逓信省の業務が増大し形態も多様化していった。このため小管区制による現業機関が兼務して監督業務を行うことに困難が生じるようになってくる。そのため、現業機関と管理機関を明確に分離し、明治四三年、全国一三カ所に逓信管理局が再び設置されるようになった。このように、現業の管理機関は、時代の流れに沿って、明治一六年の駅逓出張所の設置、以下、明治一九年逓信管理局、明治二二年一等局、そして明治四三年逓信管理局へと変遷していった。逓信省―逓信管理局―郵便局という垂直的ラインは、戦後、郵政省―郵政局―郵便局という管理体制に引き継がれていく。

## 3　三等郵便局（現業機関）

誰も行きつけの郵便局があると思う。町や村の要所に建っている小さな昔ながらの郵便局。それがかつての三等郵便局であった場合が多い。ここではその三等郵便局について、簡単に整理しておこう。明治四年、東京―大阪間に新式郵便が開業し、三カ所の郵便役所と六二カ所の郵便取扱所でスタートした。これらが郵便局の前身である。郵便局と名称が変更されたのは、明治八年一月一日から。

### 三等郵便局の誕生

郵便局に一等から五等まで等級を付けていた時代もあったが、地方逓信官制が敷かれた明治一九年三月から郵便局は三等級制になった。ごく簡単にいえば、官立の一等局は大きな都市に、同じく二等局は大都市に次ぐ中小都市に、請負制の三等局は最寄りの町や村に、それぞれ設置された郵便局のことである。三等局の郵便取扱役の名称も郵便局長になる。明治一九年度の局数をみると、一等局が三五局、以下、二等局四四局、三等局三九七二局であった。九八パーセントが三等郵便局である。

二等局の宇治山田郵便局（明治42年）

この三等郵便局が後の特定郵便局の前身となるものである。わが国の郵便事業において大きな役割を果たし、その存在なくして今日の郵便事業は成り立たなかった。郵便創業直後、郵便局のネットワーク拡大は喫緊の課題であったが、その所要資金が国にはない。そこで、各地の資産家、名望家に対して、格式を与え名目的な手当を支給し、彼らから土地や家屋を無償で提供してもらい、それを局舎に転用し、丸抱えで郵便業務を請け負ってもらった。そ

三等局の山形県長井郵便局（明治26年）

れが郵便取扱所であり、後の三等郵便局である。そのようなことが可能になったのは、請負人を判任官の官吏として処遇し、権威を持たせたからであろう。武士が行っていたお上《かみ》の仕事をする。そのことが明治の人たちにとっては名誉なことであったに違いない。前島のアイディアといわれているが、脆弱な財政基盤であった政府が郵便局を全国に設置できたのも、この権威付けが成功したからである。明治版「民間活力」の活用とでもいえる。

ところで、イギリスには副郵便局《サブ・ポスト・オフィス》というものがあった。町や村にある小さな商店などの片隅に窓口《カウンター》を設けて、切手や葉書を販売し、手紙を引き受けていたミニ郵便局だ。副局長には商店の女主人が多かった。局の経費は郵便の取扱量などを基準にして手数料が副局長に支払われていた。一八五五（安政二）年の官立郵便局《クラウン・ポスト・オフィス》は九二〇局、副郵便局が九五七八局であったものが、一九一三（大正二）年には官立局は一〇九八局、副郵便局が二万三二五六局に増加し、ロンドンの街角でも地方の小村でもごく普通にみられようになる。副郵便局はイギリス郵便のネットワーク形成に大きな役割を果たしていた。民間の力を借りたこの副郵便局の役割は、日本の三等郵便局のそれに似ている。前島密もロンドン滞在中に副郵便局に立ち寄り、わが国の郵便局設置のあり方に何某かの示唆を受けていたかも知れない。

### 三等郵便局の要件

三等郵便局が誕生すると、それに関連するさまざまな規定類が明治一八年から明治二一年にかけて制定される。例えば、明治二一年四月に「三等郵便局長採用規則」が、翌月には「三等郵便局長服務規約」がそれぞれ制定されている。当時の三等郵便局長の要件を整理すると、大略、次のようになろう。

一　三等郵便局長は判任とし、満二〇歳以上の男子であって、所定の資産を所有し、なるべく局所在地に居住する者から適材を選ぶ。
二　三等郵便局長には俸給を支給せず、手当を支給する。
三　三等郵便局長およびその家族は、営利会社の社長、役員となることができ、原則として、商売を営むことが許される。
四　三等郵便局の局舎の土地および建物は、局長が義務として無償提供し、これを確保する。
五　従業員は三等郵便局長が随意に採用するものとし、局長が適宜の給与を支給する。
六　三等郵便局の運営経費は渡切りとし局長に支給し、その支給額をもって人件費、物件費いっさいを支弁する。
七　三等郵便局長は郵便局運営上の全責任を課せられ、損失が生じた場合には、原則として、弁償責任を負う。
八　三等郵便局で売り捌く切手類は、局長の私金により一定の割引額で調達することができる。

要すれば、請負人にとっては、無償で郵便局の局舎を用意し、わずかな手当と定額の経費をもらい、自ら従業員を雇い、郵便を取り扱う。切手類はディスカウント価格で仕入れて販売し、額面との差額が収入になる。同時に、商売を行い、会社役員にも就任できる。換言すれば、郵便の仕事だけでは生計が維持できなかったことを意味していた。

**三等郵便局の実情**

かつて三等郵便局長（特定郵便局長）であった藪内吉彦をはじめ、高橋善七、小池善次郎、小川常人、繪鳩昌之らが自らの経験を踏まえ、三等郵便局の運営の一端を明らかにした。また、磯部孝明、小原宏、田原啓祐らの研究者が三等郵便局の地域ネットワークや局経営の問題などを論文にしている。ここで簡単に結論めいたことはいえないが、少なくとも次のようなことはいえよう。

三等郵便局長がそれぞれの所在地で誇りを持って郵便事業に従事してきたこと。また、地域のリーダーとして活躍し、町村運営にも貢献してきた局長も少なくなかった。時に、郵便貯金の払出資金を用立てたことも、また、局の営業収支が赤字に転落し自らの資産から補填したこともあったろう。それは地域の名望家の務めとして受け入れられていた面がある。だが、郵便利用者の少ない地域では、手数料収入も少なく、お役目返上も起こっていた。手当支給額や手数料の改善が少しずつ行われたものの、返上を完全に解消することはできず、国は、より裕福な層に局長を委ねるようになっていく。

また、三等郵便局を巡る諸課題のなかで局舎無償提供の解決は避けられない問題であった。当初、格式を授与することなどにより、三等郵便局長となった資産家などから局舎無償提供の協力を得てきたことは、既にみてきたとおりである。しかし、わが国の経済活動が近代化するなかで、このあり方の見直しが緩慢ながら行われてきた。その最初は、昭和一二年一〇月から少額ではあったが局舎賃料が支払われるようになった。戦後の昭和二三年一月からは局舎借入契約を締結して地代家賃統制令に基づく賃料が支払われるようになる。

昭和一六年から、三等郵便局は特定郵便局と、三等郵便局長は特定郵便局長とそれぞれ改称される。特定郵便局・局長には、局舎私有による世襲制などが組合から問題視された時期があったし、パトリシア・L・マクラクランは『人民の郵便局《ピープルズ・ポスト・オフィス》』のなかで「戦後、特定郵便局長と政治の結び付きが強められ、保守勢力の大きな応援団となっていた」と指摘している。このように、さまざまな角度から議論がなされてきたが、大局的にみれば、三等郵便局、特定郵便局、それを運営してきた局長とそこで働いてきた局員らの貢献があったからこそ、現在の郵便事業があることもまた事実である。

# 第8章　郵便サービスの充実

## 1　小包郵便

明治一〇年代から三〇年代にかけて、新たな郵便サービスが導入されたり、運用面でもさまざまな改善がなされ、郵便が国民生活そして経済活動に欠かせないものに成長していく。ここでは、この時期、導入された小包郵便などの新たなサービスについてみていこう。

### 外国小包郵便

明治一二年一二月二六日、わが国は香港郵政庁との間に小包郵便交換条約を締結し、翌年一月一日から取扱を開始した。条約は、在日イギリス郵便局閉鎖に伴うもので、イギリス局が香港経由で取り扱っていた小包郵便を、閉鎖後、日本の郵便局が取り扱うことになったため、締結したものである。日本側は東京、横浜、長崎などの郵便局が、イギリス側は香港、シンガポール、マラッカなどの郵便局が小包郵便の取扱局となった。この条約による小包取扱が、外国郵便だけれども、わが国初の小包郵便サービスとなる。

その後、わが国は、明治二三年にカナダと、明治二七年にドイツと、明治二九年にイギリスと、明治三一年にフランスと小包郵便の交換を取り決めてサービスを開始する。取決がない国との小包交換は取決締結国を経由して行わなければならなかったため、料金は割高となり逓送にも長い日数を要した。明治三五年一二月、わが国が万国郵便連合の小包郵便物交換条約を締結すると、締結国間では最短距離のルートを選択できるようになり料金も安くなった。この年、外国小包の取扱局を指定局制から一般の郵便局に拡大した。

当時、万国郵便連合の小包郵便物交換条約を締結していなかったアメリカ、オーストラリア、メキシコなどの国とは、わが国は個別に二国間条約を締結し小包郵便物を交換した。連合条約や二国間条約などの締結後、外国小包の取扱数は増加し、明治三五年には到着・引受ともに一万個を超えた。国別でみると、明治三三年度の『逓信省年報』によれば、イギリスが突出して多く、次いでドイツ、フランス、カナダの順となっている。明治三七年に二国間条約を締結したアメリカは、締結以降、小包の取扱数が急増し、昭和初期には中国とともに最大の取扱国となった。昭和一〇年には外国小包は引受と到着を合わせると一〇〇万個を優に超えるまでになった。

**内国小包郵便**

明治二五年六月一六日、小包郵便法が公布された。外国小包に遅れること一三年である。もちろん以前から検討が進められていて、明治一八年には小包郵便法調査委員会が設けられ、法律を制定し小包郵便連合に加盟すべきであるとの結論を出している。これを受け、農商務省は小包郵便の早期実施を省議で決定したものの、逓信省の設置準備に忙殺され、この時点での実現は見送られた。野村靖次官がドイツ国営郵便《ブンデス・ポスト》の例に倣い、価格表記（いわゆる保険付郵便）による小包郵便を郵便条例改正案に盛り込んでいる。この改正案は、明治二一年一一月に野村に代わって逓信次官になった前島密によって見直され、この時点で小包郵便を開始することは時期尚早であると判断された。

明治二四年に入ると、小包郵便法案が第二回帝国議会に提出されたが、衆議院が解散されたため審議未了となった。法案は翌年の第三回帝国議会に再提出され成立する。逓信大臣であった後藤象二郎は、議会において、小包送達を全国で均一に実施するには私企業ではなく政府事業として実施することが適当であること、諸外国でも小包サービスが国の郵便事業として行なわれていること、また、既に小包郵便交換に関する国際条約が締結されていること、などを強調して小包郵便の必要性を説明した。小包郵便の導入により、郵便が書状などの送達、送金手段としての郵便為替、そして小型荷物の運送を担うことになり、郵便の三本の基本柱が整うことになった。大きな進歩である。これで商品見本と偽って小物を送る必要がなくなった。

小包郵便用の人車

**諸規定の整備**　小包郵便法の公布に伴い、まず、明治二五年六月二七日、小包郵便物の料金、保険料、賠償金額、容量、重量、価格登録制限などが勅令第五七号により定められた。九月二七日には小包郵便法施行細則が省令第一三号により制定され、また、同日、一〇月一日から東京管内において小包郵便が開始されることも告示された。

小包郵便物の要件は、縦・横・厚さがそれぞれ曲尺《かねじゃく》二尺（六一センチ）以内であって、重さ一貫五〇〇匁（五・六キロ）までのものに限られる。郵便料金は距離と重量により決められた。距離別の段階は二〇里から三〇〇里までを九段階にしたものと三〇〇里超の計一〇段階、重量別の段階は二〇〇匁から一貫五〇〇匁までを七段階にした。表にすれば、縦一〇列、横七列の料金表になる。最低は二〇里二〇〇匁までの六銭、最高は三〇〇里超一貫五〇〇匁までの九三銭であった。なお、このような複雑な小包郵便の料金体系は、その後、簡素化されていく。例えば、明治二九年には距離三段階・重量七段階制に、明治三五年には郵便区内と区外の二段階・重量六段階制に、戦時体制下の昭和一九年には二キロまでと四キロまでの重量二段階制に単純化された。

明治五年から通常郵便物は不賠償と決められていたが、通常小包では損害保障が付くことになった。賠償額は一〇〇匁（三七五グラム）ごと一〇銭の割合と決められる。また、保険料を支払い価格登記小包として差し出せば、一五〇円までの補償が得られることになった。

全国実施に向けて、明治二六年二月までに、小包郵便に関する規定類の整備が急ピッチで進む。列挙すれば、集配人と逓送人に関する受負規則、服務規則、制服規定をはじめ、小包郵便の行嚢《こうのう》取扱方、逓送方法、逓送車に掲げる旗、使用する日付印などの規定も定められた。これらの諸規定を踏まえ、各地で小包を配達する人や郵便局間で小包逓送を行う人が採用されたが、大半が三等郵便局長が採用した人たちであった。鉄道郵便も小包を取り扱うことになり、その取扱手続も制定される。

**実施状況**　当初計画では、小包郵便を全国枢要の地二四〇カ所を選び実施することにしていた。しかしながら、実施には、小さくて軽い書状の取扱とは違い、大きくて重い小包の扱いには、広い荷捌スペースや専門の要員、そして逓送手段などの確保が必要となるが、それには大きな費用がかかる。そのため、当初計画案どおりに開始することが困難となり、大幅修正を余儀なくされた。明治二五年一〇月一日の創設時点では小包取扱局が東京郵便電信局管内の一九局に過ぎなかった。翌年に入ると、二月には東京と九州を結ぶ幹線に六二の取扱局を開設、四月からは郵便受取所でも小包を取り扱うようになった。
しかし、明治二五年の取扱局所数は、全体の郵便局設置数（約四三〇〇）の数パーセントにしかならなかった。だから辺鄙な村に住む人にとっては小包を郵便局に出しに行くのは一日仕事になった。他方、小包の受取もたいへんだった。小包が配達されない場所に住んでいる人宛の小包は、まず、最寄りの郵便局に特別留置される。小包を留置した郵便局は受取人に到着通知を、差出人には留置証を送る。次に、留置証を受け取った差出人はそれを受取人に送る。最後に、受取人は受け取った留置証を郵便局へ持参すると、留置されている小包を受け取ることができる仕組みであった。利用者からは、小包の取扱局が少ない、受取に手間と時間がかかる、そして料金体系も複雑だ、などという批判の声が出された。

小包受取について、沼津の静浦にいた福沢諭吉が手紙を書いている。要旨だが、時事新報社から送られた小包を受け取りたいのに、留置書が差出人からなかなか届かない。新報社との連絡に電報まで使った。それに、留置の小包を受け取るために静浦と沼津郵便局の間を人力車で往復しなければならなかった。小包一個を受け取るのに五六銭も費やしてしまった、と。

**小包郵便の普及**　このように批判もあったが、逓信省は小包郵便の改善に努め、サービス開始四年後の明治二九年には小包郵便の取扱局所が二二八一カ所にまで増加し、半数の郵便局で小包を差し出すことができるようになった。この年、傘や織物などの長尺ものに小包を利用したいとの要望に応えて、厚さ・幅がそれぞれ五寸（一五センチ）以内であれば、長辺は三尺（九一センチ）まで認められることになった。また、商品代金引換で小包を出すことができるようにもなった。ただ、集配人が現金を取り扱うことができないので、局留置扱いの小包に限られ、代金は郵便為替で差出人に送金される仕組みとなる。更に、料金体系も簡素化される。それまでの距離別一〇段階を三段階にした。改善効果もあり、小包郵便の引受数は、明治二五年度四万個、明治二六年度七三万個、明治二九年度二七四万個、明治三五年度には一〇〇〇万個を超えるまでに成長した。一〇年で二五〇倍である。

これらの数字から、小包郵便が商業活動そして家庭などに急速に浸透していったことがわかる。代金引換の小包が普及したことで、商品流通の在り方も変化していった。季節の節目には、田舎の親から都会で働く子供たちに郷土の懐かしい品々が小包で届けられ、あるいは、子供たちから親に都会の珍しい品物が小包で送られる光景がよく見られた。人々は親戚や知人にも小包をよく送ったものである。ゆうパックの段ボール箱やガムテープなどがなかった時代だから、荷物を油紙でしっかりと包み、宛先は墨書し、紐《ひも》をかけ紙の荷札をつけて小包を作ったものであった。また、それを開けるときの楽しみを味わった年配の人もまだいることであろう。小包は、商店と消費者とを結び、また、人と人との絆にもなっていったのである。

## 2　新聞と郵便

郵便は手紙や小包だけを届けるのが仕事ではない。高橋康雄が『メディアの曙』のなかで「郵便は本木昌造らの活字開発によってもたらされた種々のメディアを全国に普及する、もう一つのメディアとなった」と述べている。活字メディアの最たるものは新聞であり、また雑誌もそうである。創業直後から、わが国の郵便は、書状料金よりも格段に安い料金により定期刊行物を引き受け、新聞などの活字メディアの発展に尽くしてきた。文明開化の時代にふさわしい、まさに国の文化政策の実践といってもよいであろう。

### 低料金の設定

新式郵便が長崎まで延長された明治四年一二月、いわゆる定期刊行物の低料金サービスがはじまった。対象は官報の先駆けとなった太政官日誌や新聞などだが、低料金適用には駅逓寮の認可が必要となった。料金は重さに関係なく距離別。参考のために括弧内に四匁（一五グラム）までの書状基本料金を記載する。五〇里以内四八文（二〇〇文）、一〇〇里以内一〇〇文（三〇〇文）、二〇〇里以内一四八文（四〇〇文）、二〇〇里超二〇〇文（五〇〇文）と定められた。こうしてみると、新聞の料金が書状料金の二五パーセントから四〇パーセントに抑えられている。

ちなみに、東京から五〇里以内には三島、一〇〇里以内には名古屋、二〇〇里以内には大阪、二〇〇里超では長崎などの都市がある。また加えて、認可された新聞社宛に送る新聞原稿は無料とした。このようにお膳立てができたものの、当時、今日的な活字印刷の日刊新聞は明治三年に創刊された『横浜毎日新聞』ぐらいなもので、駅逓寮のなかには、この定期刊行物のための郵便サービスに疑問を投げかける者が多かった。

サービス導入を主導したのは、英米の新聞と郵便との関わり合いを直接肌で感じて帰国し、駅逓頭に就いたばかりの前島であった。前島は、郵便を活用してわが国の新聞雑誌を育てることを考えていた。英米両国とも、インターネットやテレビがない時代であったから、新聞が広く国民に情報を伝える唯一の手段となっていて、郵便が国民に新聞を直接届ける役割を果たしていた。もちろん無料や低料金が適用されていた。だが、その適用の考え方には両国で大きな違いがあった。イギリスでは一七一二年から一八五五年まで新聞に強制的に高い税を課していて、納税済みの新聞に限り郵便が無料になった。高い税金で廃刊に追い込まれる新聞が多かったが、そこが政府の狙いであった。課税は政府に都合の悪い新聞を閉め出すための手段であった。言論出版の統制である。税廃止後は新聞郵便に低率の料金が適用された。他方、アメリカでは郵便を国政に関する情報提供のメディアとして機能することが期待され、国会議員の郵便は無料、新聞も低料金が適用された。優遇措置の廃止が何度なく検討されたが、そのコストは民主主義を育てて守るためのものという考え方が根強くあった（コラム７）。

**政策料金のジレンマ**

わが国で定期刊行物の郵便サービスが実施されると、その取扱実績は急速に伸びていく。杉山伸也の論文によると、明治一〇年度は新聞雑誌九六二万通で、うち八三四万通が東京からの差出であった。新聞雑誌発行による情報発信が東京に一極集中していることが鮮明である。明治二四年度には四九〇八万通で、東京からの差出は二七一六万通であった。東京の差出シェアは低減しているものの、通数は三倍に増加している。全体の取扱通数に占める割合も両年度とも二割を超えた。この結果、増加する新聞雑誌の郵便が全体の収支を悪化させる要因になっていった。コストを考慮せずに政策料金として料金を低く押さえているのだから、取扱量が増加すれば損失が膨らむのは避けられなかった。こんな話も残っている。汽車もなかった時代、脚夫が行李を担《かつ》いで東京から京都まで新聞を逓送していたが、行李一箱分の料金収入は二円、逓送賃が一二円かかったので、行李一箱を運ぶと一〇円の損失が出た。政策料金の維持か収支相償の堅持か、相容れない課題であり、公益事業としての郵便にとって、そのバランスが課題となっていた。

第三種郵便物といえば、低料金の新聞雑誌の郵便を指すことは周知のとおりである。この呼称が定まったのは、明治一六年一月に施行された郵便条例によってである。条例では、毎月一回以上発行する定時印刷物とその付録で、駅逓総官の認可を受けたものと定義された。料金が全国一律となり、第三種は一号一部一六匁（六〇グラム）まで一銭。第一種書状は二匁（七・五グラム）まで二銭となった。料金額を単純比較したら二分の一、重さを考慮したら一六分の一の安さになる。続いて、明治二二年八月に郵便条例が改正され、第三種の料金が五厘に値下げされた。従前の半額である。

東京名所両国報知新聞社図

**新聞余話**

実は、明治二二年の条例改正案には、当初、料金を値下げするが、新聞雑誌の配達を信書と同じく国家独占とする案が盛り込まれ、省議で決定されていた。野村次官の肝いりで入ったものだが、当時、ドイツ連邦が行っていた治安維持と言論統制の仕組みを郵便に持ち込もうとしたものであった。この改正案に、前年一一月に野村と交代した前島がストップをかけた。理由は、著者の推論になるが、治安維持と言論統制は内務省系の仕事であり、逓信省の現業機関で行う業務には馴染まない。そもそも信書の独占（政府専掌）は全体で収支バランスをとり、ユニバーサルサービスを維持するための措置であり、このように、信書独占の目的は野村の考えていたであろう目的とはまったく性格が異なるものなのである。

前島は新聞に並々ならぬ関心を寄せていた。新聞を普及するために、郵便に低料金のサービスを導入したことは前記のとおりである。そして前島自らが新聞発刊の企画に乗り出し、東京の日本橋横山町で書籍業「泉屋」を営み、郵便取扱役にもなっていた太田金右衛門がその企画に賛同し、『郵便報知新聞』を創刊する。前島の秘書役であった小西義敬も経営に参画した。郵便の特典をフル活用し、新聞を発行した。すなわち地方の役人らにニュース原稿を無料郵便で送ってもらい、それらを紙面に載せるなどして印刷する。刷り上がった新聞は低料金の郵便でまた全国の読者に届ける。郵便が情報のインプットとアウトプット双方向を支え、国政や経済のニュース、そして文化の香り、そして地方のニュースを全国の読者に伝えていったのである。そのことは、新聞の題号《タイトル》に「郵便」の文字が入っていたことと無縁ではない。外国でも、『ワシントン・ポスト』や『デイリー・メール』などのように、郵便に縁《ゆかり》が深い題号が冠せられている新聞がある。

農商務省の時代、駅逓局も新聞を活用した時代があった。規則や通達などを郵便局に周知するため、明治一四年から『中外郵便週報』に掲載していたが、それらの掲載を明治一六年から『東京日々新聞』の毎週火曜日の紙面に切り替えた。全国の郵便局長は仕事の必要上から同紙を購入することになり、同紙が短時間のうちに全国紙になっていく。現在の『毎日新聞』の前身だ。明治一八年からは駅逓局から『駅逓局報』が発行され、翌年には逓信省設置に伴い『逓信公報』に改称された。以後、公報は郵便業務に携わる人たちの道しるべとなり、戦後も『郵政公報』に引き継がれていく。

## 3　年賀郵便

このところ年賀郵便は、スマートフォンやＳＮＳ（ソーシャル・ネットワーキング・サービス）などの電子メディアに押されて低迷している。令和三年用年賀はがきの発行枚数は総計一九億枚で、ピーク時の平成一五年の四五億枚と比べると、約六割減となった。しかしながら、年賀状の交換は新年を言祝ぐ国民的な行事であり、これからも是非残したい習慣である。ここでは、その年賀状の歴史と年賀郵便誕生を探ってみた。

**前史**

令和元年に出版された日本郵便株式会社監修『年賀状のおはなし』という本にも述べられているのだが、新年を祝う祭事は、日本のみならず、古くから広く世界各地でみられる。特に儒教など礼節を重んじる東アジアの国々では、昔から人々は年賀の書状を交わしていた。日本でも、平安時代、公家社会では年の始めに年賀の挨拶を交わす回礼の風習が一般化し、書状によって年始の挨拶を交わすようになる。手紙文例集には、賀状の雛形が載っている。藤原明衡《ふじわらのあきひら》が編んだ『雲州消息』には「改年之後。富貴万福幸甚幸」と、また、中山忠親《やまなかのただちか》の『貴嶺問答』には「年首御慶。承悦無極」と賀状の文例が示されている。鎌倉時代には、新年を言祝ぐ習慣が一般社会にまで広がり、お年玉やご馳走をふるまう椀飯振舞などの風習が生まれてきた。室町時代の模範手紙作法集には、一二月二〇日になれば年賀状を書いても良いという記述もある。江戸時代に入ると、飛脚が発達していたこともあり、書状による年賀状を出す習慣が広がっていった。

明治六年一二月に「官製はがき」が発行される。現在のはがきの形式とは異なり、二つに折ったものであった。官製はがきの発行を契機に、これを利用して年賀状を送る習慣が急速に広まった。最初は、はがき二つ折りの内側

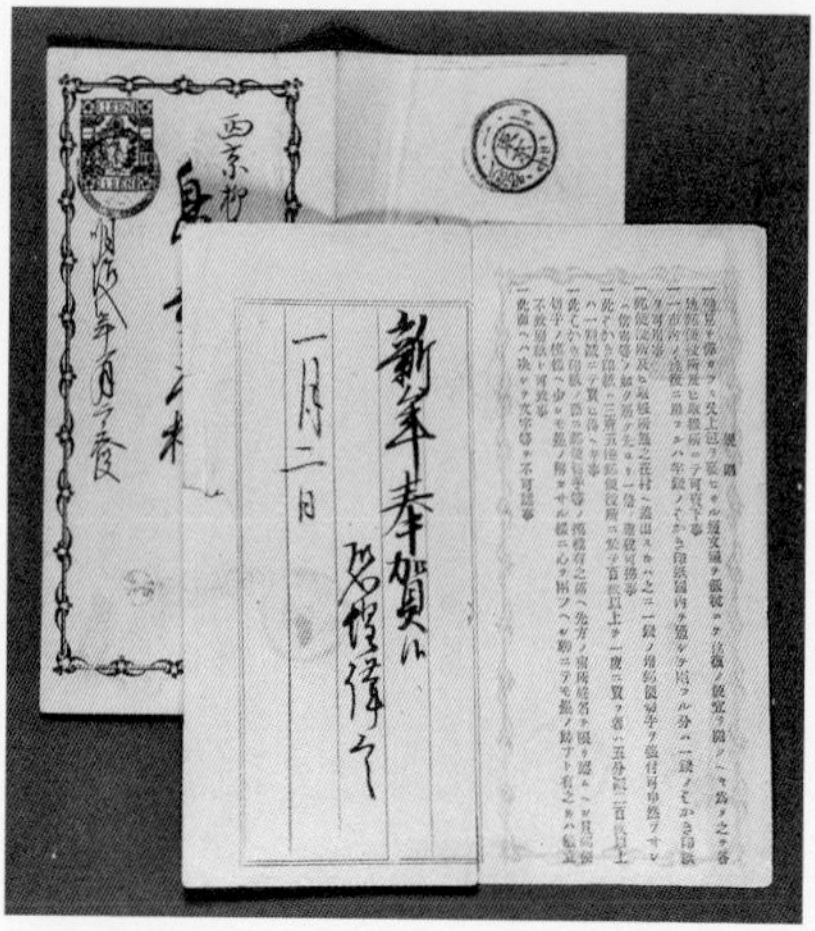


二つ折りはがきの年賀状（明治８年）

に「新年奉賀」などと墨書した簡単なものであったが、数年すると、文明開化を先取りするかのように、正月の風物などをきれいに印刷したものも希にではあるが現れてくる。はがきを利用した年賀状について、年始人情値半銭、つまり年始の人情がはがきの値段並みになってしまった、と嘆く守旧派の人も出てきたが、便利さには勝てなかった。郵便による年賀状は、遠く離れたところに住む人にも簡単に新年の挨拶そして近況などを伝えることができるため、利用は年々増えていく。

その盛況ぶりを、明治一四年一月二日付の『中外郵便週報』は「元旦に郵便局員はポストの差入口より溢れんばかりの年賀状を取り集め、手に豆を作りながら押印作業を行っている」と報じている。当時、年賀状は元旦や二日の書き初めの日に書いて差し出すことが一般的。そのため、郵便局は新年早々から最繁忙期に入り、局員は正月返上で山のように来る年賀郵便物を処理していたのである。もっとも、年賀特別扱いがなかったから、宛先が遠方だからと早めに投函した年賀状が大晦日に配達されてしまったこともよくあったらしい。だいぶ先の話だが、大正三年に手廻型の林式郵便葉書押印機が導入され一分間二五〇枚のはがきが、三年後には動力式となり一分間三〇〇枚のはがきが押印できるようになった。

**年賀特別取扱**

年始早々に普段の何十倍もの郵便物が集中するため、郵便配達の頻度を減らすなどの対策をとり、要員を局内にまわして郵便物処理にあたったが、それでも追いつかなかった。実態が先行し、制度が後追いになるが、取扱量が多い郵便局を指定し、明治三二年一二月、年賀郵便の特別取扱を開始した。仕組みはこうである。一二月二〇日から三〇日までに指定の郵便局に年賀状を差し出せば、一月一日イ便すなわち元旦一号便の日付印を押印する。当時決まりとなっていた到着印の押印を省略し、配達局は、それらをまとめて元旦に一斉に各戸に配達するのである。開始初年の東京郵便局の年賀状引受データがある。それによると、年末に一四八万通、元旦に五二三万通、二日一九八万通、三日一四〇万通で、依然として、元旦に集中している。翌年の傾向も変化がなかった。明治三九年には、特別取扱期間を一二月一五日から二九日までとし、全国の郵便局で年賀状を引き受けることになった。この時、一般の郵便物と年賀状を分離し、年賀状は集中局に集めてそこで処理し、三等郵便局や鉄道郵便の負担を軽減している。当然だが、締切間際に出された遠隔地宛の年賀状は二日以降の配達となる。だから郵便局では今でも年賀状の早期差出を呼びかけている。

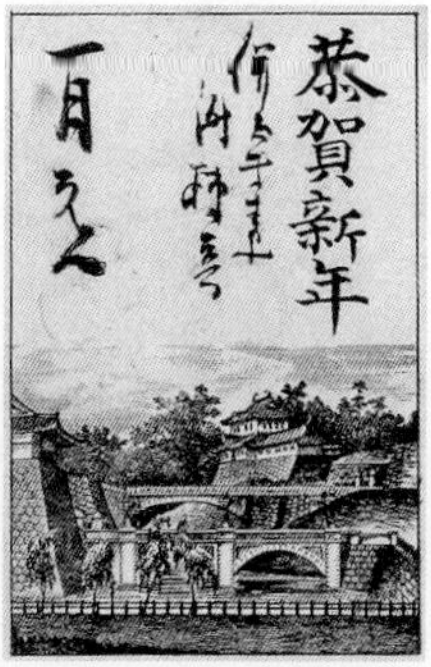

明治34年の私製はがきの年賀状（上）と昭和11年用の年賀切手

　明治三三年に私製はがきの利用が認められるようになると、年賀はがき用の私製はがきが登場してくる。初期の絵はがきの代表的なメーカーは、生田誠の研究によれば、銀座上方屋で、その後に多くの会社が参入してきた。風景や暦の図柄などが好まれたが、次第に干支の動物、擬人化された動物などもデザインされるようになる。昭和初期には、モダンガールなども題材になった。小さな画面にアイディアが凝らされたさまざまな絵はがきが世に送り出され、たくさんの年賀状を飾った。

　昭和一〇年一二月一日、逓信省は年賀切手をはじめて発行した。私製はがき用で、お正月にふさわしい題材から選ばれ、渡辺崋山の「富嶽の図」の富士山が描かれている。また、特別取扱期間中に差し出された年賀状は、鶴をあしらった特別の日付印で押印された。昭和一一年には、年賀切手の図案を公募し、一四八一点の応募があった。一等の作品はなく、二等に二作品、三等に三作品が選ばれた。二等一席は印刷局の図案彫刻家の杉浦竹治の作品。杉浦のほかにも、応募作品の中には、印刷局の青木宮吉、加藤倉吉、藤木熊次郎らの作品も見られる。実際の切手には二見浦の夫婦岩の写真が使われたが、二等二席の作品と構図が同じ。昭和一二年にも注連飾《しめ》りを描いた年賀切手が発行された。しかし、この年の七月に盧溝橋《ろこうきょう》事件が発生し戦争が本格化し年賀状の自粛ムードが広がり、三億二七〇五万枚を発行したが、四三パーセントの一億四一七二万枚しか売れなかった。大量に売れ残った切手は回収され廃棄処分される。このように、明治の時代がはじまると年賀郵便は広く国民のなかに定着していったが、昭和一〇年代には戦局の悪化とともに年賀郵便どころではなくなっていった。昭和一五年には年賀特別取扱が当分の間停止となる。

## 4　絵はがき

前段で私製はがきが明治三三年に認められ、年賀状に活用されてきたことについてふれた。同年、一銭五厘の私製はがき用の切手も発行され、年賀状以外にも、風景の写真などを印刷した私製はがき、つまり絵はがきが大流行するようになる。ドイツ、オーストリア、スイスなど外国では、一八八〇年代から風景絵はがきが出回りはじめた。明治一〇年代のことである。特にドイツでは、石版印刷のもととなる石灰岩がバイエルン地方で産出されるため、多くの印刷業者がドイツで活躍していた。スイスの会社がチューリッヒの風景絵はがき製造をドイツの印刷会社にわざわざ発注するほどであった。

## 逓信省の絵はがき

日本で絵はがき流行のきっかけを作ったのは、ほかならぬ逓信省自身であった。明治三五年、同省は、万国郵便連合加盟二五年祝典紀念絵はがきを六枚一組五銭で売り出し、同時に、特殊通信日付印（記念スタンプ）も郵便局、その支局・出張所計六二カ所で使用する。絵はがきの発行も記念スタンプの使用もこの時がはじめてであった。明治三七年九月から明治三九年五月にかけて一八回にわたり、日露戦争の戦況などを写真で伝える絵はがきが発売された。新聞による写真報道が一般化される前であったから、これら絵はがきが報道写真の役割を果たしたともいえる。題材を順に挙げれば、鴨緑江砲戦、皇族の包帯作り、旅順口攻撃、水雷艦隊攻撃、赤十字の活躍、乃木将軍とステッセル、奉天入城、野戦郵便局、日本海海戦、東郷大将、陸軍凱旋観兵式、海軍凱旋観艦式などとなる。日露戦争の推移がわかるし、皇族や赤十字そして郵便局も側面から戦いを支えていたことが伝わってくる。日本軍が勝利したことも手伝って、これらの絵はがきを売り出した郵便局の前には長蛇の列ができた。特に神田郵便局前では騎馬巡査が出てわれ先にと押しかける群衆を整理していたが、混乱し死傷者まで出る騒ぎとなる。空前のブームが到来した。蒐集狂のなかには夏目漱石や尾崎紅葉や泉鏡花らの名前も出てくる。

逓信省の日露戦役絵はがき（明治38年）

## 民間の絵はがき

民間が売り出す絵はがきも、逓信省の絵はがきに負けず劣らず、否、それ以上に活況を呈していた。絵はがきの版元は過当競争となり、勝ち残るためには魅力ある新感覚の絵や図案作りが求められた。定番は、美人、名所、花鳥風月、風景を題材にしたもの。そして流行していた元禄模様の図案、名優、

油彩画の私製絵はがき（明治40年）

有名人までが絵はがきの題材になる。陸海軍の名将を七福神に見立てたり、漫画で戦争や風俗を描き他愛ないものも作られる。鏑木清方や竹下夢二らの作品が人気があった。作品は、石版、亜鉛版、アルミニューム版、銅版、木板（板目・木口）版、写真版などで印刷された。版のヴァラエティーがきわめて豊富だ。異なる版式を組み合わせて印刷する凝った作品もみられる。

また、雑誌が絵はがき人気に便乗して、表紙の裏に絵はがきを刷り込んで売上を伸ばした。絵はがきは単に便りを出すときに使うだけではなく、コレクションの対象にもなり、各地に交換会ができ、カタログも出版されるまでになった。ヨーロッパからも輸入され、絵はがきを通じてヨーロッパの文化の香り、文明の息吹を感じることができるようになった。

郵便は、山や海の避暑地、風光明媚な観光地、そして大都会の風景が映し出された色づけされた写真絵はがきをはじめ、花鳥風月が刷り込まれた木版調の美しい絵はがきなどを、一言添えられた挨拶とともに、日本の家庭に届けた。郵便は「絵はがき文化」の創造に一役かっていたのである。

## 5　その他サービス

前段で、小包、定期刊行物（第三種郵便物）、年賀状、絵はがきのための新たな郵便サービスをみてきたが、ここでは価格表記郵便と現金取立郵便についてみていこう。次章において明治三三年に制定された郵便法について詳述するが、郵便法の施行に合わせて、郵便規則や規程類が全面的に改正された。前記二つの特殊取扱郵便は、その全面改正を受けたものである。実施日は同年一〇月一日から。

**価格表記郵便**

価格表記郵便はいわゆる保険付郵便。従来の価額登記小包郵便と貨幣封入郵便（旧金子入書状）を統合し拡張した特殊取扱郵便である。新しい郵便規則では、通貨・金銀・宝石・珠玉などの価格の高い貴重品は必ず価格表記郵便として差し出さなければならないと規定された。価格表記の最高金額は一〇〇〇円。保険料といってもよいが、料金は一〇円まで七銭、一〇円以上一〇〇円までは一〇円までごとに五銭、一〇〇円以上一〇〇〇円までは一〇〇円までごとに四銭。表記額が最高一〇〇〇円だとすると料金は四円一二銭になった。また、明治三四年一二月に郵便物包装規則が制定され、価格表記郵便として差し出す内容物は、原則として、逓信省の発行する専用の封皮に入れて、封緘紙を貼付して封印して郵便局の窓口に差し出すことになった。封皮は現在の現金書留用の封筒と思っていただいて差し支えない。

実は、明治六年四月以来、貨幣封入郵便の取扱は、窓口での引受を除いて、引受後の逓送から配達までの一連の業務を、陸運元会社（明治八年二月に「内国通運会社」と改称）に委託していた。郵便創業直後の駅逓寮に現金輸送のノウハウがなかったことと飛脚業者救済のために、第2章で述べたとおり、江戸時代から現金輸送の経験豊富な飛脚の系譜を引く陸運元会社に現金輸送を全面的に委託してきた経緯がある。全面改正を機に、価格表記郵便すなわち現金や貴重品の逓送から配達までの業務を、すべて郵便局の手で行うことになった。そのことは、換言すれば、郵便局がこれまでに逓送実績を積み重ね、現金貴重品の輸送に十分に対応できる力を持ったことを意味する。

**現金取立郵便**

現金取立郵便は、郵便を利用して決済金などを取り立てる仕組みである。明治四四年から「集金郵便」と改称される。具体的に説明すると、取立を依頼する者が取立依頼書を作り、取立すべき金額を証する証書類とともに郵便局の窓口に提出する。証書類は、代金受領証、株式配当券、公社債利券、保険掛金受領証などである。引受局は、取立依頼書と証書類を支払人の住所を受け持つ郵便局に送る。到着局は、郵便物の配達のときに依頼のあった金額を支払人から現金で取り立てる。取り立てた現金は到着局で郵便為替にして引受局に送り、同局は依頼人に通知し、通知があると依頼人が為替を郵便局で現金化できた。当初、取立金額は三〇〇円まで。取立地域は東京郵便電信局ほか二五局の郵便区市内に限定されていた。現金取立料は一件五銭。別に取立金送達料として、取立金額一〇円まで五銭、一〇円以上一〇〇円までは一〇円までごとに四銭、一〇〇円以上三〇〇円までは一〇円までごとに三銭かかった。

大正時代の千葉県府馬郵便局の実績が残っている。繪鳩昌之の研究によると、同局の集金郵便の引受数は年間五件前後。また、府馬局の大正六年六月から一一カ月間の集金件数は五〇五件、うち三五四件が取立成功、一四一件が取立不能であった。一局のデータだけでは全体を判断できないが、このケースでは取立不能が全体の二八パーセントにも及び、小口債券の回収の難しさが表れている。郵便配達人が手紙を配達しながら現金を集金していく。それも一回で済めばよいが、二回、三回と集金することがあったから、たいへんな仕事であった。反対に、利用者にとっては、まことに行き届いたサービスであったといえよう。

以上のほかにも、明治中期から後期にかけて、逓信省は、時代の要求に応えてさまざまなサービスを打ち出していく。列挙すれば、郵便禁制品目の緩和、農産物種子の追加、第五種郵便物の新設、引受時刻証明、配達証明、内容証明、代金引換郵便、速達郵便の開始などである。

この章では、新たに登場してきた郵便サービスをみてきたが、明治後半までに、われわれが現在利用しているサービスの多くができあがっている。わが国の郵便の歩みを概観すれば、明治一八年の逓信省設立から昭和のはじめまでの半世紀弱の期間は、「郵便の黄金時代」として位置づけられないだろうか。この時代、郵便の基礎が固まり、新たなサービスが次々に登場し、郵便のスピードも早くなり、取扱量は一億通から四七億通に増加している。誰もがわずかな料金で手紙が書けるようになり、消息を家族にそして知人に伝え合い、商売でも郵便はなくてならない情報伝達・商品輸送ツールになっていった。それは、日本が国際社会に仲間入りし、戦争や経済恐慌そして大震災などを克服しながら、国力を増進していった時代と表裏一体をなしている。

## コラム7　新聞と郵便　アメリカの話

新聞と郵便は、アメリカ独立の達成と、その後のアメリカの民主主義《デモクラシー》の発展と文化の向上に寄与してきたものの一つに挙げられる。アメリカ植民地の最初の新聞は、イギリスから逃れてきたベンジャミン・ハリスが、一六九〇年、ボストンにおいて発刊した『パブリック・オカーランス』であろう。イギリスの植民地総督らから睨まれ、敢えなく創刊号だけで廃刊になってしまった。その後も当時のロンドンの新聞を模倣しながら、植民地では新聞の発刊が試みられた。例えば、ボストンの郵便局長《ポストマスター》をしていたジョン・キャンベルが一七〇四年に創刊した『ボストン・ニューズ・レター』や、フィラデルフィアの郵便局長に任命されたブラッドフォード一族が発刊した『アメリカン・ウィークリー・マーキュリー』などが代表的なものである。

郵便局長が新聞を発行した背景には、母国イギリスや各植民地の情報を伝える新聞や手紙がまず郵便局に集まったことに加え、彼らの多くが印刷業を営んでいたという事情があった。もう一つの理由は、当時、郵便は新聞を取り扱っていなかったが、郵便局長は職権、否、役得といってもよいが、その役得で自分の新聞を郵便の流れのなかに入れることができたからである。こうしてみると、一八世紀アメリカの郵便局長は、情報のインプットとアウトプット、それに配達機能という情報産業に必要なすべての手段を独占していたことになる。だから彼らは植民地の印刷郵便局長《コロニアル・プリンター・ポストマスター》と呼ばれていた。換言すれば、郵便局長でない者が新聞を発刊することはたいへん難しかった。有名なベンジャミン・フランクリンが廃刊に追い込まれた新聞を買い取り、それを『ペンシルヴァニア・ガゼット』と改称して軌道に乗せるが、郵便局長でなかったフランクリンは地元の郵便局長に意地悪をされ、最後には、その局長を追い出して自らが郵便局長になる話は有名である。

ウェイン・E・フラーの『アメリカの郵便』によれば、アメリカが独立すると、新聞に対する政府の対応も変わる。すなわち真の民主主義を育てていくためには、政治的な知識や国政の情況を人民《ピープル》にすみやかに普及していくことが不可欠である、という認識が広がっていった。また、初代大統領ワシントンは、郵便組織が、議会の討議や制定された法律の内容を普及する媒体として機能すべきであると提唱した。これを受けて、議会は、国会議員と郵便局長に対して無料で郵便を差し出すことができる権利を与えた。

同時に、議会は、新聞にも低料金で郵便を公開することを認めた。一七九二年には新聞郵便の料金が制定され、一〇〇マイルまで一セント、一〇〇マイル以上一セント半となった。それは六〇マイルまで六セント、四五〇マイル以上二五セントという一般の書状料金よりも、格段に優遇されたものであった。加えて、編集者同士の新聞交換が無料となった。通信社やラジオやテレビもなかった時代だったから、この新聞交換は貴重なニュースの情報源となった。それにニュースは万人のものという考え方があったから、無断転載禁止などという著作権《コピーライト》の問題もなく、自由に、他紙の記事を自分の新聞の記事できたのである。

新聞の印刷

国政文書と新聞の郵便が優遇されたため、郵便が急増した。当時のデータによれば、全体の七割が新聞郵便だったとか、ワシントンの郵便局から発送される南部行きの郵袋《ゆうたい》二一のうち二〇は印刷物がいっぱいで、残り一つの郵袋にわずかな手紙が入っていた。印刷物の重さは手紙の一五倍になったなどという記録がみられる。選挙ともなれば、地元の新聞社の役割を担った町や村の郵便局には、無料郵便で送られてくるワシントンからの国政文書や地元選出議員の議会報告などが大量に到着して、身動きがとれなくなるほどになった。

一八五一年には、同一の郡《カウンティ》内あての新聞郵便が無料となった。地方紙の優遇である。その背景には、大資本により効率的に運営する都市の新聞が地方紙を追い出す、北部の都市の解放的な思想が南部に流れ込んでくる、などという警戒感が南部の議員にあった。優遇措置は、地方紙の保護育成からの観点からものであった。これに対して、都市の議員も全国紙の州をまたがる郵送も無料にすべきであると訴えた。彼らは、地方紙優遇は特定の勢力を育てる、各州の事情を理解しない人間を造る、などと南部を攻撃した。保守的な南部の農村と革新的な北部の工業都市との、当時のアメリカの南北問題が底流にあった。都市議員の努力にもかかわらず、地方紙の優遇は覆《くつがえ》されなかった。

二、三の巨大新聞により読者が支配されることは民主主義の崩壊につながりかねない、多様な新聞の存在こそがアメリカの自由を守るという信念がそこにうかがえる。時の郵政長官は、国政文書や新聞の郵送コストが膨らんだため財政上の理由から、無料郵便などの優遇廃止を何度も議会に提案したがそのたびに拒否された。郵便の優遇措置には、新聞社の既得権意識や国会議員のお手盛りという面も後年出てきたことは否定できない。しかし措置が存続した背景には、建国直後のアメリカにおいて、優遇措置の維持のためのコストは、いわば民主主義を育て、そして守るためのものという考え方が根強くあったのである。

# 第9章　郵便法と郵便関連法

## 1　郵便法

明治三〇年代に入ると、日清戦争に勝利して、日本の近代化が一層加速する。官営八幡製鉄所が稼働し、三菱長崎造船所では一万トン級の大型鉄鋼船が建造されるまでになった。紡績業などの産業に加え、重工業が日本経済を牽引していくことになる。同時に、わが国は近代国家として法整備も進めていく。明治三一年に民法が、翌年には商法がそれぞれ公布施行された。対外的には、この時期、日英通商航海条約が施行され、領事裁判権の撤廃、関税自主権の回復などが実現し、その後の不平等条約の解消につながっていく。

郵便法（明治三三年法律第五四号）は、まさに近代国家としての法整備の一環として制定されたものである。公布は明治三三年三月一二日、施行は一〇月一日であった。同法は明治一五年に公布された郵便条例が基礎になっている。郵便条例は当初一五章二四九条の大条例になっていたが、郵便法は約五分の一の条数、五八条の法律である。違いは、条例が具体的な手続なども含めて規定しているのに対し、法律では基本的な事項に絞り、その他手続などの決まりについては下位法令の命令などに委ねている。

### 郵便法の内容

次に、郵便法の要点を整理しておこう。現在の法律のように小見出しがないので、グルーピングが難しいのだが、著者の判断で各条を括ってみた。

一　第一条―第三条。郵便の政府専掌。まず何人も信書送達を営んではならいことを定めるが、荷物に添える送状などを信書から外している。

二　第四条―第五条。郵便物逓送中の緊急措置。道路に支障があり通行できない場合には、職務執行中の逓送人は宅地田畑を通行することができる。通行により被害が生じた場合には、郵便官署は、請求により損害を賠償する。また、郵便専用船車馬などに事故があり、逓送人から助力を求められた者は、正当な事由がない限り、それを拒むことができない。この場合、郵便官署は、請求により助力者に相当の報酬を出す。

三　第六条。郵便の優先措置。職務執行中の逓送人に対して、渡津、運河、道路、橋梁などの通行銭を請求することはできない。また、逓送人は、何時でも渡津のために出船を求めることができる。

四　第一二条―第一五条。郵便物の配達。別に定めがある場合を除き、郵便物は宛所に配達する。宛所に郵便物が配達できないときは、差出人に還付する。還付できないときは、指定された郵便官署において郵便物を開披することができる。開披しても配達還付ができないときは、それを告示する。告示日から六カ月以内に請求がないときは、郵便物を廃棄する。

五　第一七条―第二〇条。郵便物の種類と料金。郵便物は通常郵便物と小包郵便物とし、通常郵便物の種類と料金は**表9**のとおりとする。小包と特殊取扱の料金は命令で定める。封緘したもの、はがきの表面に通信文を記載したもの、第三種から第五種までの郵便物に通信文を記載したものは、いずれも第一種郵便物として取り扱う。

六　第二一条―第二二条。郵便物の条件。第三種郵便物となる定期刊行物は主務官署の認可を受けたものに限る。郵便禁制品、郵便物の容積、重量、包装などの制限については命令において定める。

七　第二四条―第二五条。郵便料金の取扱。既納料金と過納料金は還付しない。未納・不足の場合には、郵便物の受取人から不足額の二倍を徴収する。受取または支払拒否の場合には、差出人に郵便物を戻し、同人からその額を徴収する。

八　第二七条。料金不納の取扱。郵便料金の不納金額は国税滞納処分の例により徴収する。郵便官署は不納金額について国税の次に先取特権を有する。

九　第二九条―第三一条。郵便切手類。料金は切手類で納付する。切手類は政府が発行する。汚したり毀損した切手類は効力を失う。

一〇　第三三条―第三七条。損害賠償。郵便官署は、書留郵便物の亡失、小包郵便物・価格表記郵便物の亡失または毀損などがあった場合に、命令に定めるところにより賠償する。ただし、差出人や受取人の過失、不可抗力などに該当するときは、この限りでない。賠償請求は差出人または同人の承諾を得た受取人ができる。

一一　第三八条―第四〇条。請求権の時効。前記二の緊急措

表９　通常郵便物の料金（明治33年）

| 種類 | | 料金 | |
|---|---|---|---|
| 第1種 | 書状 | 重量4匁またはその端数ごとに | 3銭 |
| 第2種 | 郵便はがき | 通常はがき | 1銭5厘 |
| | | 往復はがき | 3銭 |
| | | 封緘はがき | 3銭 |
| 第3種 | 毎月1回以上刊行する定期刊行物 | 1号1個重量20匁またはその端数ごとに | 5厘 |
| | | 2号または2個以上一束重量20匁またはその端数ごとに | 1銭 |
| 第4種 | 書籍など(注) | 重量30匁またはその端数ごとに | 2銭 |
| 第5種 | 農産物種子 | 重量30匁またはその端数ごとに | 1銭 |

出典：郵便法（明治33年法律第54号）第18条

注：書籍のほかに、印刷物、業務用書類、写真、書、画、図、商品見本及び雛形、博物学上の標本を含む。

置による損害賠償および報酬の請求は措置のあった日から二カ月以内、前記一〇の損害賠償の請求は郵便物の差出日から二カ年以内に行わなければ、請求権は消滅する。

一二　第四一条―第五六条。違反と刑罰。規定のポイントは次のとおり。

ア　信書送達を営業した者　二月以上二年以下の重禁固、五円以上五〇円以下の罰金
イ　郵便物運送を拒んだ運送業者　一〇円以上一〇〇〇円以下の罰金
ウ　逓送人に通行税を強要した者、正当な理由なしで渡津の出船を拒んだ者　科料
エ　信書の秘密を犯した者（親告罪）　一月以上一年以下の重禁固、二〇円以下の罰金
オ　禁制品を差し出した者　五〇円以下の罰金、物件を没収
カ　切手類を偽造・使用した者　一年以上五年以下の重禁固、五円以上五〇円以下の罰金
キ　切手類を再使用した者　二〇円以下の罰金
ク　郵便従事者が郵便物を窃取した者　刑法窃盗の例に照らし一等を加える

**郵便法の特徴**

郵便の政府専掌を冒頭に掲げているのは現在の郵便法と変わりはないが、現行法にあるユニバーサルサービスの精神（法目的）と収支相償による運営（経営指針）に関する規定が見当たらない。規定ぶりは、業務遂行上、必要最小限度の規定に絞られている感がある。

次に、明治の郵便法においては、郵便が国家の事業であることが強く意識され、交通路において、郵便物の逓送が何より優先され、損害賠償は考慮されているものの、道路が不通のときに逓送人が個人の宅地田畑のなかを通行できることや、逓送困難なときは助けを求める、また、何時でも出船を求めることができる、としている。当時の交通事情では、必要な条項であったのかもしれない。

郵便の基本料金は法律で定められ、小包と特殊取扱の料金の制定は下位法令に委ねられている。新規サービスの導入や業務運営の自由度を確保しているともいえる。ただ、基本料金は法定事項であるため、改定は法律改正を伴う。このため、改定の審議は時の国会の動向に左右されやすい。なお、料金不納、滞納といってもよいが、国税滞納処分の例により徴収し、その債権が国税の次に先取特権（差押の権利）を有する、という規定に注目しておきたい。料金と称しているが、その実は税金（郵税）であり、その収入も国の一般会計の歳入となる。前記徴収規定はまさにそのことを意味している。郵便事業収支が独立して特別会計となったのは、昭和八年になってからのことである。後半では、違反と刑罰の規定に何条かとっているが、罪刑法定主義の観点から、郵便関係のものが集約されている。この違反刑罰規定から、反対解釈になるが、政府が信書の秘密を守ることが読み取れる。郵便条例や現行郵便法にも同様の規定がみられる。

## 2　郵便関連法

郵便法の制定に当たって、それまでの郵便条例その他規則などを全面的に見直し、郵便法では郵便サービスそのものの基本事項に限定して法制化した。その他の事項は、次のとおり、郵便為替法、鉄道船舶郵便法、電信法として、別途とりまとめて法律にしている。公布日は郵便為替法と鉄道船舶郵便法が明治三三年三月一二日、電信法が三月一三日。施行日は三法とも一〇月一日であった。

**郵便為替法**

郵便為替法（明治三三年法律第五五号）は全一八条。為替は、そもそも郵便による現金輸送リスクを避けるために編み出された仕組みで、飛脚の時代から活用されてきた。そのため、当初、郵便為替は郵便サービスの一つとして取り扱われ、郵便条例のなかで規定されていた。その後、明治二三年から郵便条例から独立して規定されたが、全面見直しを受け、郵便為替が独立した法律になる。

この法律には、郵便為替は通常為替・電信為替・小為替の三種類。非課税とする。通常為替証書と小為替証書は差出人が受取人に送る。電信為替証書は郵便官署が受取人に送る。受取人は受け取った為替証書を郵便局に持参して現金化する。その際、郵便官署は受取人に対し本人確認を求めることができる。為替金額の上限額と料金は命令で定める。料金は郵便切手で納付する。既納および過納は還付しない。為替証書の有効期間は九〇日、ただし小為替は六〇日とする――ことなどが定められていた。

郵便為替は、ネットバンキングやコンビニ決済などがなかった時代に、商品代金の送金あるいは子供への仕送りなどの時に利用されてきた。また、外地などに出征した兵隊さんが留守宅に給与を送金するときにも使われた。繰り返しになるが、簡単にいえば、郵便局で為替証書を買って、それを手紙に入れて商店や家族に送り、受け取った人が郵便局でお金を受け取る仕組みである。企業や小さな商店にとっても一般の人にとっても、郵便為替は便利な送金システムであった。

**鉄道船舶郵便法**

鉄道船舶郵便法（明治三三年法律第五六号）は全二一条。鉄道運送業者と船舶運送業者に対して郵便運送を義務づける法律である。法律には次のようなことが定められている。まず、鉄道運送業者は郵便官署から要求があったときは、鉄道用地や停車場建物の提供、建物の建築や改築を行わなければならないとし、その費用は郵便官署が支給する。また、定期列車ごとに容積で五分の一までの列車の一部を供給、同様の条件で郵便官署が用意する郵便車を連結しなければならない。増結する郵便車の構造は通常客車と同一とする。前段は一両か二両で走るローカル線を、後段は何両も連結して走る幹線鉄道を想定し、増結する郵便車は逓信省所有のものであったことがわかる。船舶運送業者には船舶に相当の郵便船室を設けなければならない、としている。

運送実施面では、郵便車や郵便船室には郵便物、郵便物取扱員、監視員以外のものを搭載してはならない。鉄道運送業者と船舶運送業者は、郵便官署の要求に応じ、郵便車や郵便船室の設備を維持しなければならない。鉄道運送業者は郵便官署の郵便車を保管する。維持保管に要する費用は郵便官署が支給する。また、郵便物増加のため臨時搭載、郵便車増結を要する場合であって、列車仕立駅において郵便官署が列車出発三〇分前までに要求したときは、鉄道運送業者は郵便車増結または通常の客車を代用として供さなければならない。鉄道運送業者に支払われる運送賃は、郵便車による場合には別に命令で定める金額、その他の場合には業者が定める普通貨物運賃の半額以内の金額。船舶運送業者に支払われる運送賃は別に命令で定める金額とされた。そのほか、船舶から陸揚げする郵便物は他の荷物に優先して行うことなどが規定された。後段に、鉄道運送業者と船舶運送業者がこの法律に違反した場合の刑罰などが規定されている。また、鉄道船舶郵便法では、郵便を国の公的な事業として位置づけて、鉄道運送業者に対して郵便物の運送を義務づけている。他方、そのコストを郵便官署が業者に支給する形になっていたので、商業ベースに近い双務契約としてみることができる。

余談になるが、イギリスでは、一八三八（天保九）年に鉄道で郵便物を運ぶことを鉄道会社に義務づけた法律が成立した。議会に提出された最初の法案では、鉄道会社は郵便物を運ぶこととし、速度、停車駅、停車時間などは郵政長官《ポストマスター・ジェネラル》が決める。また、郵便専用の車両を鉄道会社の負担により提供すること、鉄道会社は長官が定める服務に服すること、違反者には罰則を科すことなどが定められ、郵政省《ジェネラル・ポスト・オフィス》側に一方的に有利な内容となっていた。非商業ベースの片務契約であり、鉄道会社が到底飲めるような内容ではなかった。議会で法案が審議に入ると、鉄道会社側は各議員への強力なロビー活動を行い、法案は鉄道会社の要望を踏まえて大幅に修正され成立した。施行後、鉄道会社にとっては、鉄道が地域で排他的な独占を維持していたこともあり、郵便物運送は大きな収入源になっていった。

**電信法**

電信法（明治三三年法律第五九号）は全四七条。内容は、まず電信電話は政府専掌とすることが謳われている。ただし、構内専用、鉄道用、公署相互間連絡用などの電信電話施設は除かれた。主務大臣は必要がある場合には、区域を定めて電信電話を制限できる。郵便法と同様に、電信電話の工事、電報配達人に緊急事態が生じたときは、必要な措置をとることができる。政府は電信電話用に鉄道施設などを有償で使用できる。電報は命令で定める場合を除き宛先に配達する。電信電話の料金は命令で定め、郵便切手で納める。ただし、別に定める為替貯金の事務連絡や気象報告は無料扱いとすることができる。第一六条から第四二条までの一六条にわたって、電信法に違反した場合の刑罰規定が盛り込まれている。電信電話の秘密を犯した場合の規定もある。以上が電信法の骨子である。

電信には郵便と違った事情があった。明治二年、寺島宗則の建議により、東京―横浜間に電信サービスが開始された。郵便創業よりも早い。背景には、列強各国が植民地化を見据えて日本での電信敷設を狙っており、そこを外国勢に握られることになれば、国の中枢機能を握られたも同然となり、是が非でも政府自らが電信をコントロールする必要があった。政府は、外国人を技師に雇いケーブルをイギリスから輸入し突貫工事で、明治六年に東京から長崎まで、二年後には函館まで電信線を延ばしている。電信電話の政府専掌には、そのような歴史的な事情が秘められていたのである。

ちなみに、アメリカでは、はじめ国費で電信線を敷設し、国が運営する案が検討された。しかし、世論や議会の反対により電信事業が民営で行われるようになり、巨大企業が誕生した。イギリスでは、民営でスタートしたものの、世論や議会が国営化を唱えて、電信会社を国有化した。その結果は、前者が巨大利潤を生む事業に、後者は赤字が累積する事業となった。強い資本主義国家と公益を優先する国家というべきか、あるいは小さな政府と大きな政府の違いというべきであろうか。先進国の事例だから比較にならないが、敢えていえば、日本の政府専掌（国有）は、植民地化を防ぐ国防上の理由からということになろう。

## 3　まとめ

郵便四法の概要を説明してきたが、法案作成作業はかなり前から進められてきた。一義的には、複雑肥大化した郵便条例を整理する必要があり、また、万国郵便連合における新たな郵便サービスのルール化、取扱ルールの精緻化などに対応する必要もあった。そのため、諸外国の郵便組織や法規類を調査し、若手官僚らによって大部の内部資料が編纂されている。明治三一年一〇月一日施行と書かれた郵便法案も発見されている。法律施行二年前に法案がほぼ固まっていたことを意味しよう。蹉跌《さてつ》に蹉跌を重ねて成立した郵便四法案。何故、法案成立までに時間がかかったのだろうか。解明は今後の解題になっている。

なお、第一四回帝国議会に提出された四法案のうち郵便関係の審議概要は次のとおりであった。基本的に問題はなかったが、衆議院において、封緘はがきの料金を三銭から二銭に下げる、第三種郵便物の基本重量を一六匁（六〇グラム）から二五匁（九四グラム）に増やす、という二つの提案がなされた。前者は否決、後者は採決され、参議院に送られた。参議院は基本重量の増加を認めず、政府原案に戻して可決したが、衆議院が同意せず、両院協議会で協議の結果、第三種郵便物の基本重量を二〇匁（七五グラム）とすることで決着した。

ともあれ郵便四法の施行により、郵便の法的フレームワークができあがった。すなわち、法律で基本的な事項が定められ、郵便事業を遂行していくために必要な実施規定類は下位の命令などに制定を委ねられた。戦後、郵政省になっても、郵便法とその関連法を基本法規として、制定事項の軽重に応じて、政令、省令、通達、事務処理要領などの形でさまざまな規定類が定められていった。郵便四法の施行年の明治三三年に、規定類の全面的な見直しにより、新設改廃のあった郵便関係の主な規定類を施行順に列挙すれば次のようになる。外国郵便取扱規程、日韓両国間発着郵便物取扱方、郵便物交換場経費支給規程、郵便規則、鉄道船舶郵便規則、郵便取扱規程、外国郵便規則、郵便私書函貸与規程、清韓小包郵便規則、鉄道郵便取扱規程、不能還付郵便物取扱手続、清韓小包郵便取扱規程、私製葉書制式告示、郵便物線路規程、逓送人服務規則、郵便逓送受負規則、不能還付外国小包郵便物取扱手続、郵便集配受負規則、第三種郵便物認可規則、年賀状郵便物特別取扱規程、郵便物差出注意事項告示などである。とても一つ一つ説明することはできないが、それぞれ全国遍《あまね》く公平かつ正確に郵便物を取り扱うためのマニュアルなどになっていく。

# 第10章　郵便輸送　人力と馬車

## 1　人の力

郵便の使命にスピードがある。だから何時《いつ》の時代でも、郵便物輸送に最速の交通機関を利用しようと試みられてきた。第10章から第12章では、郵便物輸送がどのように変遷してきたのか、言い換えれば、新しい交通機関をどのように郵便物輸送に取り入れてきたのかについて検証していこう。まず、人力と馬車からはじめる。

**逓送脚夫**

郵便創業時、郵便物は人が運んでいた。それは江戸時代の飛脚の流れを汲んだもので、第3章のところでみてきたとおり、明治四年三月、新式郵便開業時、東京―大阪間の所要時間は三九時《とき》七八時間と設定された。各継立駅をリレーしながら走った合計時間で、その所要時間は飛脚の最速便とほぼ同じであった。郵便物を輸送することを「逓送」と称し、輸送する人を「逓送人」あるいは「逓送脚夫」と呼んでいた。当初、逓送脚夫の仕事を担った人たちの多くは、飛脚で走った経験の持ち主であった。明治六年の規則によると、次に示すとおり、逓送の種類は三種類あり、一時二時間で走る距離が荷物の量によって定められていた。なお、郵政省では昭和二五年から「逓送」を「輸送」という言葉に変更している。

| | | | | |
|---|---|---|---|---|
| 飛行一時 | 三貫目持ち | （約一一キログラム） | 五里 | （二〇キロメートル） |
| 同 | 三貫五〇〇目持ち | （約一三キログラム） | 四里半 | （一八キロメートル） |
| 急行一時 | 四貫目持ち | （約一五キログラム） | 四里 | （一六キロメートル） |
| 同 | 四貫五〇〇目持ち | （約一七キログラム） | 三里半 | （一五キロメートル） |
| 常歩一時 | 五貫目持ち | （約一九キログラム） | 三里 | （一二キロメートル） |

飛行―急行―常歩を今様に言い換えれば、特急―急行―普通とでもなろうか。飛行の逓送脚夫は担ぐ荷物が少ないが、韋駄天《いだてん》の如く次の継立駅まで走る。常歩の逓送脚夫は重い荷物を担ぎながら歩くのだから、飛行と常歩の間にはおのずと逓送距離に差が出てくる。規則はそのことを反映して決められているが、当時の道路事情は江戸時代とさして変わらずまことに劣悪であり、川止などがあったら前に進めない。天候条件でも時間が左右されたから、決まりは標準時間である。

**人車**

脚夫による郵便逓送と並行して、郵便創業後程なくして、郵便逓送に人車も使われるようになった。馬が曳く車は馬車、人が曳く車は人車と使い分けた用語であろう。郵便機器図などをみると、郵便物の逓送用の人車は、大きく別けると二つのタイプがある。一つは「函車」で車上に函を固定させたもの、もう一つは「枠車」で車上四方に枠を設けたものである。いずれも二輪で、大きな車輪の人力車タイプと小さな車輪のリヤカータイプがある。もちろん人車には馬車と同様な板バネが装備され、車輪は木製だが鉄枠がはめら

逓送脚夫

れている。人車は明治後半まで全国の郵便局に広く配備されていた。一部地域では昭和前期まで人車が活躍していたところがあった。

人車以外にも、郵便人力車とか人送車と呼ばれることがある。藪内吉彦は『近代日本郵便史』のなかで、明治五年五月二〇日から東京―大阪間に一四台の郵便人力車が投入された。逓送時間は一時《とき》二時間五里で脚夫の逓送時間と同じであったが、四倍に当たる一二貫目（四五キロ）まで運ぶことができた。もっとも人力車が走ることができるところは平地に限られていたため、近畿地方の例になるが、滋賀県土山―大津間は人力車、高低差のある大津―西京間は脚夫継、西京―大阪間は人力車というように、ツギハギ輸送となった、と紹介している。

大森貝塚を発見したエドワード・S・モースが『日本その日その日』のなかで「我々は東京行きの郵便屋に行きあった。裸の男が竿の先に日本の旗を立てた黒塗りの二輪車を引っ張って全速力で走る。このような男はちょいちょい交替し、馬より早い」と述べるとともに、その二輪車を描いている。明治一〇年にモースが日光に旅行したときのことだが、その絵は枠車タイプの人車であろう。

人車。上から、函車、枠車、昭和7年日本橋郵便局前で撮影された枠車。下はモースが描いた枠車。

逓送脚夫、人車をみてきたが、まさに人の力によって郵便物を運んでいた。時代が経《た》っても、急峻な山道が続く山間部などでは、人車を使わ

東京ー高崎間を走った郵便馬車

ず脚夫が黙々と歩き目的地まで郵便物を運んでいた。人の力だけが頼りである。吹雪や雪崩や寒気のなかで遭難し、郵便物を守りながら尊い命を落としていった人もいた。殉職である。郵便逓送は厳しい仕事であった。

## 2　郵便馬車

郵便馬車といえば、ヨーロッパ中を走っていたタクシスの郵便馬車《ポストヴァーゲン》や、アメリカの大草原を疾走する駅馬車《ステージ・コーチ》をまず思い出すけれども、日本でも郵便馬車が走っていた。明治五年、一般貨客と郵便物の輸送を担う馬車会社が相次いで設立された。東京と高崎を結ぶ郵便馬車会社、甲州街道馬車会社、東京宇都宮間馬車会社、陸羽《りくう》街道馬車会社、京都大阪間馬車会社、函館札幌間馬車会社などである。以下、いくつかの事例を紹介しよう。

### 東京—高崎間の郵便馬車

明治五年五月、東京—高崎間一一〇キロに中山道郵便馬車会社が営業をはじめた。いわゆる高崎郵便馬車会社である。町屋安男の『武州熊谷のコミュニケーション史』という著作をはじめ、山本弘文や金沢真之の論文などによれば、この郵便馬車会社は、明治三年九月に河津稜威ら三人が会社設立を民部省に出願していたが、藩制や宿駅制度の壁に阻まれ許可が遅れていた。許可条件は郵便物を逓送すること、である。逓送業務に従事する期間中、会社に東京神田昌平橋内旧福山藩邸跡の敷地一六〇〇坪（神田郵便局の所在地）が無税で貸与された。また、無利息一〇年賦返済の資金五〇〇〇円も貸与される。当時六人乗りの馬車一両の代金が三〇〇円、馬一頭の値段が三五円ほどであったが、これらの購入資金に充てられたと思われる。馬車は駅逓寮郵便馬車と称すること、また、郵便物逓送中には郵便旗を掲げることが許された。用地の無償供与、資金の無利子融資、御用お勤めのための権威付与など、一民間企業に対する処遇としては破格である。駅逓寮主導の民間会社とのジョイント・プロジェクトといってもよい体制だ。この時期、東京―高崎間に馬車路線が敷設された理由は、当時、上州がわが国の重要輸出産品であった生糸の一大生産地であったため、少々割高な料金であっても高速の輸送手段が求められていたからである。関東のシルクロードとなっていった。

運行面では、東京―高崎間に毎日一往復の郵便物逓送が会社に義務づけられ、五貫目（約一九キロ）までは無料、それを超える一〇〇匁（三七五グラム）ごとに五銭が支払われた。東京、熊谷、高崎の事務所は郵便取扱所も併設され、切手の販売や市内近傍（東京を除く）の郵便物配達も担っていた。日々の運行は一般貨客を載せて、東京―高崎間には二頭立馬車を、東京―熊谷間には一頭立馬車を走らせていた。出発は東京発も高崎発も午前六時、到着はそれぞれ午後六時。一一〇キロを一二時間で走るが、停車時間を除く時速は約一〇キロと計画された。東京と高崎、それに中継所の蕨《わらび》、桶川、熊谷、本庄に五〇頭の馬を配置して、中継所で馬を交替させて運行する。だが、悪路のため、この計画どおりに馬車は走ることができなかった。その上、郵便馬車が熊谷付近で竹槍を持った強盗に襲われる物騒な事件なども起きて、それからは馬車を操る者にピストルを携行させることになった。強盗に出逢ったら、御者がこの時とばかり馬に一鞭《ひとむち》あてて馬車を猛スピードで走らせ逃げたと伝えられている。悪路、悪天候、そして悪漢に身構え対処しながら走る郵便馬車の苦労は並大抵ではなかった。

**京都―大阪間の郵便馬車**

明治六年二月、京都―大阪間五〇キロにも郵便馬車の営業がはじまる。淀川の川船による郵便物逓送が遅いこと、鉄道敷設までに少し時間がかかるために、馬車便が提唱された。これ受けて、大阪の鶴島紀四郎と京都の米花小兵

京都ー大阪間を走った郵便馬車

衛が、馬車五両・馬一〇頭を配備して、京阪間で郵便馬車の営業を開始する。東京―高崎間の郵便馬車会社の例を手本として設立されたといわれている。郵便馬車は京阪両地の郵便役所前を午前九時と午後一時にそれぞれ出発し、中間地点の橋本（現京都府八幡市）で折り返して接続運行する。京阪間を五時間で結んだ。創業時の脚夫継の逓送時間が七時間一二分に設定されていたから、それよりも二時間以上も速い。乗客の運賃は京阪間片道六二銭五厘、郵便物は定量四貫目（一五キロ）三五銭であった。規則には、郵便喇叭《らっぱ》をやたらに鳴らさないこと、郵便物を積んでいないときには郵便旗を掲げないこと、と権威の濫用を戒めている。運行の実態がこれ以上わからないが、損失一七〇〇円を出し回復の見込みが立たないため、明治六年八月、この郵便馬車会社は廃業する。わずか六カ月の運行であった。

**東海道の郵便馬車**

明治七年八月、神奈川―小田原間五〇キロにも郵便馬車が開設された。小川常人の『近代郵便発達史』などによれば、郵便馬車は陸運元会社（翌年、内国通運会社に改組）が運営していたが、開業時、箱根の山で途切れてしまった。翌明治八年になると、大磯、三島、江尻、浜松の通運分社の要望を受け、通運本社から総額五〇〇〇円の開設資金が分社に貸し付けられ、郵便馬車が三島から西熱田まで延伸される。厩舎一五カ所の建設費用、馬車二一両、馬四〇頭、馬具二三組、厩付属品の購入費に充てられた。更に明治九年には郵便馬車が熱田から京都まで伸びる。神奈川―京都間約四六〇キロに二往復の郵便馬車を主体とした郵便逓送がはじまったが、実際のところは、利用できるあらゆる手段をつなぎ合わせての長距離輸送となった。文献により微妙に異なるのだが、所要時間はおよそ六〇時間。明治一〇年一二月頃の区間と利用した手段は次のとおりであった。前後の鉄道開通区間を含めて示す。

東京―神奈川　鉄道（明治五年、新橋―横浜間に開通）
神奈川―小田原　馬車
小田原―箱根―三島　脚夫
三島―蒲原―宇津ノ谷　馬車
宇津ノ谷―島田　人車（明治一六年に宇津ノ谷―金谷間が馬車に）
島田―日坂　脚夫
日坂―浜松　馬車
浜松―新所　渡船
新所―知立―熱田　馬車
熱田―桑名―土山　脚夫（明治一六年に人車に）
土山―京都　馬車
京都―大阪―神戸　鉄道（明治七年、大阪―神戸間に開通）

以上のように、一四の区間に分かれているが、当初、そのうち馬車継が七区間、脚夫継が五区間、人車継と渡船継がそれぞれ一区間となっていた。半数の区間で郵便馬車が用いられていたが、難所の宇津ノ谷峠では人車が使われ、また、箱根の山や日坂峠それに鈴鹿峠を超える時には逓送脚夫の力を借りなければならなかった。浜松では渡し船で郵便物を運んでいる。このようにツギハギ輸送だし、大きな川には橋がまだ架かっていなかった。その上、逓送にはしばしば危険が伴った。駅逓局から強い指導があったけれども、設定された六〇時間で神奈川―京都間を継ぎ通すことはなかなか困難な仕事であった。しかしながら、郵便物の逓送に習熟してくると、この時間が五六時間まで短縮される。創業時の逓送時間が六八時間であったから、ツギハギ輸送ながら、当時としては大きな進歩であったろう。

東海道の郵便馬車は内国通運会社が運営していた。政府（駅逓局）から請け負ったものだが、当初、通運会社は政府から請負対価として毎月定額で三〇四三円が支払われていたが、その対価が明治一〇年一月から二二〇〇円に引き下げられた。二八パーセントの大幅減額である。背景には、地租延納が実施されるため巨額の歳入落ち込みが見込まれ、政府は歳出に大鉈《おおなた》を振るわざるを得なかった事情があった。駅逓局でも官員俸給の引下、諸経費の圧縮などが行われ、請負対価の減額はその一環。この削減に対して、会社側には郵便物逓送を拒否すべしという意見も出たが、結局、削減を受け入れている。明治一〇年一〇月からは、定額による一カ月に逓送する行李を上下各三〇七荷とし、それを超過した場合には、一荷上り五円六八銭七厘、下り四円二九銭一厘の割合で距離に応じて割増対価（料金）が支払われるようになる。これは一般貨物の料金の三倍ほどの額に相当する。

実は、会社にとっては、政府からの支払額で十分に採算がとることができたといわれている。その上、一般の荷物や旅行者も乗せていたから、その分の料金収入がほとんど利益になる。経費の詳細はわからないが、御者の月給が五円から一〇円、馬の餌代が一日三〇銭程度であった。このように、政府からの手厚い保護政策により内国通運会社は急速に成長し、五割を超す高配当を出すまでになった。請負契約という形をとっているが、請負対価は、当時の殖産興業のスローガンの下に出された一連の助成金の一つとしてみることができる。

以上、民営の郵便馬車会社をみてきたが、いずれも長距離の区間を走り、郵便物逓送の時間短縮に貢献してきた。このように郵便物逓送では一定の成果を収めたものの、郵便馬車に乗って旅をすることはとても難行苦行であった。なにしろ道は狭くデコボコで、雨が降れば大きな水たまりができるような状態であったから、スムーズな走行などは望むべきもなかった。民間の郵便馬車会社の全容は明らかになっていないが、鉄道が開通すると、鉄道が郵便馬車に代わって郵便物を運ぶようになり、明治二〇年代には大半の郵便馬車会社が営業を終えている。

**駅逓局の郵便馬車**

長距離を走る民間の郵便馬車をみてきたが、市内を走る駅逓寮の郵便馬車もあった。明治六年四月から、日本橋の四日市にあった駅逓寮と新橋ステーションとの間を赤で塗られた郵便馬車が運行される。錦絵にも描かれているが、開通したばかりの鉄道の駅に列車に積み込む郵便物を運び、そして駅に到着した郵便物を駅逓寮に持ち帰る仕事をしていた。郵便局の郵便馬車といっても良い。明治一五年には日本橋—新橋間に馬車電車が開通し、こちらも銀座通りの煉瓦街を走る馬車電車の錦絵がある。このように、郵便馬車以外にも、馬車電車、乗合馬車、辻馬車、荷馬車などのさまざまな馬車が道路いっぱいに闊歩していた。同年、東京の本局だけで三〇頭の馬が飼われ、二頭立てや四頭立ての郵便馬車が活躍していた。後年、小包郵便専用の郵便馬車も誕生し、かさばる小包の逓送に欠かせない存在となる。

駅逓寮の郵便馬車

明治四四年度末に東京中央郵便局が所有していた郵便馬車の数字がある。それによると、通常郵便用に二頭立て馬車が三九台、一頭立て馬車が七台。小包郵便用に一頭立て馬車が三九台で合計八五台。括れば、通常郵便用四六台、小包郵便用三九台となる。小包用が四六パーセントを占めた。馬車を曳いた馬が何頭いたか不明である。大正一五年二月、東京中央郵便局管内では、郵便物逓送が「郵便馬車」から「自動車」に切り替わった。この時、馬車を曳く馬を世話してきた厩舎課という組織が廃止され、監査課に配車係が設けられた。郵便自動車の登場である。反対に、逓送人が御者台に座り、馬が嘶《いなな》きを上げ、郵便馬車が発着場所に居並び出発を待つ、あの喧噪とした活気溢れる光景が郵便局から消えていった。

# 第11章　郵便輸送　船舶と鉄道

## 1　船舶輸送

海に囲まれた日本では、昔から船は重要な交通手段であった。郵便逓送でも重要な働きをする。ここでは、国内郵便物と外国郵便物の水路輸送の変遷についてみていこう。

### 国内航路

明治時代、船による郵便逓送は意外に大きな比重を占めていた。三割を超えていたという記録もある。創業当時、東海道の熱田から桑名に至る佐屋路では佐屋―桑名間が海路であった。また、関西の淀川では川船が京阪間の郵便逓送にあたっている。関東では江戸時代からの舟運《しゅううん》を利用して、川越から新河岸川で浅草に下る川路一二里（四七キロ）を行く舟に郵便物を載せた。駅逓寮は、横浜―横須賀間に蒸気船の横須賀丸を就航させて郵便物を運んでいる。断片的ではあるが、創業直後の郵便水路の一端をうかがい知ることができる。

政府は内航海運を樹立するため、明治五年八月、それまであった廻漕《かいそう》取扱所を改組し、日本国郵便蒸気船会社を設立する。東京―大阪間や函館―石巻間の既存航路をはじめ、東京―那覇間にも新たに蒸気船を就航させることに

内国通運会社の定期貨物船
（明治10年代）

した。駅逓寮も郵便逓送を命じる。東京―大阪間に月六往復、航海日数は片道二日という記録がある。しかし、老朽船が多く修理費がかさんだこと、海運経営の経験が不足していたこと、運転資金が底をついたことなどにより、設立から三年後、会社は解散した。

内国通運会社は、明治一〇年五月、利根川水系を利用して定期貨客船を就航させる。東京深川の扇橋、後に両国橋と隅田川西岸（日本橋米沢町と蛎殻町）が発着場となり、利根川方面や銚子方面への便が出ていた。就航させた外輪蒸気船「通運丸」が珍しさも手伝い錦絵などに描かれている。郵便物も搭載した。

明治一五年五月、琵琶湖に湖上郵便連絡船が就航する。佐々木義郎の『琵琶湖の鉄道連絡船と鉄道逓送』によれば、郵便連絡船は大津―長浜間一七里（六八キロ）を結ぶもので、鉄道で京都方面から大津に着いた郵便物を、長浜まで湖上輸送して、関ヶ原方面に行く鉄道に連絡させた。当初、太湖《たいこ》汽船会社が木造船の連絡船を一日二往復運行させたが、時間が五時間半から六時間かかった。明治一六年、新造の鉄製連絡船が加わり、時間も四時間前後に短縮された。明治一七年の水上郵便線路（水路を利用して郵便物を輸送するルート）の実里数がある。それによると、合計六七一八里（二万六二〇〇キロ）。内訳は海上六四九九里（二万五三四六キロ）、川上一三八里（五三八キロ）、湖上八一里（三一六キロ）であった。湖上はすべて琵琶湖の数字。大津を起点に長浜、塩津、今津など六つの湖上航路を合わせたものだ。琵琶湖は昔から北陸と関西などとを結ぶ水運に活用されていたが、郵便輸送の面でも活用されていたことがわかる。

また、佐々木は東京―大阪間の海路の郵便逓送時間を検証している。方法は到着印のある数百枚のはがきを発着時刻の広告に照らし合わせて精査する。その結果、海路は二日で運ばれることを突き止めた。当時、陸路は七八時間ほどであったから、海路は一日ほど早く着く。明治一六年頃になると、船足が速くなり三六時間前後になるから、陸路で馬車や鉄道が一部区間に使用されていたとしても、天候が良ければという条件がつくが、海路に優位性があった。しかし、明治二二年に東海道線が全通すると、鉄道の所要時間が二〇時間ほどに短縮され、海路の優位性は崩れた。琵琶湖の大津―長浜間の湖上郵便輸送も廃止され、東京―大阪間の郵便逓送は鉄道に一本化される。

本四架橋などがなかった明治時代、本州と四国と九州の港を相互に結ぶ航路がたくさんあった。小さな汽船が貨客を運び、また、駅逓当局はそれら小汽船の会社に郵便物の逓送を命じている。命令航路である。換言すれば、郵便逓送を条件に脆弱な汽船会社に補助金を出し、政府が海運業を育てていたのである。『大阪朝日新聞』に掲載された郵便差立広告を調査した山崎善啓の研究がある。それによると、例えば、明治一三年一月一八日、神戸栄町の偕行会社が「今般、九州四国及ヒ山陽道諸港へ小形汽船ヲ以テ郵便物航送御用ヲ内務省駅逓局ヨリ命セラレタリ」と広告を出している。偕行会社以外にも、大阪富島町の行明舎、同じ町の住友店、愛媛県八幡浜新町の村田久兵衛、大阪北区の大西定兵衛らの広告もある。また、大阪郵便局（大阪駅逓出張局）は船の出港に合わせて郵便差立広告を新聞に出していた。次はその一例で、明治一六年八月一〇日付の新聞に掲載された広告の抜粋である。

八月一〇日佐伯丸ヲ以テ三津浜別府臼杵細島へ向ケ郵便差立候事
八月一〇日第二広島丸ヲ以テ鞆津尾道広島へ向ケ郵便差立候事
八月一〇日第一益丸ヲ以テ和歌山へ向ケ郵便差立候事
八月一〇日第一凌波丸ヲ以テ岡山高松多度津鞆津尾道へ向ケ
郵便差立候事
八月一〇日和歌浦丸ヲ以テ横浜へ向ケ郵便差立候事

郵便差立の広告
（明治13年）

差立郵便物〆切時刻左ニ
並郵便物八午後五時三一分
書留郵便物八午後四時三一分
明治一六年八月九日　大阪郵便局

三日おくれの便りをのせて――、と都はるみが熱唱した歌謡曲がある。その世界を彷彿させるのだが、日本周辺の島や離島への郵便物は小さな蒸気船によって生活物資とともに週に二、三回運ばれた。それは島のライフラインであり、島の人たちと本土の人たちとを結ぶ大切な絆となっていた。今もフェリーがその任を果たしているところがある。

**外国航路**

外国航路に目を転じれば、幕末維新期、アメリカの太平洋郵便蒸気船会社《パシフィック・メール・スティームシップ・カンパニー》（パシフィック・メール）やイギリスの半島東洋蒸気船会社《ペニンシュラー・アンド・オリエンタル・スティーム・ナヴィゲーション・カンパニー》（半島はイベリア半島の意、P&O社）が横浜―上海間をはじめ、通商条約で開港した横浜、神戸、長崎、新潟、函館の港にも寄港していた。

明治七年春、商船隊保有の必要性を認識させられる事件が起きた。佐々木義郎の論文によれば、台湾出兵（征台《せいたい》の役《えき》）に向けて、政府が兵員武器の輸送を米英の船会社に依頼しようとしたら、局外中立を宣言した米英の政府から拒否されたのである。そこで、急遽、政府は外国から一三隻の船を購入し、それら船舶の運航を土佐藩出身の岩崎彌太郎が経営する三菱商会に依頼する。岩崎は「国家あっての三菱である」とし所期奉公の精神をもって引き受けた。三菱商会はこの軍事作戦の任務をなし遂げる。運行を委託された船舶は、東京丸（米国製二二一七トン）、新潟丸（英国製一〇九〇トン）、高砂丸（同一〇二〇トン）、金川丸（同六〇六トン）など一三隻であった。この経験から、政府は、自国海運の保持に向けて本腰入れて海運育成に乗り出す。この時期、前島密は海運振興策を策定し、民間船会社を政府の保護下に置き援助しながら育成し、その経営者に有能な民間人を起用する案などを建議している。もちろん、イギリスでもアメリカでも、一九世紀、自国の海運会社に対して巨額の補助金を出して、自国の海運業の育成を図っていた。その大きな目的が郵便の海上輸送と戦時徴用の確保であった。日本も、このような外国の海運育成政策を素早く採用したのである。

明治八年一月から日米郵便交換条約に基づき外国郵便サービスが開始される。しかし外国航路を持たないわが国は、サンフランシスコ―横浜間の郵便逓送を、パシフィック・メールに負わざるを得なかった。また、上海便についても、政府はパシフィック・メールと郵便運送契約を締結する。契約では、パシフィック・メールが横浜―上海間と横浜など開港場五港を相互に往復する郵便物の輸送を行うことが約定されていた。

三菱商会上海航路就航広告（明治８年）

パシフィック・メールとの契約締結と同時に、政府は三菱商会に対して上海航路の開設を命じた。三菱商会は明治八年二月四日には早くも上海支店を開設し、東京丸を横浜から上海に向けて出帆させた。続いて、新潟丸、金川丸、高砂丸を就航させる。この上海定期航路がわが国初の外国航路となった。九月には、郵便逓送を条件に、政府所有の東京丸など一三隻、解散した郵便蒸気船から政府が買い上げた船舶一八隻が無償で三菱に譲渡され、年間二五万円の補助金交付なども決まった。

このようにして、三菱がパシフィック・メールの牙城である上海航路に切り込んでいったが、熾烈をきわめた。郵便逓送についてみると、パシフィック・メールは日本政府との間に逓送契約がある。三菱は出港日をずらして何とか郵便物の搭載を試みたが、相手方はそれを許さ

日本郵船の秩父丸

ず、同日そして同時刻の出帆で先手を打ってくるなど三菱は苦戦を強いられた。事態が変化したのは、パシフィック・メールが同社の上海航路を日本側に売却することを持ちかけてきた、否、日本側が相手方に買取を先に提案していたのかもしれないが。売却の申出には、郵便逓送のこともあるが、運賃のダンピング競争で収益が低下して、その上、貨客が日本船へ大きく流れていった事情があった。

明治八年一〇月、交渉がまとまり、パシフィック・メールは、土地、建物、設備そして船舶などを三菱に譲渡し、上海航路から撤退した。この時も、海運強化を急ぐ政府は、買収資金を三菱に貸し出している。一〇月末から、パシフィック・メールのオレゴニアン号が名古屋丸に、ゴールデンエイジ号が広島丸に、コスタリカ号が玄海丸に改称され、三菱の船として上海航路に就航した。社名も郵便汽船三菱会社になる。続いてP&O社も上海航路から撤退していった。

後年、政府は三菱以外の船会社にも補助金を出すようになり、共同運輸会社などの船会社が誕生する。だが三菱と共同運輸との熾烈な競争がはじまり、横浜—神戸間の航路では運賃を六割引き、七割引きにするまでになった。明治一八年、これでは二社の経営の屋台骨が保《も》たなくなると判断した政府は、二社を合併させた。合併後の社名は日本郵船会社。ファンネルマーク（船の煙突に表示する船会社のマーク）は白地に二本の赤の帯。「二引」と呼ばれ、二社の対等合併を表している。郵船の社名が示すように、まさに郵便を海上輸送する国策会社であった。前年には関西の船主が大合同して大阪商船会社が設立されている。以後、政府は日本郵船と大阪商船二社を強力にバックアップしていく。

明治三九年には、わが国の保有商船隊は世界六位の一五〇〇隻一〇五万トンとなる。この頃になると、一万トンを超える豪華客船を建造できるまでになった。日本郵船は二〇世紀前半、太平洋航路に浅間丸、龍田《たつた》丸、秩父丸の三姉妹の豪華客船を就航させ、また、欧州航路の三姉妹には新田丸、八幡丸、春日丸を就航させ、海国日本の力を世界に示した。大正七年には日本は英米に次ぐ世界第三位の海運大国になった。日本船籍の船《フラグ・シップ・キャリヤー》がロンドン、ニューヨーク、ボンベイなど世界の主要港に寄港し、さまざまな原材料を日本に運び、日本製品を各国に輸送した。貿易立国の支えともなる。もちろん郵便物も輸送し、寄港した港では、優先して郵便物の積卸が行われた。豪華客船には船内郵便局が設けられたものもあり、日本の切手が販売され船内で郵便物が引き受けられた。二〇世紀前半、航空郵便はまだ特別な郵便であり、外国郵便物のほとんどが海上輸送されていた。

昭和二〇年八月終戦。日本の商船隊は戦争により船腹の八割を喪失し、残った船といえばボロ船だけであった。喪失船舶の戦時補償は打ち切られ、亡くなった船員は全体の四三パーセント六万人に上った。まさにゼロからの再出発となった。戦後、政府主導で海運復興政策が立案され、資材を集中し計画的に新造船を建造した。昭和四〇年代には海運業界の強化のため六中核体に集約し経営を安定させた。平成一〇年代になると、日本郵船、商船三井、川崎汽船の三社体制に集約され、世界の物流を支えるグローバルな海運業界の一翼を担っている。現在でも国際物流は海上輸送が圧倒的に多いが、外国郵便物の輸送では航空輸送が大きなシェアを占め、船便は数パーセント以下になっている。

昭和四〇年頃まで、秋になると、大きな郵便局の窓口には外国航路の船名、寄港地、出港日、それに船便によるクリスマス・カードの都市別締切日の表が掲示されたものである。その表の掲示がいつの間にか行われないようになってしまった。

## 2　鉄道郵便

陸路でみれば、郵便馬車の次に登場してきたのは鉄道である。ここでは、郵政省郵務局編『鉄道郵便のあゆみ』、鉄道郵便研究会編『鉄道郵便114年』、羽田郵便輸送史研究会編『郵便輸送変遷史』などを参考にしながら、鉄道による郵便物輸送の歩みを概観するとともに、車中中継区分、郵便車の進歩、地下郵便鉄道、戦災と復興、そして鉄道郵便の廃止までの足どりについて紹介する。

**初の鉄道郵便**

明治五年五月七日、品川―横浜間二五キロに鉄道が仮開業した。日本初の鉄道である。開業に先立って、駅逓頭であった前島密は、郵便物を鉄道に搭載することについて、鉄道頭であった井上勝と交渉し、仮開業時から郵便物搭載を実施することになった。一日五往復の列車に郵便物を搭載する。鉄道郵便は後に次の四種類に収斂していくが、仮開業時は締切便か託送便のような運送方法であったと思われる。この交渉において、前島が以前に鉄道建設費などを試算していたことや、鉄道借款問題の解決のためイギリスに派遣され同国の鉄道事情を見聞してきたことが役だったに違いない。

取扱便　乗務した職員が郵便車内で郵便物を区分し各駅で郵袋（行嚢《こうのう》）を積み降ろしていく便

護送便　乗務した職員が各駅で郵袋の積み降ろしだけを行う便。車内で郵袋は開かない。

締切便　郵便車に郵袋を搭載し、職員が施錠しそのまま輸送する便。職員は乗務しない。

託送便　鉄道事業者に委託して郵袋を輸送する便。

仮開通から四カ月後の明治五年九月一二日、品川から新橋まで鉄路がつながり、新橋―横浜間（二九キロ）の鉄道が正式に営業を開始した。これを受け、駅逓寮と鉄道寮との間で「東京横浜ノ間ニ往復スル列車ヲ以テ郵便物ヲ運送スルノ約定書」が交わされる。約定書では、①郵便物逓送にあっては護送人を乗車させること、②運送する郵便物一個は二〇斤（約七キロ）以下で郵便行李大とすること、③列車に郵便物の区分などを行う一区画を行路郵便役所として設け、駅逓寮の官員と付属の者が出入りできるようにすること、④運送費は郵便物数を基準にすること、などが定められた。取扱便と護送便を想定した約定書である。

約定書では、列車に区分作業を行う行路郵便役所を設けるとしているが、最初は手荷物室を備えた客車に郵袋を搭載していた。鉄道郵便車のなかで区分を行うのは明治二五年四月からであったから、相当先を見通して約定書を作っている。鉄道開通当初は、新橋—横浜間に一日九往復の列車が運転されたが、上下各五便に郵便物を搭載した。

郵袋の積込み

そのうち一便は横浜以西大阪への特定差立便であった。時速は約三〇キロ。ちなみに、イギリスでは鉄道郵便のことを「トラヴェリング・ポスト・オフィス」と呼ぶことにした。まさに旅をする郵便局である。この英語を「行路郵便役所」と直訳して約定書に使った。また、当初、鉄道郵便は「汽車郵便」と称した。

明治六年三月の郵便規則によれば、新橋—横浜間の郵便物搭載は上下各九便に増強された。関西方面の特定差立便も一便増えて二便になる。護送人が列車に乗り込み、受渡駅となった新橋、品川、神奈川、横浜の四ステーションにおいて郵袋の積み降ろしを行うようになる。明治一八年から護送人の名称が「滊車郵便護送人」と正式に決まる。後年、鉄道郵便係員《けいいん》、そして鉄道郵便乗務員と改称されていく。護送便（閉嚢《へいのう》護送扱い）のはじまりである。

ちなみに、郵便局の内勤職員は和服はかま、脚夫は筒袖半纏《つつそではんてん》に股引《ももひき》であった時代に、汽車護送人の制服は舶来の最先端をいく洋装で靴を履いてさっそうと乗務した。文明開化の一翼を担ったフロンティアであったのであろう。第二次大戦以前まで、海軍士官が帯剣していたと同様に、鉄道郵便局の半任官以上の職員は、公式行事のときに短剣をさげて臨んだとも伝えられている。

## 鉄道の発達

鉄道が新たに開通すると、ほぼ同時に、開通区間が鉄道郵便線路（鉄道により郵便物を輸送するルート）にもなっていった。新橋—横浜間に続いて、明治七年に大阪—神戸間が、明治一〇年には大阪—京都間が開通し、京都—神戸間がつながる。しかしながら、この時期、政府の財政は逼迫し、鉄道延長の計画は遅々として進まなかった。このため、官営鉄道の方針を転換し、民間資金により鉄道建設を認め、官民で鉄道建設を進めていく。明治一四年、日本鉄道株式会社が設立され、三年後、上野—高崎間が開通する。わが国初の民間鉄道であり、私鉄の元祖といわれている。

東海道線を走る列車（明治40年）

上野—青森間の鉄道敷設を目指して、明治一〇年代後半に入ると、鉄道建設の速度がやや上がり、上野—大宮—熊谷—高崎—横川間、上野—宇都宮—黒磯—白川—郡山—福島—仙台間、直江津—高田—関山—長野—上田—軽井沢間などの区間が明治二一年末までに順次開通していった。東海道本線の新橋—神戸間が明治二二年七月につながり、東北本線の上野—青森間は明治二四年九月に全通した。明治三八年末の官民鉄道の総延長は七六四四キロに達したが、うち五二三一キロが民営鉄道であった。翌年、大議論の末混乱のなかで「鉄道国有法」がからくも成立し、民営鉄道四八〇〇キロが国有化された。背景には、官民二つの鉄道があり日露戦争中の軍事輸送に支障が出たこと、経済不況で資本家が鉄道への投資を手控えたことなどがあった。鉄道の全部または一部が買収された民間会社は、日本、西成、北海道炭鉱、北越、甲武、関西、山陽、九州、京都、北海道、岩越、総武、房総、七尾、参宮、舞鶴、徳島の一七社であった。

なお、明治三五年の鉄道郵便線路の総延長は一七二七里（約六七〇〇キロ）となった。明治二〇年の二三三里（約九〇〇キロ）と比べると七倍強になる。鉄道の幹線ネットワークの骨格が曲がりなりにもできあがり、そのことは同時に鉄道郵便の基礎が確立したことを意味する。第9章でみてきたとおり、明治三三年には鉄道船舶郵便法が制定され、法律面からも充実が図られる。組織面では、郵便電信局郵便課に鉄道郵便掛が設けられていたが、拡大する全国の鉄道郵便を統括するには不十分であり、明治三六年四月、東京など一一都市に鉄道郵便局が誕生した。しかしながら、日露戦争を控え戦費調達のための行政整理の結果、わずか八カ月で廃止された。復活したのは六年後の明治四三年、全国九都市に鉄道郵便局が再び開局された。

車中での区分作業（昭和11年）

**車中中継区分の開始**

明治二五年四月、鉄道郵便取扱手続が制定され、車中中継区分が開始される。理由は、東海道本線や東北本線が全通し長距離の鉄道が出現したことにより、それまでの単純な護送便では対応しきれない面がでてきたからである。簡単に説明すれば、長距離列車では受渡駅がたくさんあり、受渡局ごとに郵袋（行嚢）を作っていたら、大量の郵袋を作らなければならい。それに途中の駅からも新たな郵袋が積み込ま

最初の郵便車（明治７年）

れるから、それこそ車内は郵袋でいっぱいになり、鉄道郵便係員は身動きができなくなる。それならば、予め区分しないで一纏《ひとまと》めにして一つの郵袋に郵便物を納め列車に積み込む。それを車中で取り出して区分しながら、区分した郵便物を別の郵袋に納め直し各駅で受け渡していく。少なくとも最初の郵便局（静止局）での区分作業時間が短縮できる。列車のスピードも上がっているので、郵便物の輸送速度は向上する。

実際の郵便物でもそのスピードが実証できる。例えば、福島局の明治二一年六月一九日イ便（推定午前七時前後か）の引受印がある郵便はがきに、東京局の同日ヌ便（同午後六時前後か）の到着印が押印されている。その日のうちに東京に着いたことになる。配達は翌日になったろうが、脚夫による継送が行われていた時代から比べれば、格段の進歩である。車中中継区分は、郵便逓送上、画期的な改革であった。かつてイギリスの新聞記者が車中区分をみて、「時間や場所を無駄にしない発明だ。移動しながら仕事をする。仕事をしながら移動をする。同時に二つのことを成し遂げるのだ」と記事にしている。誠にそのとおりである。

**鉄道郵便車**

品川―横浜間ではじめて郵便物を搭載した車両は、創業期の客車の一つで手荷物室を備え、側面の張出窓のところに車掌が操作する手ブレーキが取り付けられたものであった。列車の最後に連結される。ブレーキが自働でなかった時代、先頭の機関車がブレーキをかけると、連結された車両が前につんのめないように、最後尾の車でも車掌が手動でブレーキをかけた。緩急車《ブレーキヴァン》である。郵便物運送の専用車両ではない。このように一つの車両を区分して客室や手荷物室そして郵便室を備えたものを「（緩急）郵便合造車」と呼んだ。イギリス人鉄道技師であるお雇い外国人フランシス・ヘンリー・トレヴィシックの指導の下、初期の合造車が神戸工場で一八両製造された。

東海道本線全通と郵便物増加に対処するため、郵便専用の車両を製造することになった。明治二二年八月、新橋工場において日本初の専用郵便車一〇両が完成する。形式Z、後のセユI型郵便車だ。車両の全長は二〇フィート八インチ（六・三メートル）、幅七フィート（二・一メートル）、自重五トンの木造製小型車。ブレーキ装置がない二軸四輪の固定構造であった。二室に分かれ、仕切りに沿って三〇口の区分棚を備え、車体に右横書きで「郵便」と表示されている。その後の郵便車の原型となった。

テユ型郵便車（明治40年頃）

　明治三八年、逓信省自らがボギー式の郵便専用車のテユ型六両を試験的に製造した。二年後、上野—青森間と東京—神戸間に投入し運行を開始する。この新型車両誕生には、近代郵便の中興の恩人と呼ばれた坂野鐵次郎（**コラム8**）が中心的な役割を果たす。本省の鉄道船舶郵便課長であった坂野は大阪出張のときに郵便車に同乗し車内作業環境を体験したが、その劣悪な環境に驚き、働きやすい郵便車をまず作らなければならないと判断し、鉄道省と厳しい交渉を重ねながら具体化する。総費用は五万三七〇〇円となり、逓信省予算の大幅組替が必要となる大事業となった。

　それまでの固定式二軸の小型車では揺れが直接車体に伝わり乗り心地が悪く、作業スペースも狭い。そこで三軸六輪の台車二つを離して置いて、その上に車体を載せる、いわゆるボギー車にした。乗り心地は格段に良くなった。全長五七フィート三インチ（一七・四メートル）、幅八フィート六インチ（二・六メートル）、自重二二トンの木造製大型車となる。ブレーキ装置もつく。Z型郵便車と比べると、長さが三倍弱になり、幅も少し長くなり、スペースも三倍強に広がった。作業環境にも意が注がれ、休憩室、便所、洗面所をはじめ、電灯の照明、通風装置、スチームヒーターも備えられた。当時、郵便車の傑作と讃えられた。

その後も新型の郵便車が登場してくる。昭和二年に木造製車両に換えて鋼製郵便車スユ型が投入される。昭和四年に誕生した全長二〇メートルの郵便車マユ型は積載郵袋量が従来の一・五倍になった。このマユ型郵便車は幾多の改良が重ねられ、戦前の集大成ともいえるものになる。昭和三〇年以降、ディーゼル化が急速に進み、気動車郵便車キハ型やキユ型が製造された。続いて電化も進み、昭和四二年に初の電車郵便車クモユ型が登場する。この電車郵便車は更に改良され、東海道線などで使用された。もちろん従来の客車型郵便車も軽量化が図られ、機関車が牽引できる車両数が増え輸送力増強に貢献した。昭和四〇年代後半になると、特急のブルートレインにも連結できる郵便車スユ型が新造される。

昭和四三年、新幹線ひかり号を利用する書留速達郵便物を翌朝までに私書箱に届けるビジネス郵便のサービスがスタートした。東京、名古屋、大阪の各中央郵便局間相互に行き来するもので、係員が郵便物を直接携行し、ひかり号に乗車し各中央郵便局に届け、私書箱に配達した。新幹線特送便と呼ばれたが、究極の鉄道郵便サービスであろう。昭和五七年九月には、郵政省が国鉄に対して新幹線による郵便輸送計画を提案する。それによると、いわゆる0系新幹線四両編成。東京二〇時四二分発・新大阪二三時五二分着など毎日朝夕二往復。パレット輸送方式で、先頭車にはパレット二二個一〇トン、中間車両にはパレット三二個一四トン、一編成で最大パレット一〇八個四八トンの郵便物を搭載する。だが、東京駅に積卸用のエレベータが一基しかない、追加の要員が必要になる、コスト捻出に課題あるなどの理由から、この鉄郵マンが挑戦した計画、新幹線の郵便車は実現されなかった。

### 地下郵便鉄道

かつて東京中央郵便局と東京駅とを結ぶ地下郵便鉄道があった。郵便物を搬送する専用軌道で、小型電気機関車が台車を連結し、その上に郵便運搬用の三輪車を載せて中央郵便局と東京駅との間を走る。実現までの周辺の経緯をみると、三菱ヶ原と呼ばれた皇居正面の原野に中央停車場（東京駅）の建設がはじまり、大正三年一二月に完成し営業を開業した。それまでの新橋駅は汐留駅となり貨物専用となる。逓信省は、東京駅建設に合わせて、手狭になった日本橋の局舎を東京駅の隣接地丸の内に移転させ、新たな局舎を建設し大正六年四月に開局させた。一方、東京駅と中央郵便局とを結ぶトンネル工事は、中央郵便局の工事よりも早くはじまり、東京駅の完成と同時に貫通している。トンネル工事は駅舎建設に付帯するものとして進められた。中央郵便局が完成するまでの約二年半、東京駅で発着する郵便物を、丸の内の地下鉄道搬入口と日本橋局との間は自動車でピストン輸送した。本格運用は中央郵便局が開局した大正六年四月からである。

地下郵便鉄道の発着場

地下郵便鉄道は複線で、レールの延べ総延長は一二二五メートル、レール幅六一センチ、トンネル幅員は四メートル、高さ二・二五メートルであった。現在の地図感覚でいえば、地下郵便鉄道の発着場は丸の内のＫＩＴＴＥ（旧東京中央郵便局）の大きな時計がある正面の前、ほぼその下にある。軌道は、地下トンネルで局舎を廻って道路の下をとおり駅構内下に入り、高架のプラットフォームの下を現在の丸の内南口から八重洲南口の方に向かう。そこで左折し地上に出て、プラットフォームを左手に見て、八重洲北口まで直進する。その間の両端、すなわち八重洲南口付近と北口付近から直角に曲がり第三・第四プラットフォームの真下に入る短い引き込み線がある。そこには郵便専用のエレベータが二基ずつ計四基が備えられていた。九馬力電動機が昇降していて、郵便物を搭載した三輪車ごとプラットフォームに上げたり、下げたりすることができる。差立郵便用上りが南口側、到着

東京中央郵便局（昭和６年）

郵便用下りが北口側を使用した。

当初、小型電気機関車は二両。交互に使っていたが、発着回数の増加に伴い、大正一一年九月に機関車三両を追加購入している。架線は直流二二〇ボルト単線架空式、電気機関車は直流二二〇ボルト二〇馬力。機関車一両に最大五両の台車が連結でき、台車には郵便物を積んだ三輪車を直接搭載することができた。有人運転である。機関車三台で交互運転し、繁忙期には四台を使用した。

昭和一五年の記録だが、小型の地下郵便鉄道が、東京駅と中央郵便局との間をトンネルを通って一日平均一〇〇往復した。日中戦争がはじまると、金属類回収が強化され、レールが撤去され軍に供出された。そのあとをコンクリート路面にし、蓄電池式の牽引車が三輪車をつないで郵便物を運ぶことになった。東京駅発着の鉄道郵便が昭和五三年一〇月に廃止されたが、それに伴って地下郵便鉄道のトンネルも閉鎖される。

イギリスの話。大正一二年から、ロンドンの中心街一〇キロに無人の地下郵便鉄道《ポスト・オフィス・アンダーグランド・レールウェーイ》が運行されていた。現在は「郵便鉄道《メール・レール》」と呼ばれている。八つの駅や郵便局を結ぶもので、一日一八時間四〇〇万通の手紙を地上の交通渋滞を尻目にすいすいと運んだ。平成一五年、郵便民営化で、コストがかかり過ぎるとの理由から、労働組合の反対があったものの廃止され、七六年の歴史に幕を閉じた。しかし、その後も鉄道技術者らによって地下郵便鉄道の施設は守られ、資金計画にも目処がつき、平成二九年九月、郵便博物館が路線の一部を観光電車として復活させた。二〇分の地下の旅が楽しめる。さすが古いものを大切にするイギリスである。われわれも東京鉄道郵便局の地下郵便鉄道を隠れた郵便産業遺産として、せめて記憶にだけは留めておきたい。

ところで、昭和六三年から平成六年にかけて当時の郵政省が総勢五〇名のメンバーで東京の地下五〇メートルのところに地下郵便鉄道を作る調査研究が行われた。東京L—NET構想だ。構想では内径五メートルのトンネルを四六キロを建設し、都内主要郵便局八局をリニアモーターカーで結ぶ。総事業費は五三五〇億円、工期一〇年という壮大なプロジェクトであった。メンバーの一部はロンドンの地下郵便鉄道を視察している。建設費の問題や大深度地下利用を巡る法制面での議論もあり、日本版「夢の地下郵便鉄道」は実現しなかった。

**戦災と復興**

太平洋戦争がはじまり戦局が悪化するに従い、鉄道郵便も大きな被害を受ける。例えば、東京—大阪間を走る鉄道郵便は昭和一五年一一便が昭和二〇年には六便まで減少する。被災状況をみると、広島鉄道郵便局をはじめ主要鉄道郵便施設五四カ所が焼失するなどの被害を受けた。昭和二〇年に入ると、郵便車の被害も目立ち、東京鉄道郵便局管内だけでも、日立—多賀間で艦砲射撃を受けて大破、館山駅構内で機銃掃射を受けて郵便物破損、舞阪駅構内では空襲を受け郵便車炎上などと被害が続く。その結果、全体で鉄道郵便車の七パーセント五八両、三輪車の二四パーセント五一六台、郵袋の五八パーセント約一二三万袋が罹災した。また、痛ましい犠牲者も出た。一例にしか過ぎないが、昭和二〇年の終戦直前、九州地区で郵便輸送業務に動員されていた女子職員が機銃掃射の直撃を受け殉死している。

廃墟の東京駅（昭和20年）

更に、職員のなかから、軍隊に召集を受けた者、野戦郵便局に派遣された者、軍需工場に徴用された者などが続出し、要員事情が逼迫した。

昭和二〇年二月の数字だが、鉄道郵便局の定員三七七八人に対して現員三三六二人で、充足率は八九パーセントとなった。充足率は悪くないともいえるが、経験者が大量に引き抜かれ、東京鉄道郵便局の数字では勤続五年未満の者が四八パーセント、約半数を占めていた。乗務員に学徒動員の学生や女子学生らが動員されたが、作業水準の低下は免れなかった。この結果、それまでの精緻化された職人芸の区分が維持できず、区分を簡素化したり、乗務区域を変更したり、乗務員の分散駐在などの措置がとられていく。

更に、昭和二〇年三月には郵便逓送非常措置なる要綱も発せられ、鉄道が不通となった場合の措置として、不通区間は自動車で逓送し、自動車逓送が不可能な場合には、馬車、人馬などとし、それら所要の数量を確保し必要な場所に配置しておくこと、などという命令が出された。当時の鉄郵マンが必死になって郵便線路をつなごうとしていた姿が読み取れる。しかし、戦局は如何ともしがたく、鉄道郵便の被害は増えるばかりであった。

昭和二〇年八月一五日、終戦を迎える。戦前の最盛期（昭和一六年）には郵便車の一日平均総走行距離が八万キロあったが、終戦時には四万五〇〇〇キロにまで縮小した。郵便は国民生活や経済活動に欠かせないが、被災した鉄道郵便インフラを復旧させるには多くの困難が立ちはだかっていた。鉄道郵便の復旧は、まず国鉄の復旧に負う面が大きいが、国鉄も戦災による施設の荒廃、占領軍への車両の供出、引揚列車の運行、石炭産出量の激減などから一般列車の運行が極端に逼迫していった。

それでも昭和二〇年一〇月には国鉄が二六パーセント七万キロの増発を行うことになり、それらに郵便車を連結することにした。もっとも石炭事情で翌年一一月には一六パーセントの減便、そのまた二カ月後にも更に縮減がかかる。振出しに戻った。改善が図られてきたのは、石炭増配が実現した昭和二二年三月以降になってからである。鉄道郵便局でも、戦災にあったが被害が比較的少ない郵便車の部品をかき集めて修繕し、それらを鉄路に戻した。いわゆる戦災復旧車である。また、一般貨物列車のワム型有蓋車の貨車にも、やむなく締切便方式で郵袋を搭載し輸送した。

昭和二三年二月二五日付けで連合軍最高司令官総司令部（ＧＨＱ）から一枚の指令（ＳＣＡＰＩＮ五三〇八Ａ覚書ＧＨＱ）が発出された。指令は鉄道郵便の乗務員の勤務方法を循環勤務から固定勤務にせよというものであった。要するに、東海道、中央、東北、総武などと循環しながら勤務していたものを、例えば、東京—浜松間に勤務を固定する。ＧＨＱ民間通信局のＥ・Ｌ・ウィリアム（カリフォルニアの鉄道郵便局出身）が主導したもので、移行すれば、作業に早く熟達できるし、乗務員は始点か終点に住宅を構えるので出張旅費削減にもなり経済的である、アメリカでは円滑に実施されている、と主張した。だが、住宅を構えるといわれても、そもそもまともな住宅がない当時の窮乏状態にあったわが国ではとても無理な相談であった。ギリギリの折衝の結果、日本側の意向をかなり取り入れて、いわゆる固定服務制度が実施された。組合も最後は制度を受け入れたが、その背景には、ウィリアムが現場を熱心に視察し国鉄と渡り合い、鉄道郵便の復旧によく尽くしてくれたという実績があったからであろう。郵政事務次官を後に務めた曾山克巳は民間通信局に出向し、ウィリアムの下で働いていた。昭和二七年にサンフランシスコで調印された対日平和条約が発効し、ＧＨＱの指令が失効した。鉄道郵便の乗務員の勤務方法も旧《もと》の方法に戻されていく。これも戦後占領下の鉄道郵便復興の一断面である。

**鉄道郵便の終焉**

昭和三〇年代まで鉄道郵便は郵便物輸送の中核を占め、高性能の郵便車も投入されてきた。次ページの表10に示すように、昭和四五年には、郵便線路ベースだが、自動車のシェアが三五パーセントまで上昇、また、航空機のシェアも二一パーセントまでになる。それまで鉄道による郵便輸送は他の交通機関よりも速く安く安定性があり、加えて車中継送区分ができる優れた郵便輸送システムであったが、その優位性が崩れてくる。

その背景には、国鉄が財政再建を目指し、輸送施設の近代化・合理化計画を急テンポに進めていた事情があった。

表10　郵便線路延べキロ程

キロ(%)

| 総　計 | | 鉄道 | 自動車 | 航空機 | その他 |
|---|---|---|---|---|---|
| 昭25 | 291,403 | 136,943（ 47%） | 89,618（ 31%） | 0（ 0%） | 64,842（ 22%） |
| 昭30 | 345,981 | 154,507（ 45%） | 116,200（ 34%） | 17,192（ 5%） | 58,082（ 17%） |
| 昭35 | 381,011 | 162,924（ 43%） | 132,289（ 35%） | 36,336（ 10%） | 49,462（ 13%） |
| 昭40 | 455,529 | 169,771（ 37%） | 160,129（ 35%） | 84,016（ 18%） | 41,613（ 9%） |
| 昭45 | 535,795 | 197,771（ 37%） | 189,850（ 35%） | 111,380（ 21%） | 36,794（ 7%） |
| 昭50 | 678,917 | 250,704（ 37%） | 236,625（ 35%） | 155,771（ 23%） | 35,817（ 5%） |
| 昭55 | 704,961 | 233,971（ 33%） | 258,867（ 37%） | 178,290（ 25%） | 33,833（ 5%） |
| 昭60 | 883,511 | 65,824（ 7%） | 430,702（ 49%） | 367,068（ 42%） | 19,917（ 2%） |
| 平2 | 1,202,787 | 39,305（ 3%） | 532,623（ 44%） | 618,447（ 51%） | 12,412（ 1%） |

出典：郵政省『郵便創業120年の歴史』220-221ページ。

便車の運行に関していえば、昭和四七年三月、客荷分離の推進に伴い主要幹線の郵便車が旅客列車から荷物列車に連結替えされ、加えて停車駅が大幅に整理され、拠点間直行輸送になった。東京―門司間の停車駅は九六から四一に削減されたので、車中継送区分を変更し、郵便番号上二桁の地域ごとに設けられた地域区分局ごとに区分して送付、そこで三桁・五桁に区分して区分局から配達局に自動車で送付する方式になった。区分輸送システムの採用である。昭和五三年一〇月には東京―青森間でも拠点間直行輸送方式となり、区分輸送システムに改めた。国鉄のこの53・10白紙ダイヤ改正と呼ばれる全面改正を契機に、鉄道郵便の体制も大きな変革が迫られる。この時期、鉄道郵便局が一部廃止された。受渡駅が旅客駅から貨物駅に変更になり、例えば、受渡駅が上野駅から隅田川駅になったのもその一例である。

**ゴーキュウ・ニ**（59・2）　急速に変化する輸送環境を踏まえて、郵政省は昭和五九年二月から新たな郵便輸送システム構築に向けて本腰を入れて取り組む。それは従来の国鉄合理化計画に伴う受身的なものとは異なり、郵政省自身が、郵便輸送ネットワークを、鉄道中心から自動車と航空機を核とする輸送ネットワークに転換する、かつてない大規模なものとなった。鉄道郵便では車中区分を行う取扱便が廃止され、郵便物の輸送だけを担う護送便だけになった。

**ロクイチ・トウ（61・10）**　国鉄民営化の前年、昭和六一年一〇月までに新システムが動き出す。この大転換に伴って、一四の鉄道郵便局と四四の分局などが全廃され、そこで働いていた鉄道郵便職員約六五〇〇人の配置転換も行われる。背景には、郵便事業の累積赤字、鉄道の輸送運賃の上昇、それ民間宅配便の優れたサービスにより郵便小包の顧客が半減するほどの事態が足下で起きていた。深刻な事態に直面していたのである。郵便サービスの基本は、正確に、迅速に郵便物を届けることである。この基本に立ち戻り、民間事業者のサービスをも凌駕するサービスを実践すべく、郵便翌日配達の一般化を目指す挑戦がこの時期からスタートした。その過程で、昭和六一年九月三〇日、鉄道郵便一一四年の歴史に終止符を打ったが、そこで培われたさまざまな経験やノウハウ、そしてチームワークは今でも郵便輸送のなかに生かされている。最後に鉄郵マンの声を紹介しておこう。

函館駅で作業する鉄郵職員
（昭和26年）

鉄道郵便車が発車すると、乗務員はお互いに「お願いします」と声をかけ合い、手狭な車内に山と積まれた乗務員あての郵袋を黙々と開袋し、すばやい手つきで在中郵便物を処理する。車窓からの景色は目に入らない。車内の仕事は寸秒をあらそう。そして、つぎつぎに郵袋を受渡して行くのである。開ひ郵袋には次駅でおろす郵便物が入っているのだ。一駅間三分ないし四分で到着してしまう。だから一応の車中担務はあるものの事務処理は共助供援で行われているのである。山と積まれた郵便物は終点地あるいは交代地に近づくにつれて処理されて行く。どんなに忙しくても鉄道郵便車に積み込まれたものは、すべてやりつくし、あとにはチリ一つ残さない。「受払オーライ」「一算アガリ」の声がかかり、その後「お世話になりました」と、お互いがあいさつし合って一便の仕事が完了となる。

私たちは、この状態を称して「一便の完遂」といっているが、このようにチームワークによって与えられた仕事を完全になしとげるというのが鉄郵気質であり、鉄郵マンの誇りでもある。この鉄郵気質は一朝一夕にできたものではない。先輩から受け継いできた長い伝統である。

東京鉄道郵便局の職員構成は親子二代、兄弟、親類縁者で占められている割合が多いし、かつ、乗務訓練における指導官と見習生との出会いから生涯にかけての連帯感が生まれる。さらに、出張先において一つ釜のメシをたべ、同じ屋根の下に寝るという家族主義的な面がタテヨコの重層的な人間的なつながりを構成していく。これらのことが素地となって鉄郵魂が知らず知らずのうちに心のなかに植えつけられ、それがさらに受け継がれてよき局風を保ってきた。

これが戦後の混乱期にもいかんなく発揮されて鉄道郵便業務復興の原動力となったのである。

（羽田郵便輸送史研究会編『郵便輸送変遷史』一九五ページ）

## コラム8　坂野鐵次郎

坂野鐵次郎（さかの・てつじろう）は、明治六年一一月四日、岡山県御津郡野谷村菅野に生まれる。父半四郎常礼《ひろ》と母貞の長男。幼少の頃から勝ち気で負けず嫌いの一面を持っていた。また、絵を描くことが好きで晩年まで続く。岡山中学、京都第三高等学校、仙台第二高等学校へ転入、明治三一年東京帝国大学政治科を卒業する。同年、高等文官試験合格、逓信省に入省。通信局郵務課、大阪郵便電信局監理課長、長野郵便電信局長、本省通信局鉄道郵便課長、同内信課長、同規画課長、東京郵便局長、大阪通信管理局長、西部逓信局長などを歴任し、大正四年に退官した。逓信省在籍は一七年半である。この間、逓信行政の改革に尽力する。特に明治三六年から約五年間、本省の内信課長と規画課長の枢要ポストを務めたが、坂野が一番力を発揮した時代である。ちょうど三〇歳から三五歳という働き盛りの年代でもあった。以下に坂野が手がけた主な仕事、エピソードなどを紹介する。

組織改革と規程類整備を打ち出す。坂野は現場を理解し、業務を科学的に分析し、ベストな解を求めて理論構築し、さまざまなことをルール化していった。その動機は通信局に発令された時にみた業務体制にあった。当時、坂野の眼には、前島郵便といったものはもはやなく、しきたりが優先し、仕事の基礎となる計画的な考え、それに規定とおぼしきものがほとんどなかった、と映った。そこでまず組織改革を行う。内国の郵便、電信、鉄道船舶の業務を一本化し内信課を置く。また、規画課を作った。今様に表現すれば、企画計画課といったところであろうか。郵便物区分規程、通信区画規程、置局及び事務開始標準規程（電信・電話）、集配規程、郵便行嚢規程、定員定率経理内規などの規程類を整備した。そのほか、特設電話の創設、共済組合や通信

坂野鐵次郎

協会（逓信協会）の設立も手がけた。郵便局舎の標準間取図なども作成している。既述のとおり、郵便専用車両の制作、年賀状特別取扱中の年末年首特別区分の採用も坂野が主導した。本省が定めたルールにより集中的に管理統率できる体制が確立されたが、坂野は異動に際して、これからは権限を地方局に委譲し、本省はより重要度の高い政策立案を行うように部下に話している。

野戦郵便業務と闘う。明治三三年に起きた北清事変に際し、坂野は北京に赴き野戦郵便局を開設する。日露戦争時には、大本営に置かれた野戦高等郵便部の野戦高等郵便長を兼務し、午前は三宅坂の参謀本部で、午後は木挽《こびき》町の本省で勤務する日々が続いた。もちろん満州の戦地にも足を踏み入れ、戦地の兵士や留守宅の家族が渇望する膨大な郵便物に立ち向かう野戦郵便局員を督励して廻った。一日の輸送距離は延べ一五〇〇里（八一〇キロ）、一カ月の取扱量は発着合計で九万貫（三三八トン）に達したこともある。野戦郵便局に出征した郵便吏員や脚夫は一五〇〇人、うち戦死三八人、傷病帰還二三五人を数えた。日清戦争では七〇〇人の出征であったから二倍以上の動員となる。難題が降りかかる戦時下の郵便処理に坂野は日夜奮闘した。軍部との交渉でも一歩も引かず、坂野の剛胆さは将官らの間でも知れ渡るようになっていった。

また、通信地図の作成も坂野の業績である。郵便物の集配ルート、その頻度などを決定するのに正確な地図が必要となるが、参謀本部の地図や集配局作成の見取り図などしかなかった。参謀本部地図には小さな村落の地名が記載されていなかったし、見取り図はずさんなものが多かった。そこで予算から二〇万円を捻《ひね》り出し、全国の集配郵便局長を動員、測量技師を雇い入れて地図作りをはじめた。明治三九年末に完成。地図には一般の表示のほかに、道路里程、集落ごとの戸数なども詳細に記載されている。これによって、集配順路、時間、回数、所要人数などを正確に割り出すことができるようになった。その後も地図は随時見直しされ、その精度は上がっていく。昭和二四年には、学校教材や複製し市販されるまでになった。

大正四年退官後、大阪電灯常務取締役、藤田組理事、中国合同電気会社（現中国電力）社長に就任。昭和七年に貴族院議員に選出され、終戦まで務める。正四位勲二等。昭和二七年に病死、岡山県野谷村幸福寺に眠る。享年七九歳。

坂野が郵便事業で果たした役割は大きい。「郵便中興の恩人」と称され、昭和二八年に岡山市の生誕地に坂野記念館が建設された。その後、開館四〇周年を契機に、同市北区に移転・新築されリニューアルオープンした。

# 第12章　郵便輸送　自動車と航空機

## 1　自動車輸送

郵便馬車の次に登場してきたのは鉄道である、と前章2のところで書いたけれども、短距離輸送についてみれば自動車であった。長距離の郵便輸送においても、だいぶ先のことになるが昭和四〇年代以降、鉄道に代わり自動車が主役になっていく。ここでは、その自動車の郵便輸送の歩みについてみていこう。

### 初期の自動車輸送

明治四一年一二月から自動車が郵便物を運ぶようになる。東京逓信局から請け負った帝国運輸自動車株式会社が、東京中央郵便局から新橋駅と銭瓶町中央郵便局分室との二つの区間で郵便物輸送を開始した。当時、分室は現在の東京駅の神田寄り出口の付近にあった。短距離輸送である。一・五トン積み程度の小型貨物自動車三台が使用された。車体の塗装は赤色と推定される。特に、年末の歳暮の小包や年賀状の輸送に活用され、荷台には八〇から九〇袋の郵袋を積み込むことができた。馬車の二倍の速度、時速一三キロ。運行コストは馬車とほぼ同じであった。ただ故障が多く、自動車輸送は短期間で打ち切られた。

それでも、自動車による初の郵便輸送に帝都市民が目を見張り、明治四一年一二月二五日付『報知新聞』は「自働車を以て機敏に郵便物の配送を為すは疾く欧米諸国に其例を聞きしが、今回愈々東京郵便局率先し郵便物をば自働車を駆って逓送の端緒を開き、現に是れが実行中なり、実に我が逓信部内自働車を使用せしは是を以て嚆矢となす」と報じている。

大正一〇年前後から、大都市においては伝送便と受渡便に自動車が本格的に利用されはじめる。伝送便とは市内の中心となる郵便局から同一市内の郵便局へ郵便物を輸送する便のこと。また、受渡便とは郵便局から鉄道の停車場などに接続する便のことである。逆コースも同じ便名である。大正九年一〇月から、中央自動車株式会社（帝国運輸自動車から改称）は、東京中央郵便局と飯田町、両国橋、東京、上野の各停車場とを結ぶ受渡便、芝局と東京停車場を結ぶ受渡便、また、東京市内各局、淀橋、渋谷、巣鴨、品川局相互間の伝送便の輸送を請け負っている。既述のとおり、大正一五年二月から、東京中央郵便局管内では郵便輸送が馬車から自動車に全面的に切り替わった。昭和に入ると、大阪、京都、神戸などの大都市でも自動車が郵便輸送で活躍するようになってくる。

郵便自動車（明治41年頃）

少し話は戻るが、大正五年、京都市内にわが国初の乗合バスが走ったが、このバスに郵便物の輸送を託した。乗合バスの託送便である。同じ年、伊豆半島の大仁―下田間に走るようになった乗合バスにも郵便物を託送した。地方では鉄道がないところに乗合バスが走るようになったので、逓信省は、そのバス開通を捉えて託送便の拡大を図っていった。大正一二年には二八路線五四五キロにまで乗合バスの託送便が延びている。地方バスの路線拡大は郵便線路の延長にも寄与したのである。

**戦争と再建**

昭和に入ると、自動車による郵便輸送が増加していく。昭和四年三月の自動車郵便線路（自動車による郵便物を輸送するルート）の総延長は一万八〇九キロ（全体の一六パーセント）となり、昭和一五年三月には二万三五五五キロ（同二二パーセント）にまで延伸された。この間、例えば、東京においては市街地拡大に伴い、小岩、新宿、品川、中野、赤羽、大森、蒲田、千住の各郵便局の鉄道受渡が廃止されて、自動車による伝送便に変わっている。また、横浜に着いた外国からの郵便物輸送も鉄道から自動車になった。だが、日中戦争の泥沼化により、同年をピークに自動車輸送は低下していく。

東京中央郵便局の自動車発着場（昭和９年）

戦時陸運非常体制確立要綱の閣議決定を受け、郵便輸送用自動車の事業統合が指示された。昭和一七年一一月二八日、先に出てきた中央自動車株式会社など九社が統合や買収され、日本郵便逓送株式会社（日逓）が発足した。発足後まもなく更なる再編強化が示され、第二次統合方針が出される。全国の郵便輸送業者三九社が新たに統合され、再編の結果、日逓がこの業界において、車両数、走行延べキロ数、受取請負料においても、そのシェアがいずれも八割を超すまでになった。だが、戦争によって、日逓は多くの車両を失い、回復しがたい傷を負った。

戦争が終わると、日逓は自動車郵便線路の復旧に間髪を入れず立ち上がった。被災施設は応急修理にとどめ、まず車両の補充を最優先に、次に燃料と運行資材の確保に全力を上げる。終戦から二日目の昭和二〇年八月一七日には陸軍航空本部の車両払下を受けることに成功し、翌日には契約調印をした。実際の引取交渉では軍部内が混乱していたこともあり緊迫した場面もあったが、三五三両の車両を確保した。東京地区に二二二両を廻す。車両のほかにも、相当量のガソリン、部品、工作機械なども有償で日逓に払い下げられた。これら陸軍から払い下げられた車両と資材によって、終戦直後から、日逓が自動車郵便輸送の再建に着手することとできた。このことについて、日逓の社史には「まさに干天《かんてん》の慈雨《じう》であった」と記されている。

昭和二二年六月、ＧＨＱが放出した軍用車両を日本政府が国鉄を介して民間に貸渡することになった。新車はもちろん中古車でも手に入らなかった時代であったから、希望者が殺到する。逓信省の後押しを受けて、日逓は武器運搬車《ウェポン・キャリヤー》型の四分の三トン（七五〇キロ）車二二両の貸与を受けることに成功した。使用料は一両三カ月六五〇〇円であった。翌年までに更に四五両を確保した。これらの車両の運用により、昭和二二年一一月における六大都市の伝送便は、東京、横浜では終戦時の六便から七便に、名古屋では四便から五便に、大阪、京都、神戸では四便から六便に増やすことができた。久しく休止していた小包の自動車輸送も一便ずつ復活する。

**モータリゼーション**

昭和六一年に鉄道郵便が廃止されるまでの約二〇年間、鉄道と自動車の郵便線路の延べキロ数はほぼ同じであったが、しかし、自動車郵便輸送には質的に大きな変化が出てくる。前述のように、戦後直ぐに大都市圏では郵便輸送が鉄道から自動車に切り替わっていった。同じ時期、地方ではローカル線に郵便輸送を託していたところが多くあったが、復興道半ばで当時のローカル線は時間も不規則、いつでも超満員、郵便物の取扱も粗雑に流れることも少なくなかった。その上、悪性インフレで世情は不安定となり、郵便物盗難事件もしばしば発生した。そこで郵便物を安全・正確・迅速に運ぶために自動車がクローズアップされ、戦後四、五年で自動車輸送に切り替えられたローカル線が実に多い。市内の伝送便や受渡便が主流であった自動車便が地方の中距離輸送に進出する。

昭和三〇年代後半以降、都市ではモータリゼーションで交通渋滞が常態化するようになってきた。当時、東京都内の伝送線路は東京中央郵便局を起点として都内各局との間を放射状に結ぶ専用自動車便により構築され、各線とも一日基本五便で運行するシステムになっていた。しかし、交通渋滞のために伝送下一号便と集配一号便との結束が困難となってきた。そこで昭和三七年度に深夜伝送便を走らす計画が立てられた。すなわち、伝送下一号便の出発を午前三時頃に繰り上げ、都内各局に午前四時頃に到着するようにするものであった。これには勤務時間の変更など労働条件が変わるため、組合との折衝が長引き、昭和三九年から深夜伝送便を実施することになった。ちょうど東京オリンピックの年である。これにより都内各局間の翌日配達が可能となったのである。

昭和四二年、自動車による本格的なコンテナ輸送がはじまる。背景には、郵便物が増加し都内各局の作業スペースが手狭になってきたため、同年、晴海通常郵便集中局（東京都中央区）と東京北部小包集中局（同台東区）が完成する。ここに大量の郵便物を集中して効率的に機械で処理する、機械化局が誕生した。郵便の工場といってもよい。機械化局のシステムに適合させるために、輸送方式が郵袋からコンテナに変わる。日逓は郵便専用の小型コンテナを開発したが、一両の専用トラックに六台ずつ二段計一二台が搭載できた。四五両の専用トラックが配備され、二つの集中局を起点とする専用自動車郵便線路が三七線路新設されたが、うち二一線路がコンテナ便となった。郵便局に到着すると、局の発着台に設けられたテーブルリフトによってコンテナを積み卸した。一人乗務が可能になったことも大きな変化だ。一方、国鉄でもコンテナ輸送に転換し、専用のフレートライナーを走らせる。こちらの方は三トンの大型コンテナで、駅に着いたら、トラック一台にコンテナ一つを積んで輸送する仕組みであった。郵便物の長距離輸送の貨物締切便がコンテナ化されていく。鉄道とトラックの連携輸送になるが、その結束（接続）に時間がかかり、そこが隘路となっていた。

### 高速道自動車便

この問題を解決したのが、高速道路の利用である。日本の高速道路は、名神が昭和三八年、東名が昭和四四年に開通した。同年、日本高速郵便輸送株式会社が設立され、東京―名古屋間に八トン車の高速道専用自動車を走らせた。東名間を国道一号線を走って自動車輸送すると一一、一二時間かかるが、高速道路を利用すると約半分に短縮された。その時間は、航空機による輸送時間と比較しても、受渡局と空港との行き来の時間を含めると、遜色のないものになった。東名間往復の運賃比較でも、YS11号機五トン積みが四五万円に対して、高速専用車八トン積みは一二万円であった。このように、高速道自動車便は、東名間では、時間的にも経済的にも航空機輸送に対して優位性があり、各地に高速道路が開通すると、そこに高速道専用郵便車が走るようになっていった。明治時代、鉄道が開通すると、そこが新しい郵便線路になっていった過程と同じだ。郵便輸送に常に最速の交通機関を利用する姿勢は、何時《いつ》の時代でも変わらない。

高速道路専用の郵便自動車（昭和60年）

昭和四八年と昭和五四年の二度にわたる石油危機は、燃料の確保が難しくなり、順調に歩み始めた自動車輸送に深刻な影響を与えた。そこで全国郵便専用自動車協会は、郵政省、運輸省、通商産業省に陳情書を提出し、折衝した結果、郵便輸送事業は使用節減適用除外業種に指定され、危機を乗り越えている。郵便が国民生活や経済活動に不可欠な公共インフラと見なされたからであろう。

## 2　航空機輸送

明治三六年にアメリカのライト兄弟が人類初の有人飛行に成功した話は有名だが、それよりも前に日本人が飛行機の原理を発見している。発見者は伊予国宇和郡（現愛媛県八幡浜市）出身の二宮忠八。明治二四年に二宮は翼幅四五センチ・全長三五センチのゴム紐動力の烏《からす》型飛行器を作成し、自力滑走させ一〇メートルの飛行に成功させる。二年後、有人飛行を前提にした玉虫型飛行器の模型を試作した。英国王立航空協会は展示場にこの模型を展示し、二宮を「ライト兄弟よりも先に飛行機の原理を発見した人物」と紹介している。わが国における実機による飛行は、明治四三年、代々木連兵場で日野熊蔵と徳川好敏の二人の陸軍大尉が飛行に成功した事例が最初である。翌年には徳川大尉が国産会式一号機で飛行に成功した。人間はこの空を飛ぶ冒険的な乗り物に郵便物輸送を託したのである。以下、笹尾寛の『航空郵便のあゆみ』、園山精助の『日本航空郵便物語』などを参考にしながら、郵便物の航空輸送の歩みを紹介しよう。

**冒険飛行の時代**

日本で初めて郵便物を空輸した飛行家はアメリカ人、W・B・アットウォーターであった。明治四五年、日本に立ち寄ったカーチス型複葉水上機が東京―横浜間を往復した。往路は郵便物一〇〇〇通七・五キロを搭載し二三分の飛行で横浜に着水する。復路は八〇〇通を受け取り東京に向かったが、離水できず水上滑走となり四二分かかった。非公式ながら、これがわが国初の航空郵便となり、当時の郵便関係者に大きな刺激を与えた。

日本人が初めて郵便物を空輸したのは大正四年二月で、陸軍の一三型モーリス・ファルマン式七〇馬力の飛行機二機で東京（所沢）―大阪間を往復した。搭載郵便物は全部で一二〇〇通。飛行場での郵便物授受は帝国飛行協会の職員が行った。往路は悪天候が災いし名古屋で二日間も足止めになったが、先着機の記録では、所要時間が八〇時間四五分。復路の時間は二六時間三三分で、こちらの方は順調な飛行であった。往路の時間は飛脚よりも遅いものになってしまったが、ともあれこれが非公式ながら日本人初の郵便物の航空輸送であった。

大正八年から大正一一年にかけて五回の懸賞郵便飛行競技大会が開催された。大会は同じく帝国飛行協会が主催したが、飛行機の郵便輸送分野での将来性に着目して逓信省も全面的に協力する。第一回大会は天候不順のためたびたび延期されたが、大正八年一〇月二二日に開始された。伊藤式と中島式の一五〇馬力と中島式の二〇〇馬力の単発機により、三人の民間飛行士が飛行時間を競い合った。東京の洲崎埋立地（現江東区深川）を離陸し、鉄道の線路をみながらの昼間飛行だ。一機が誤って和歌山に着陸したが、他の二機は無事に大阪の城東練兵場に着陸した。時間は三時間四〇分と四時間四六分であった。翌日、二機は大阪を出発し東京に向けて飛行したが、時間は三時間一八分と三時間四七分であった。まずまずの成功である。この飛行により空輸された「飛行郵便」と朱記された手紙とはがきは、東京から五八八七通、大阪から三三〇六通であった。

往復六時間五八分で一等になった飛行士には賞金九五〇〇円と年金六〇〇〇円、そのほか陸軍大臣から日本刀、海軍大臣からは銀杯が贈られた。当時、総理大臣の給料が一〇〇〇円、高等官の初任給が七〇円程度であったから、賞金がいかに高額であったがわかる。この大会にちなんで、逓信省は普通切手に飛行機の図案を加刷した二種類の記念切手を発行したり、記念スタンプも使用した。また、同省は帝国飛行協会に逓送費用として三〇〇〇円を支給している。

続いて、大正九年第二回大会が大阪—久留米間で、大正一〇年第三回大会が東京—盛岡間で、同年第四回大会が金沢—広島間で、それぞれ懸賞郵便飛行が行われた。だが、いずれの大会も事故が続出した。二回大会に五機が参加、一機が離陸直前に溝にのめり込み大破、一機が事故のため棄権した。三回大会に五機が参加、一機が事故で途中棄権、一機が不時着、一機が修理に時間がかかり失格となった。四回大会に六機が参加、四機が途中で不時着した。このように、事故が多発したのは天候が災いしたのが原因だが、そもそも飛行機自体がまだまだ未完成の乗り物であったことも大きな要因であった。大正一一年第五回大会は東京—大阪

飛行郵便の記念スタンプ
（大正８年）

間で七日間にわたり定期航空郵便輸送を競う形式で行われる。不時着事故も起きたが、往復総計九二一二通の郵便物が空輸され両都市間を結んだ。

大正一一年から翌年にかけて、民間航空会社が三社誕生する。最初に設立された日本航空輸送研究所は水上機による堺―徳島間週一便、堺―高松間週三便の定期運行を、また、朝日新聞社が設立した東西定期航空会は東京―大阪間に週一便の定期運行を、更に、川西機械製作所が設立した日本航空株式会社は水上機による大阪―別府間と大阪―福岡間の定期運行を開始した。開始とほぼ同時に、逓信省はこれらの民間会社に郵便物の輸送を委託する。大正一三年の数字だが、三社の飛行実績は約一三万キロ・一一五〇時間に達した。死傷事故ゼロ、発動機破壊二件、機体破損四件と当時としてはまずまずの成績であった。

これを受け、逓信省は大正一四年から郵便物を飛行機に搭載することを正式に試行することになった。外国でも同じだが、民間航空会社育成のために、わが国政府（逓信省）も郵便物輸送に一キロ当たり三七銭の補助金と機材修理費を出している。一方、飛行郵便の利用者にとっては特別の追加料金はなく、手紙やはがきの表面に「飛行」と朱記すれば飛行機で運ばれ、天候不良のときには陸路に変更された。もっとも人気の方はいまひとつ。大阪―福岡間の一回の搭載数が何とわずか五八通しかなかったこともあった。飛行は天候に大きく左右され、世間では「急がぬ郵便は飛行郵便で」と揶揄《やゆ》され、大正時代の飛行郵便はまだまだ試行の域を出なかった。

おぼつかない飛行機ではあったが、その飛行機が大正一二年九月一日の関東大震災で大活躍する。陸路での郵便物輸送が壊滅的な被害を受けたため、震災直後から、日本航空株式会社は東京品川―静岡江尻間に水上機を飛ばして郵便物を空輸した。一〇日間で六万通の手紙やはがきを江尻に運び、その先は陸路でつないだ。日本飛行学校の飛行機は代々木と立川との間を連日にわたり往復し、東北地方宛の郵便物を立川局から差し立てた。このように空路・陸路をつなぎながら、帝都の人たちの無事を報せる、そして甚大な被害の様子を伝える緊急信が全国各地に届けられた。

試行飛行を支えたのが懸賞金獲得を目指した冒険的な飛行家たちであり、自然の猛威と闘いながら、鉄路を目印に、山並みに沿って、眼下に大小の島々と船を見ながら、そして海岸線や半島の形を確認しながら、郵便物を搭載し飛行した。有視界飛行の世界である。世界で一番有名な郵便飛行士はフランスの郵便飛行会社《コンパニー・アエロポスタル》に入社したアントワーヌ・ド・サン＝テグジュペリかもしれない。フランスと西アフリカと南アメリカのサンチアゴとを結ぶ壮大な飛行郵便ルートの開発に挑戦した。砂漠に不時着した飛行士の緊迫した救出劇を盛り込んだ『南方郵便機』は彼の処女作だ。今日の快適な空の旅が実現したのも、航空黎明期の、世界の、そして日本の飛行士たちのロマンに満ちた冒険と努力があったからこそである。

郵便搭載中のフォッカー機（羽田、昭和４年）

### 戦前昭和の航空郵便

昭和に入ると、航空機産業と航空輸送の一層の強化が叫ばれる。昭和三年一〇月、逓信省の指導の下に、既存航空三社の参加を求め、資本金一〇〇〇万円の日本航空輸送株式会社が設立された。国策会社である。機材は、フォッカーＦ７型３Ｍ機、フォッカー・スーパー機、サルムソン機などが使用された。サルムソン機は陸軍から払い下げられた偵察機。また、民間航空事業会社に対する補助金も上積みされ、航空奨励金、航空路設置費支給、航空輸送補助金などが逓信省予算に計上された。

昭和四年四月一日、航空郵便規則が施行され、航空郵便が制度化される。名称も「飛行郵便」から「航空郵便」に改められた。同日から、日本航空輸送株式会社による東京―大阪間一日二往復、大阪―福岡間一日一往復で運行される。表11に示すとおり、内地相互間の航空郵便料は封書一五銭、はがき七銭と決められ、それに封書三銭、はがき一銭五厘の基本料金が加算されたので、かなり割高となった。下り一便の予定発着時間は、東京発午前六時半―大阪着同九時四六分―大阪発同一〇時四〇分―福岡着午後二時半であった。飛行時間は大阪まで三時間一六分、大阪から福岡まで三時間五〇分であった。航空郵便開始を記念して、逓信省は記念スタンプを使用した。

前記航空路の開通と同時に、蔚山《ウルサン》―京城―平壌―大連線も開通した。かつて日本の植民地であった「外地」と呼ばれたところで、当時、大連が関東庁、その他朝鮮半島の都市が朝鮮総督府の管轄であった。いわゆる関東州と朝鮮とを結ぶ空路だ。大連発上り便は月・水・金の週三便、蔚山発下り便は火・木・土の週三便。両都市間を京城と平壌に途中着陸し約八時間半で飛行した。航空郵便料金は、朝鮮内相互間、朝鮮関東庁管内間はいずれも内地相互間の料金と同じであった。昭和四年六月には、福岡―蔚山間の航空路が開設され、東京から大連までつながった。コースは東京―大阪―福岡―蔚山―京城―平壌―大連で、東京を早朝に離陸し、蔚山で一泊、翌日午後に大連に着いた。上下各週三便であった。内地から朝鮮・大連宛の航空郵便料金は、表11に示すとおり、書状三〇銭、はがき一五銭で、それに基本料金が加算された。また、逓信省は昭和四年一〇月一日から航空切手を発行する。図案は芦ノ湖上空を飛行するフォッカー機、「芦ノ湖航空」と呼ばれる切手だ。額面は、航空郵便料と基本料金を合算した額で、内地相互間書状用一八銭、はがき用八銭五厘、内地外地相互間書状用三三銭、はがき用一六銭五厘の四種類。昭和八年に一部料金改定があり、内地はがき用九銭五厘

表11　航空郵便の基本料金　（昭和４年４月1日）

（銭）

| 区分 | | 航空郵便料 | 基本料 | 計 | 備考 |
|---|---|---|---|---|---|
| 内地相互間 | 書状 | 15.0 | 3.0 | 18.0 | |
| | はがき | 7.0 | 1.5 | 8.5 | |
| | | 8.0 | 1.5 | 9.5 | 注 |
| 内地朝鮮間 | 書状 | 30.0 | 3.0 | 33.0 | |
| | はがき | 15.0 | 1.5 | 16.5 | |

出典：航空郵便規則（昭和4年3月26日逓信省令第8号）第4条
注：昭和8年11月1日から内地相互間のはがき航空郵便料を8銭に改定。

の額面の切手も発行されている。

昭和七年三月に満洲国が建国される。外国にはなるが、実質的に日本の影響下にあった。山口修の論文によると、昭和七年一一月には新たに設立された満洲航空株式会社が、奉天―新義州間、奉天―新京―哈爾浜《ハルビン》間、哈爾浜―斉斉哈爾《チチハル》間の三路線に定期便を運行する。大連からこれらの空路に連絡させ、日満間の航空郵便サービスが実施された。その後、満洲国内の航空郵便は拡大され、昭和一五年には二三路線まで拡大し、錦州、黒河、満洲里、通化、牡丹江、漠河などの主要都市を結ぶまでになっていく。

台湾路線についてみると、昭和一〇年、福岡―那覇―台北間に定期航空郵便のサービスが開始され、翌年には台湾内において台北―台中―高雄間、台北―宜蘭―花蓮港間の二路線が開設される。昭和一四年、国際連盟からの委任統治地になっていた南洋諸島にも航空郵便線路が敷かれる。海軍飛行艇を改装した川西式四発飛行艇が就航し、横浜海軍航空隊の基地から飛び立ち、サイパン、パラオ、トラックなどの島々に郵便物を空輸した。

外地の話が続いたが、日本国内においても地方都市に延びる航空郵便線路が順次開設されていく。例えば、東京―新潟間、東京―富山―大阪間、大阪―高知間、大阪―鳥取―松江間、大阪―高松―松山間、松山―別府間、大阪―白浜間、東京―札幌間などが挙げられる。また、昭和六年八月、公共飛行場として羽田飛行場が完成した。完成に伴い、陸軍の東京立川飛行場にあった東京中央郵便局飛行場分室も羽田飛行場に移転した。羽田飛行場は東京府荏原郡羽田町大字鈴木新田字江戸見崎北ノ方の荒涼とした土地に建設されたが、当時、この地名から今日の東京国際空港に発展していくことを誰が想像できたであろうか。更に、昭和八年一一月から東京―大阪間で郵便物の夜間航空輸送が開始された。山の頂などに設けられた航空照明（山の燈台）を頼りに飛行する夜間飛行だ。上下各便とも午後五時出発・八時着のトワイライト便であった。

このようにさまざまな航空路が開設され、航空インフラも整備されていったが、郵便利用者のメリットを考えると、東京と大連との間のように距離があり、全ルートを空輸されれば、航空郵便の速さを実感できたかもしれない。しかし、内地では一区間を航空便で運ぶことができても、その他区間が陸路で連絡しなければならいことなどを考えると、普通便と航空便との時間差がそれほど大きく生じるわけではないので、国内の航空郵便が一般化するまでには至らなかった。国内で航空郵便が広く利用された国は、国土が広大で、普通便に比べて航空便のメリットがより大きく感じられるアメリカなど一部の国に限られていた。ただし、昭和一二年八月から、わが国では航空郵便が速達郵便に吸収される形で、速達郵便物は、空路の方が速いときには航空搭載することになった。航空搭載された通常郵便物は、昭和四年度約九万通、昭和七年度二七万通、昭和一一年度一八九万通と急伸していった。しかし、わが国は太平洋戦争に突入し、民間航空機が軍に徴用されたり、アメリカ空軍によって制空権が握られてしまった状態では、航空郵便の取扱も削減され、最後には停止してしまった。

少し時間を戻して外国宛の航空郵便の取扱をみてみよう。昭和に入ると、日本からアメリカやヨーロッパへの外国航空郵便サービスも制度化された。例えば、アメリカ西海岸までは船で郵便を運び、そこからアメリカの国内航空便を使うルートが開かれた。また、ヨーロッパ宛は大連まで日本の航空機で運び、そこからイルクーツクまで陸路で輸送し、イルクーツク—モスクワ—ベルリン間はソヴィエト連邦の定期航空で空輸した。シベリア経由であるが、ベルリン以遠のヨーロッパ諸都市へは各国の航空機で運ばれた。航空路線が開設されている部分は航空機を使い、未開設の部分は船や鉄道でつないで、少しでも速く郵便を届けようと努力した。料金もたいへん複雑で、路線ごとに細かく決められた。一例だが、昭和一二年のフランスまでの航空料が、チタ—モスクワ—ベルリン線九〇銭、ベルリン—パリ線一〇銭、国内諸線五銭で計一円五銭などと規定されていた。しかし、太平洋戦争の勃発と同時に、航空郵便のみならず、外国宛の郵便が大きく制限されて、戦局が悪化すると、事実上停止状態になった。外国郵便が再開されたのは、昭和二一年になってからのことである。

### 戦後の航空輸送

戦後長い間、日本では航空事業が一切認められない状態が続き、連合軍の占領下、ノースウエスト航空など外国勢七社が国際線に就航していた。敗戦の混乱が落ち着き朝鮮特需で日本経済が好転してくると、民間航空の復活、郵便物の航空輸送がはじまった。

戦後の国内航空郵便は記念フライトからはじまる。前出の『郵便輸送変遷史』によれば、昭和二六年四月二三日、郵便創業八〇周年記念行事の一環として、東京―大阪間に一往復の臨時航空便を飛ばす。パン・アメリカン航空のＤＣ４型キャスリー号に、往復で郵袋四個約二万通の郵便物を搭載。戦後はじめての航空機による郵便物輸送となった。当日、郵政省は記念スタンプを使用している。

また、昭和二七年二月二〇日には万国郵便連合加盟七五年を記念して、東京中央郵便局と都内近県各地を結ぶルートを、ヘリコプターが郵便物を空輸した。使用機はアメリカ軍ジョンソン基地から提供されたシコルスキーＨ５型四人乗りヘリコプター。東京中央―麻布（郵政省）―新宿―本所―千葉―土浦―大宮―八王子―横浜―川崎―東京中央の各郵便局を廻る。午前八時一五分離陸、午後一時四〇分に帰局した。総計一万二八三八通の郵便物を空輸する。郵政省はヘリコプター便の本格導入を検討したが、大蔵省の予算査定で認められなかったこともあり、実現されなかった。このように、占領下の郵便物空輸は記念フライトの域を超えるものではなかったが、それでも人々の話題に上り明るいニュースとなった。

昭和二七年四月二八日、対日平和条約が発効し、国内航空の自主権が回復される。その半年前の昭和二六年一〇月二六日、新生なった日本航空がノースウエスト航空に全面的に運行を委託する形で国内線が再開された。日本側は営業部門と客室乗務員《エア・ガール》を分担しただけであったが、同日、日の丸をつけた双発プロペラ機「もく星」号が乗客四〇人と一五六七通の郵便物を搭載し、羽田から伊丹、福岡に向けて飛び立った。同日、東京―札幌線も開設される。

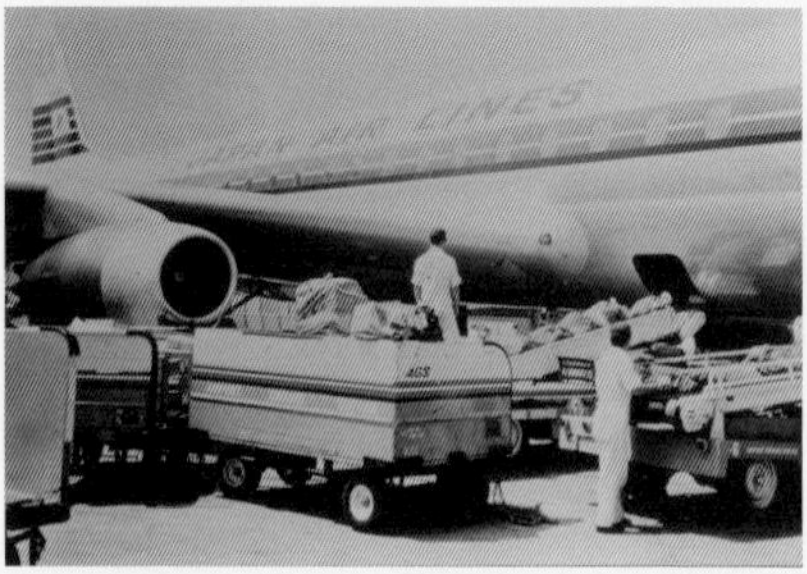

郵便搭載中の日航機（羽田、昭和41年）

戦後民間航空の再開、航空郵便の復活だ。この時の書状航空郵便の料金は二〇円であった。昭和二八年に航空郵便が速達郵便に統合される。国内航空路線は地方にも拡大され、昭和三〇年には大阪―高知線、大阪―米子線、福岡―宮崎線、東京―八丈島線、大阪―高松線が開設され、郵便物も搭載されるようになる。その後も地方空港の整備が進み、地方都市への航空路線が増えていった。

昭和三九年一一月に郵政審議会が郵便事業近代化に関する答申を出した。局舎施設の改善、局内作業の機械化、郵便番号の導入、航空輸送による翌日配達の確立などが答申されている。昭和四一年一〇月から、答申を受けた郵政省は郵便専用航空便を就航させて、専用機に普通郵便の書状やはがきの搭載を開始した。東京―札幌線は国内航空からＹＳ11を、東京―大阪線は日本航空からＤＣ６を、東京―名古屋―大阪―福岡線は全日本空輸からバイカウントの各機種をチャーターし、独自にフライトのスケジュールを組み、専用機を深夜時間帯に運行した。この結果、東京と大阪から差し出される全国主要都市宛の郵便物はほぼ翌日配達が可能となり、遠隔地や大都市間の郵便のスピードが大幅に向上する。開始二年後、大阪国際空港周辺の住民から夜間発着する専用機の騒音問題が提起され、住民訴訟の結果、大阪地裁は深夜早朝の離着陸を禁止する判決を出した。公共性よりも環境権を守ることが重要であると判断されたからであろう。昭和四九年一一月、郵便専用航空便が全廃され、一般旅客機を利用することになる。八年間の運行であった。

昭和五七年五月、東京中央郵便局と那覇郵便局との間で空陸一貫輸送が開始される。ジャンボ・ジェット機Ｂ７４７の登場により実現したもので、貨物搭載方式がバラ積みからコンテナ積みになり、積卸作業が大幅に省力化できるようになった。機体の大型化で搭載量も大幅に増え、加えて輸送コストも低下し航空輸送に一大革新をもたらす。自動車と航空機と自動車をつないで郵便局から郵便局にコンテナを直送できる。この方式は郵便輸送の面でも郵便のスピード化に大いに貢献した。搭載は速達小包や定形外の大型郵便物にも広がり、利用地域も、東京と札幌、大阪、福岡、沖縄の各空港間、続いて東京と旭川、函館、三沢、小松、松山、熊本、長崎、宮崎、鹿児島の各空港間にも拡大されていく。航空コンテナを陸上輸送する専門の株式会社日本エアメールも設立された。もはや航空輸送は特別なものではなく、いかに空と陸の輸送を組み合わせて最速の郵便輸送を実現していくかが、日々の運送業務になっていく。それが現代の郵便ロジスティックなのである。

最後に外国航空郵便についてふれる。赤と青の縞模様の縁飾りのある航空郵便《エア・メール》専用の封筒に、きれいな切手が貼ってある手紙。海外旅行がまだ夢のまた夢の時代、外国からの手紙が運んできた情報は見知らぬ世界に接することができる貴重なものであった。航空郵便は特別なものであったのである。その航空郵便が戦後再開されたのは昭和二一年であった。それはノースウエスト航空、パン・アメリカン航空、英国海外航空など外国の航空会社が日本に乗り入れていた航空機に搭載することからはじまった。日本航空がサンフランシスコ・ホノルル線を開設したのが昭和二九年二月、国際線進出の第一歩となった。少し横道にそれるが、当時、新しい国際航空路線が開設されると、開設した航空会社や郵趣家が初飛行カバー《ファースト・フライト・カバー》（ＦＦＣ）を作成した。それは新路線一番機に搭載した航空郵便の手紙（カバー）のことで、引受印と到着印が押されている。時差の関係で、到着印の日付が引受印の日付の前日になる場合があり、そんなことを愉しんだ。カバーを並べてみると、国際線の発展過程が甦《よみがえ》ってくる。

再開直後の航空郵便料金は非常に高いものであった。しかし、航空機の大型化が進むにつれて貨客の航空運賃も低減し、そのことを反映し航空便の料金も低下していった。わが国の書状航空便の例をみると、昭和二五年のアメリカ宛の航空便は八三円、国内書状が八円であったから約一〇倍もの高い料金であった。平成二九年現在、航空便一一〇円、国内書状八二円だから一・三倍。その間の値上率は、航空便が一・三倍、国内書状が一〇倍となった。

表12　国際郵便物数の推移

（千通、%）

| 区分 | 年度 | 船便 | 航空便 SAL | 航空便 航空便 | 航空便 EMS | 航空便 計 | 総計 | 航空便の比率 |
|---|---|---|---|---|---|---|---|---|
| 差立 | 昭21 | — | — | — | — | — | 2,642 | — |
| 差立 | 昭23 | 2,835 | 0 | 2,001 | 0 | 2,001 | 4,836 | 41% |
| 差立 | 昭31 | 10,418 | 0 | 20,788 | 0 | 20,788 | 31,206 | 67% |
| 差立 | 昭41 | 26,179 | 0 | 60,103 | 0 | 60,103 | 86,282 | 70% |
| 差立 | 昭51 | 14,462 | 0 | 79,846 | 0 | 79,846 | 94,308 | 85% |
| 差立 | 昭61 | 11,799 | 170 | 95,686 | 298 | 96,154 | 107,953 | 89% |
| 差立 | 平8 | 11,537 | 2,064 | 108,792 | 5,431 | 116,287 | 127,824 | 91% |
| 差立 | 平18 | 7,186 | 8,318 | 50,085 | 10,067 | 68,470 | 75,656 | 91% |
| 到着 | 昭21 | — | — | — | — | — | 978 | — |
| 到着 | 昭23 | 2,904 | 0 | 1,869 | 0 | 1,869 | 4,773 | 39% |
| 到着 | 昭31 | 15,721 | 0 | 19,922 | 0 | 19,922 | 35,643 | 56% |
| 到着 | 昭41 | 35,912 | 0 | 57,259 | 0 | 57,259 | 93,171 | 61% |
| 到着 | 昭51 | 34,501 | 0 | 77,820 | 0 | 77,820 | 112,321 | 69% |
| 到着 | 昭61 | 27,785 | 0 | 106,547 | 202 | 106,749 | 134,534 | 79% |
| 到着 | 平8 | 16,410 | 86,892 | 194,307 | 4,342 | 285,541 | 301,951 | 95% |
| 到着 | 平18 | 4,481 | 21,193 | 170,914 | 5,685 | 197,792 | 202,273 | 98% |

出典：日本郵政公社郵便事業総本部
注：書留、小包などを含む。SALはエコノミー航空便、EMSは国際スピード郵便を示す。

航空便の基本重量が一〇グラムまでであったものが、二五グラムまでに引き上げられていること、また、物価上昇（インフレ）を考慮すると、航空便の料金は大きく下がっている。

また、航空便の新しいサービスが登場し多様化してくる。一つは普通の航空便よりも速い超特急便の航空便。補償も付いている。昭和五〇年に国際ビジネス郵便としてイギリス、ブラジル、香港との間でスタートした。現在、国際スピード郵便《エクスプレス・メール・サービス》（EMS）と呼ばれている。世界主要都市を最速で結んでいる。東京―ニューヨーク間の所要日数は三日前後。追跡調査も自宅のパソコンからできる付加価値もついている。ただし、料金については、平成二八年六月から、例えばニューヨーク宛の最低料金が一二〇〇円から二〇〇〇円に値上げされなど、大幅な料金改定が行われた。ＥＭＳの料金は、サービスの質が異なるが、民間外資系国際クーリエ会社の料金よりも割安感があるといわれている。

もう一つはエコノミー航空便《サーフィス・エア・リフティッド》（ＳＡＬ）である。昭和六〇年から取扱を開始したもので、船便よりも速く、普通の航空便よりも安いサービス。日本国内と到着国内では船便として扱われ、両国間は航空機で輸送される。ただし、輸送は航空機の空きスペースを利用するので、正確な所要日数を事前に把握することが難しい。料金設定の関係で、ＥＭＳとＳＡＬの料金が逆転するケースがあるので、利用には料金の比較検討が必要となる。なお、「外国郵便」の呼称が「国際郵便」に変更されたのは、昭和六三年七月一日からであった。

戦後六〇年間の外国郵便物数の統計（表12）があった。昭和二一年度は復員郵便（終戦直後の軍事郵便に代わる制度であるが、実態は軍事郵便の機能を使ったもの）の数字である。以下、航空便の比率をみていこう。内訳がはじめて表示された昭和二三年度は、差立四一パーセント・到着三九パーセントであった。航空便の比率は差立到着ともほぼ四割で半数に満たなかった。それが平成一八年度になると、差立九一パーセント・到着九八パーセントとなり、いずれも九割を超えている。特に到着便では、船便の比率が二パーセントまで低下した。このように、航空便は普通の郵便となり、むしろ船便の方が珍しい存在になってしまった。

# 第13章　通信事業特別会計の成立

## 1　一般会計時代の通信事業

昭和九年四月一日から通信事業が一般会計から切り離されて特別会計になった。逓信省にとっては永年の宿願が適ったことになる。特別会計の意義を今日的に述べれば、例え国の事業であっても資産と負債を把握し、収支を正確に記録し、適正な決算を行う。利益は事業設備の更新などに使い、また、将来の投資に備えて計画的に積み立て、更には料金引下げの財源とする。そのようなことを特別会計であれば正確に経理し完結させることができる。だが、実現した通信事業特別会計は年度ごとに一般会計への巨額の納付金が義務づけられた。ここではまず特別会計成立前の一般会計時代の通信事業の状況についてみていこう。

### 緊縮消極財政

逓信省が所管する簡易生命保険と郵便年金については、それぞれ特別会計を設けてすでに実施されている。昭和初期、通信事業とは郵便・電信・電話・郵便為替・郵便貯金のことをいう。為替と貯金を通信のカテゴリーに含めることには違和感があるが、これら五事業が新たに特別会計の対象となった。通信事業が特別会計になる前、郵便料金などの事業収入は一般会計の「歳入」として、俸給や業務費などの事業支出が一般会計の「歳出」として国の予算に計上されていた。事業者たる逓信省にとって、歳入額から歳出額を差し引いた額は剰余金（利益）として取り扱いたいところであるが、財政上、いわゆる税収と考えられていた。かつての郵税の思想が底流にあったのかもしれない。昭和八年度の収支差額は七七九〇万円。この一部でも稼ぎ頭の電話事業に注ぎ込み、電話申込みの積滞（申込みがたくさん溜まっていること）を解消するための設備投資に振り向ける。そうすれば通信事業がより利益を上げることができたのだが、それができなかった。反対に、事業の可能性にかかわりなく、歳出の内容が一般会計の予算編成方針によって押し並べて査定される。

例えば、逓信省担当の新聞記者であった内海朝次郎の『通信特別会計の生まれるまで』によれば、緊縮消極財政で臨んだ昭和七年度の予算編成では、大蔵省は、本省の郵務局と電務局の合併、現業員一八万人の五分整理、非現業員一割整理、物件費一律一割カット、その他二〇〇〇万円のカットという大規模な整理案を逓信省に対して内示してきた。

表13　通信事業収支推移

（千円）

| 年度 | 収入(A) | 支出(B) | 収支差額(C) | B/A |
|---|---|---|---|---|
| 大13 | 201,400 | 192,100 | 9,300 | 95% |
| 大14 | 224,700 | 210,400 | 14,300 | 94% |
| 大15 | 234,400 | 224,300 | 10,100 | 96% |
| 昭2 | 244,200 | 217,500 | 26,700 | 89% |
| 昭3 | 242,700 | 204,000 | 38,700 | 84% |
| 昭4 | 251,700 | 216,400 | 35,300 | 86% |
| 昭5 | 240,200 | 187,300 | 52,900 | 78% |
| 昭6 | 248,700 | 169,900 | 78,800 | 68% |
| 昭7 | 268,700 | 179,400 | 89,300 | 67% |
| 昭8 | 267,300 | 189,400 | 77,900 | 71% |

出典：牧野良三『特別会計となった通信事業』44ページ.

**従事者の負担増**

それでは、一般会計時代の通信事業の実態をみてみよう。それについて、当時の逓信政務次官であった牧野良三が『特別会計となった通信事業』のなかで、特別会計導入直前一〇年間の通信事業収支を分析している。**表13**の収支差額をみると、ほぼ毎年増加しているが、その原因は収入の増加というよりは、むしろ支出が削減され減少したからである。右の欄に収入に対する支出の割合を示すが、一〇年間、その割合がほぼ毎年低下している。これは取りも直さず緊縮財政が続いた当時の様子を端的に表している。通信事業にとっては、必要な経費までも削って剰余金を出して国庫に納めていたのだから、事業現場の疲弊は極限にまで達していた。

まず従事者の負担増。増加する業務に対して増員ではなく一律カットがかかり、その結果、一人当たりの業務量が増加していった。昭和七、八年の調査と思われるが、平均労働時間でみると、郵便配達員は地方一一時間、都会九時間二〇分。三等郵便局の吏員は一一時間二〇分、鉄道郵便の積卸担当者は一〇時間四〇分になっていた。加えて休暇もほとんど取れない状況にあった。

郵便自動車と郵便馬車
（新橋駅、大正10年頃）

他方、給料をみると、通信事務員は地方三二円・都会三五円、女子事務員は二七円、郵便配達員は都会四三円、農村三二円などとなっていた。民間工場労働者が月五〇円程度というデータがあるが、それと比べてみても、通信事業の従事者の給与はかなり低いレベルに抑えられていたといえよう。待遇改善どころか人員削減や賃金カットが続き、嫌気をさして離職する者さえ出てきた。だから従事者のモラル低下が避けられない。薄給故のためであったろうが、保険や貯金にかかわる犯罪が起こることもあった。そのような労働環境では、優秀な人材確保は難しい。

**陳腐化する通信資産**

次に設備や構築物の劣化。日々のメンテナンス費用でも事欠くありさまであったから、設備の老朽化が随所で発生していた。例えば、電柱の取替が必要なものは一〇年間で全体の三割六八万本もある。海底ケーブルも故障が多く、昭和七年度には故障が八一回に及び一回当たり平均六一日も通信回線の不通が続いた。この改善も急務。国有の郵便局舎（一八四局）は洋風建築で最先端をいっていたものもあったが、築三〇年以上が四二局、二〇年以上が三四局ある。スペースも狭くなり、土台などが朽ちてきた局舎も多い。それらの修理改築も問題であった。

更に新規投資の凍結。新しい分野へ投資を行い、そこから利益を紡ぎ出すことができるのに、予算がないため実行できなかった。電話設備の投資停滞が代表例かもしれない。昭和七年一月現在、わが国の電話架設台数は九二万台、電話申込みの積滞数が一七万台もあった。そのため電話を売買する人まで現れて、電話相場も立つ異常な状態になっていた。それに電話の架設が実現したとしても高額の工事負担金が求められる。庶民には電話は高嶺の花であった。国際比較をすると、同年の電話普及台数がアメリカ一九六九万台、ドイツ三一一万台、イギリス二〇八万台、カナダ一三六万台で、日本はいずれの国にも及ばない。都市別でみても、サンフランシスコでは一〇〇人中四〇人が電話を持っている。以下、ニューヨーク二五人、パリ一四人、ベルリン一二人、ロンドン九人に対して、東京は四・五人にとどまっている。外国の数字と比較するまでもなく、電話の需要は確実にあり、みすみす得べかりし利益を逃していたのである。

以上のことを抜本的に解決するためには、通信事業の支出を行政経費という概念で一律に原則査定される一般会計では実行が不可能である。解決には、事業体として剰余金を活用し再投資ができるような収支一体で経理できる特別会計への移行が不可欠であった。

## 2　特別会計成立までの道程

昭和九年四月に通信事業特別会計が誕生したが、そこに辿り着くまでに逓信省は長い棘《いばら》の道を歩んできた。通信事業からの剰余金を重要な財源と考えていた大蔵省が簡単に特別会計を認めるわけがない。逓信省がどのような構想を描き、大蔵省とどのような交渉を重ねてきて、永年の念願であった特別会計を成立させたのであろうか――。ここでは、前掲内海の著書や石井寛治の論文などを参考にしながら、以下に、明治・大正・昭和の各時代にわって行われてきた両省の交渉経緯を整理しておこう。

**明治時代**

通信事業の特別会計構想を繙《ひもと》いてみれば、明治四年にスタートした新式郵便の準備段階にその萌芽がみられる。前島密は『郵便創業談』のなかで、郵便を別途会計にすれば新規の郵便線路拡張費もそこから出すことができる、という趣旨のことを述べている。この時期、前島が特別会計の設置を具体的に意図していたとは思わないが、この別途会計はまさしく特別会計に相当するものであろう。

開始時期がはっきりしないのだが、逓信省内では特別会計に関する調査研究はかなり前から進められていた。日清戦争終結後の明治二九年頃になると、電話事業に限って特別会計にするという構想が浮上してきた。背景には、急増する電話需要に早急に手を打たなければならない状況になっていたこと、また、議会で否決されたものの前年に電話事業の民営化が建議されたことなどがあったからであろう。この時、次官経験者の野村靖逓相に推進役の期待が高まったが野村は動かず、電話事業の特別会計は実現しなかった。

日露戦争終結後の明治四〇年度の予算編成時に特別会計の交渉が行われている。詳しい内容は不明だが、阪谷芳郎蔵相が反対して実現しなかった。理由は、通信事業は営利事業ではない。国家は文化施設として損得の概念を超越して経営すべきものだ。通信施設の普及改善が必要ならば租税財源を以てしても、その実現を図るべきである、というものである。通信事業からの収益を政府が吸い上げげってしまっている事実を棚上げしての詭弁に近いものであり、逓信省には到底受け入れられる理由ではなかった。逓信省で主導したのが小松謙次郎通信局長で、通信局庶務課のメンバーとともに毎日徹夜の作業で準備を進めた、と伝えられている。

## 大正時代

第一次世界大戦終結後の大正七年頃にも、田健治郎逓相の命令により中川健蔵通信局長が、特別会計について大蔵省と折衝している。折衝は最終局面までには至らず、米騒動の勃発で内閣が倒れ特別会計は流産した。これより少し前だが、ある経済雑誌に通信事業拡張が急務であるとする社説が載った。当時の通信事業の状況がわかるので紹介しておこう。社説曰く、二、三日で着くべきはずの郵便が何処で何したものか一五日もかかったり、二、三時間で着くべきはずの電報が一日も二日もかかったり、電話といえば、幾度呼んでも交換手が出ないし、出たかと思えば番号を間違えたり、繋いだかと思えば話の途中に切ったり、との不平の声が毎日のように聞かれる。当局は、申込みが激増し交換局が常に多忙のため、それに交換手が不慣れ者が多いので、我慢してもらいたいと嘆願《たんがん》する。これには多少恕《ゆる》すべき処があるとしても、電信当局者は電信（電報）が遅いのは、電信線輻輳のため、鉄道便で郵送するからだなどと放言するに至っては、不信を責めずにはいられない。立派な詐欺ではないか――。論説員の怒りの声が聞こえてくる。社説から当時の通信事業が大幅な要員不足と設備不足に喘《あえ》いでいたことが読み取れる。

特別会計に関する大蔵省との主だった交渉が日清・日露、そして第一次世界大戦のそれぞれ終結後に行われているが、もちろん逓信省においては特別会計の調査研究が継続的に行われ、さまざまな案が検討されてきている。大正一四年には、逓信政務次官だった頼母木桂吉らの努力により浜口雄幸蔵相から、翌年暮れの議会で特別会計の実現に努力するという言質を得た。その後、浜口が内相に横滑りしたため、この言質は反故になった。このように明治、大正にわたり特別会計の話は出てきては消えていった。

## 昭和時代

昭和二年四月、逓信省は省内に特別会計実施予備調査会を設置する。特別会計に関する基本調査をはじめ、通信

表14　通信事業収支試算

（千円）

| 科目 | | 減損償却費法 | 取替費法 |
|---|---|---|---|
| ①事業収益 | 郵便 | 31,000 | 31,000 |
| | 電話 | 52,700 | 52,700 |
| | 電信 | △ 8,500 | △ 8,500 |
| | 為替貯金 | △ 7,000 | △ 7,000 |
| | その他 | 270 | 270 |
| | 小計 | 68,470 | 68,470 |
| ②戻入繰入 | 貯金事務取扱費 | 6,000 | 6,000 |
| | 減債基金繰入<br>恩給費負担金 | △ 12,780 | △ 12,780 |
| | 小計 | △ 6,780 | △ 6,780 |
| ③振替後の収支差（①－②） | | 61,690 | 61,690 |
| ④財産 | 減損償却費 | △ 77,000 | 0 |
| | 取替費 | 0 | △ 28,800 |
| | 小計 | △ 77,000 | △ 28,800 |
| 剰余金(③－④) | | △ 15,310 | 32,890 |

出典：内海朝次郎『通信特別会計の生まれるまで』59-60ページ.
注：昭和5年度の予算をベースに試算する.

事業の係数調査、将来収支、拡張計画などを調査することを目的とした。事務方の意気込みとは裏腹に、特別会計に消極的な逓信大臣が続き調査は停滞を余儀なくされた。

特別会計の試算　昭和四年七月に小泉又次郎が逓相になると、今井田清徳事務次官の下で昭和五年度予算をベースに通信事業収支の試算が作られた。**表14**がそれである。減損償却法と取替法の二つの方法により剰余金がどの程度確保できるか計算している。つまり一般会計に納付できる金額を見極めているのである。いずれの方法でも事業収支と戻入繰入の数字は同じで、最後の財産の数字のところだけが違う。事業収支をみると、郵便と電話は黒字、電報と為替貯金は赤字で相殺すれば六八四七万円の黒字になった。戻入繰入では、預金部から貯金事務取扱費の戻入があり、一方、特別会計から減債基金繰入と恩給費負担金を別会計に繰り入れする必要があるので、差引六七八万円のマイナスが生じる。

その結果、戻入繰入後の収支は六一六九万円になる。最後に財産の減損償却（減価償却）を行う必要がある。財産評価額は約五億四〇〇〇万円で、民間企業の決算方法と同じように年間償却費を計算すると、約七七〇〇万円になる。その結果、剰余金はマイナスになり一般会計への納付金が出せない。特別会計とはいえ、一般会計への納付金を前提に剰余金が出るように設計しなければならい。そこで着眼したのが取替法の採用である。例えば、郵便ポストや電話交換機などを取り替える分だけ取替費として費用に計上する。試算では取替費を二八八〇万円と見積もったので、これで剰余金を三二八九万円出すことができた。検討を重ねて完成させた特別会計法の草案には「事業資金の補足は剰余金を充てる。ただし、不足する場合には公債発行又は借入によることができる」（要旨）という条文はあるが、納付金に関する規定はない。

**電話民営化案**　昭和五年五月、前記の特別会計の試算と法律草案がほぼ完成に近づいた時に、突然、調査打切りと電話民営化計画の策定が決定された。背景には、蔵相の井上準之助が行った緊縮財政と公債不発行の方針堅持があり、逓信省にとっても最重要課題である電話拡張計画が実行予算上で五万台から三万台に縮小されるなどの大きな影響が出ていた。小泉逓相ら逓信トップとしては、政府の財政方針を踏まえ通信基盤を拡張していくには、財政に頼らず民営で行くしかないと判断した。苦渋の選択である。財務当局との度重なる折衝の末、予算措置を講じず電話民営化法案を議会に提出することに一旦決まったが、その後、予算抜きでは実効性が伴わないなどの意見が出て、逓信省は法案を撤回せざるを得なくなってしまった。挫折が続く。

**特別会計に戻る**　昭和六年九月、新たに事務次官になった大橋八郎は、小泉逓相の同意を得て、通信事業特別会計制度調査会を発足させた。本道の特別会計に戻ったわけである。逓信省は一〇月一一日、新たな電信電話拡張計画案とともに特別会計設置の成案を大蔵省に提出した。一般会計への納付金は毎年度平均九〇七〇万円とし、それ以降は毎年度逓減させて一三年後にはゼロとする。だが財源確保に奔走している大蔵省は、納付金を永久的にすることを逓信省に求めてきた。この年も特別会計は実現しなかったが、小泉逓相が予算閣議で昭和八年度実現を強く主張し、これに井上蔵相も歩み寄り「八年度実現」の代わりに「速やかに実施」の表現で閣議決定された。紙一枚でつながる。

昭和七年五月三日、逓信省は前年度と基本的に同じ内容の特別会計案を大蔵省に提出する。その直後、首相の犬養毅が暗殺され、斎藤実が総理になる。逓相には南弘が就き、蔵相は高橋是清が留任した。この時期に、積極財政を進める高橋蔵相が郵便貯金の利下げを実現したいと南逓相に働きかけてきた。逓信内部では利下げは貯金者の利益に反するため簡単に賛成はできない。しかし表向きにはなっていないが、特別会計との同時決着を目指す材料として省内で検討したに違いない。果たせるかな、六月二〇日に南逓相が高橋蔵相を訪れた翌日、『東京朝日新聞』には「郵貯利下げに蔵相逓相諒解成る。通信特別会計の設置を交換条件に」という記事が載った。二ヵ月後、四・二パーセントから三パーセントへの引下げが正式に決まった。

**最終盤の交渉**　一方、特別会計については、昭和七年一〇月、大蔵省から承認の条件が逓信省に回答された。その内容は、①納付金を昭和八年度九四〇〇万円、以降各年度逓増させ昭和一一年度に一億三〇〇万円、昭和一七年度まで一〇年間に計一〇億円（年平均一億円）を一般会計に繰り入れること。その後、一般会計の財政状態が良好とならない限り、この繰入を行うこと、②郵貯の利子は大蔵省預金部から直接支出し、取扱費だけ年間八七〇万円を一般会計から特別会計に支払う、③郵貯利子の決定権は今後大蔵大臣の権限とし、実施時期のみは取扱上の都合から逓信大臣と協議して決定する、などというものであった。提示された納付額一億円は、昭和八年度の国家予算が約二三億円規模であったから大きな財源となる。更に、この期に乗じて郵貯利子決定権を逓信省から大蔵省に移そうというものであった。大蔵省の論理だけが罷り通る内容であった。

大蔵省の条件に対して、逓信省では激論が交わされたが、①の後段については昭和一八年度以降の繰入金は最終年度の繰入額から相当額を漸減すること、その時の財政状態の如何によって最終年度の繰入額を限度として相当考慮する、②については実際の支払利息に〇・三五パーセントを上乗せした金額を預金部から受け取る、③については特別会計とは別問題である、などと回答した。両省間で折衝が繰り返され、昭和七年一二月三〇日、大臣・次官レベルで意見の一致をみた。その内容は、一般会計への納付金額は昭和七年度予算の収支差額を基礎とすること、納付金の最高額を明示すること、利子決定権は別個の問題とすること、郵貯の取扱額は八七〇万円を最低とし、今後の増減は預金額に比例すること、などと合意される。現実を踏まえた内容となった。翌年二月一七日、国会の会期が迫るなか、あくまで反対する大蔵省主計局が、一般会計の都合により郵便料金を値上げする場合には納付金を増加すること、従事者の待遇改善は予め大蔵省と協議すること、などという新たな条件を突きつけてきた。

**高橋蔵相の決断**　翌日、南逓相は高橋蔵相に最後の直談判に臨む。その様子を後日座談会で南が話している。以下にそれを引用するが、高橋の政治決断で大蔵の事務方首脳の抵抗を最終的に終わらせたことが読み取れる。

最後に二月中旬のある日の夕方だったよ。電話で都合をきくと高橋さんはこれから風呂に入るから四時か、五時頃に来てくれと云うのでなんでも四時半頃に行った。……そこで「こう云う訳で困るから更に一つ次官をこゝへ呼んで、貴方の前で解決して貰はなければ最早や議会の日数がないので困ります。実はこう云う高圧的なことをするのは嫌だが、満策尽きて又貴方のところに来た」と云ったところ高橋さんは、彼の老体が自分で電話口へ行って黒田君［黒田英雄大蔵事務次官］に直ぐ来いと云うことになった。丁度藤井［真信］君（主計局長）もやって来て相談したのだが、黒田君は大蔵大臣に直接に持ち込まれては困る。どうも大臣が直接こう云うことに関与されては困ると云ったが、君そんなことを云わずに時日がなくて困るから、と云うことでバタバタと話しがきまった訳だ。まあ何だ、その外こう云う風にとか、あんな風にしろと大橋君［逓信事務次官］に色々書いて貰っては行ったが、大蔵大臣はもうそんな小さいことはどうでもよいじゃないかと云うので、御尤もでござると云わざるを得ないと云う始末さ。

（内海朝次郎『通信特別会計の生まれるまで』二九三―二九四ページ）

南逓相から直談判の話を聞いた大橋次官は、夜遅くまで待機していた関係局長ら一同に内容を伝えた。次官は、大臣がたいへん努力され、法案に納付金の最高額「〇〇〇円以内」と明示する、直ちに法案を議会に提出することが約束されたことを報告し、郵便料金と待遇改善の問題は時々の問題として交渉の余地を残してきたとのことであるとの大臣の話を伝えた。昭和八年二月二三日、通信事業特別会計法案が衆議院に提出された。二五日に衆院本会議に上程、委員会審議を経て三月七日に衆院を通過した。翌八日に貴族院本会議に上程され、委員会の審議を経て三月二〇日貴族院で可決成立した。この日夕刻、逓信省では、次官以下関係局課長をはじめ担当官やタイピストも高等官食堂に集まって、それぞれの苦労をねぎらい合った。法律の公布は四月一日、施行は翌年四月一日からとなった。ここに逓信省の明治以来の懸案であった特別会計が実現することになったのである。

## 3　特別会計の概要

最後に、施行された通信事業特別会計法の内容について整理しておこう。この特別会計の対象となる事業は、郵便・電信・電話・郵便為替・郵便貯金の各事業である。以下、項目別に記す。

**納付金**　一番の争点は一般会計へ繰り入れる納付金の額であった。内海は著書のなかで「納付金」を「奉納金」と書いているが、言い得て妙である。法律では、毎年度八二〇〇万円以内で予算で定める金額を一般会計に納付しなければならい、と定められた。昭和九年度の納付額は七八〇〇万円となったが、年度の利益の全額を一般会計に繰り入れなければならいほどの数字である。それに公債の元利償還金と恩給負担金も加わるから、一億円前後の金額が一般会計に流れていく計算になる。以内ということで、納付金の額に歯止めがかかっているものの、通信事業にとっては大きな重荷を背負わされる形となった。

**拡張改良費の捻出**　剰余金のほとんどを一般会計に繰り入れてしまったら、どのように設備の拡張改良の費用を捻出すればよいのだろうか。法律では、費用は剰余金と電信電話の建設寄附金と工事負担金を充て、それでも不足する場合には電信電話設備の拡張改良費の不足分について公債発行か借入で資金手当をすることができる、と定められた。電信電話に限って資金の外部調達が認められた背景には、電話が一番の稼ぎ手であり拡張することによって収入を増加させ、返済資金を確保し剰余金も出せると考えられたからであろう。要するに、剰余金は一般会計に奉納し国家財政を助けた上で、後は借入金で事業を拡張し自力で通信事業を更生していく、ということである。悲壮な覚悟である。

**三勘定**　特別会計は資本勘定、用品勘定、業務勘定の三つの勘定で構成されている。事業経理とはいえ、民間の会計方式とはかなり異なる概念である。田原啓祐が論文のなかで詳細に分析しているが、きわめて大雑把にいえば、資本勘定は貸借対照表と収支計算書を合わせたもの。借方に固定財産、用品勘定と業務勘定への交付資金など、貸方に資本などが計上される。ここまでが貸借対照表の役目を果たす。その下が収支計算書で、用品勘定と業務勘定の増減、両勘定からの過剰繰入、固定財産の増減、借入資本の増減などが計上され、通信事業特別会計の収支が計算される。

用品勘定は用品の在庫・出納の役割を果たすいわばインベントリ。購入資金は資本勘定から受け入れて、適時適切に用品を調達し配給する流れを会計的に記録する。用品のストックは運転資金とみなした。業務勘定の歳入には各事業の料金収入などが、同歳出には業務費と一般会計納付金などが計上されている。納付金が業務勘定に計上されていることに注目しておきたい。確かに会計的には必要経費かもしれないが。また、固定財産は減損償却法ではなく取替法で計算されている。

## 4　まとめ

昭和九年度から特別会計がはじまった。その後、通信事業にどのような変化が出てきたのであろうか。設備改良費など新規実行予算をみると、昭和八年度までは三〇〇〇万円弱であったものが、翌年度以降、四〇〇〇万円、五〇〇〇万円、七〇〇〇万円と大きく伸びていった。特別会計開始から四年間で、郵便関係では、郵便局が一五二七局（うち一・二等局が七二局）新設され、一万二一三八局になった。また、昭和一〇年一〇月から速達・航空郵便の取扱地域が拡張される。その結果、同じく四年間で速達郵便物数は三・八倍の二一一四万通に、航空郵便物数は六・六倍の三二一万通に増加した。更に、逓送関係では自動車輸送に力を入れ、自動車郵便線路は一・三倍の二万一五五九キロになる。このように特別会計導入後、郵便サービスの向上に向けて目に見える改善がなされていった。もちろん十分ではないが、このようなサービス改善は特別会計の導入成果といえよう。一方、従事者の処遇改善では、定員の大幅増員（三年間で約五〇〇〇人）、永年勤続者の月給制採用、郵便内勤定員の基準見直し、兵役期間の郵便事業勤務日数への算入などの改善が図られた。だが、一人ひとりの従事者にとっては賃金はあまり増えず、地域間格差も是正されなかった。

国会審議では、従事者への処遇改善にも意を注ぎ手当もできるだけ支給されたい、との意見も出されていたし、牧野逓信政務次官は政府答弁のなかで郵便配達人の窮状を説明している。それを要約すれば、東京の郵便配達人の一回の基準携行重量は一貫八〇〇匁（約七キロ）というが、だが朝一号便の配達量は平均七貫目（約二六キロ）になっている。右から左にかけ鞄をかけその口が開いている。左から右にはズック袋をかけている。背中には行嚢を背負っている。それで規定では一時間に二里以上を歩いて配達せよ、というけれども、とてもできない。せめて一号便の配達が出勤前の八時半までに届くように、そして一回の配達量が七貫目ではなく、せめて三貫五〇〇匁までにこの一〇年間でしていきたい、それが念願である、と次官は述べた。逓信省は、新規実行予算の九五パーセント以上を奉納金のために利益が見込める事業設備の拡充やサービス改善のために使い、個々の従事者の処遇改善のための予算にまで手がまわらなかった。

わが国の通信事業特別会計の設置を巡る大蔵省と逓信省の関係をみると、実は、郵便先進国のイギリスの大蔵省《トレジャリー》と郵政省《ジェネラル・ポスト・オフィス》との関係に非常によく似ているように思う。アメリカの学者が、イギリスの一九世紀後半の国税・関税・郵税の徴収率、すなわち徴収した金額から徴税コストを差し引いたネット徴収税額、その比率を比較している。それによると、国税九六パーセント、関税九五パーセント、郵税二九パーセントであった。換言すれば、郵税の徴税コストが七一パーセントもかかったことになる。国税と関税はまさに税金であり、ほぼ徴収職員の賃金だけで済む。だが、郵税というか郵便には手紙を集めて運んで配達する費用がかかるのだから、コストが高いの当然である。また、植民地省職員の年収が平均六二三ポンドなのに、郵便職員の年収は平均三六三ポンドと抑えられていた。かのローランド・ヒルは何をするにも大蔵省の承認が必要であったと嘆いている。ちなみに、わが国の昭和九年度通信事業の収入に対する奉納金の比率は約二八パーセント。偶然の一致であろうが、イギリスの郵税の徴収率とほぼ同じ比率であった。

# 第14章　太平洋戦争と郵便

## 1　戦時下の郵便

昭和に入ると、対外的には協調外交が行き詰まり、国内では経済不況が深刻化し、軍部が台頭してくる。昭和三年に軍部が起こした張作霖爆殺事件をきっかけに、柳条湖事件、満洲事変と続き、本格的な日中戦争に発展していった。昭和一一年には急進的な陸軍青年将校が反乱を起こし内大臣らを殺害する、いわゆる二・二六事件が起きた。その二年後、物資や労働力を戦争のために全面的に動員するための国家総動員法が施行された。日米交渉が行き詰まり、昭和一六年一二月、太平洋戦争に突入する。日本軍は緒戦こそ戦果を上げたものの、物量に勝るアメリカ軍を中軸とする連合軍に敗北し、昭和二〇年八月に終戦を迎える。戦時下、郵便事業でも従事者の応召や勤労動員、郵便事業収入の軍事費繰入、不要不急のサービス停止などの措置がとられ、戦争末期には郵便そのもののサービスが崩壊の危機に瀕していった。これらの点について、この章で検証していこう。

### 郵便サービスの低下

戦時下の郵便はさまざまな面に影響が出てくる。書留などの特殊取扱の郵便が増加したこと、年賀郵便や外国郵便などが停止され、また、郵便の検閲もはじまった。

**書留と速達**　戦時下の昭和九年度と昭和一七年度の郵便引受物数を比較してみる。内国通常郵便物は三八億通から四二億通になり一・一倍になった。一方、書留郵便物は六二〇〇万通から一億一四〇〇万通に達し、ほぼ倍増の勢いである。書留郵便物の伸び率が通常郵便物と比べると際だって大きい。それについて、『郵政百年史』は、戦時体制になってからの書留郵便物の急激な増加は、郵便業務に対する国民の不信感が増大した結果である、と分析している。背景には、普通郵便では不安なので、為替を送るときだけではなく、ちょっと大切な手紙を送るときでも、書留を利用する人が増えた事情がある。そのため、要員不足が恒常化していた郵便局にとっては、手間のかかる書留の増加はしばしば業務の停滞を招いた。

昭和一二年四月から速達郵便が全国どこでも送受できるようになった。長らく国民から要望の多かった速達の全国展開が郵便料金値上と特別会計実施により実現したのである。初年度は二〇〇〇万通、昭和一七年度には八六〇〇万通になり四・三倍と急増した。速達増加の理由も書留の場合と同様に、当時の郵便配達が要員不足で遅れがちであったため、普通の手紙であっても、利用者はやむを得ず速達で差し出すことが多くなっていったからである。以上のことから、戦時体制下の郵便は、何時《いつ》届くかわからないし、時に届かなかったこともあったことが推定できる。この時代、もはや正常な郵便業務の遂行が不可能になっていた。

**小包などの規制**　戦争が長期化するに従って、郵便従事者の不足や輸送手段の確保が深刻となり、同時に郵便も戦争遂行のために主眼が置かれるようになってきた。そのため昭和一五年以降になると、一般人の郵便利用が抑制され規制されるようになっていった。まず、当分の間と断りを入れて、お正月の国民の楽しみであった年賀郵便の取扱が停止された。戦時下では年賀状どころではなかったのである。市内郵便は廃止、手間のかかる代金引換郵便や集金郵便も停止される。

小包郵便は停止にはならなかったものの、大幅に規制される。それには少し説明がいるのだが、昭和一五年当時、米や砂糖などが切符制になり都会では物資が不足がちになってきたが、地方には食料品など物資がまだあった。だから小包郵便物が地方から都会に向かって殺到した。これを押さえるために、米と木炭を小包で送ることを禁止し、加えて、小包の最高容量を六〇立方センチから五〇立方センチに、最高重量を六キロから四キロに引き下げる。同年暮れには、リンゴやミカン、鮭や鱒なども小包では送ることができなくなった。手紙やはがきと比べると、小包の取扱には何倍もの人手と貨車やトラックが必要となるが、小包に規制をかけることによって、前記の制約がかなり解消される、それに政府の物資統制のための移動規制に協力することができる、と判断された。

**外国郵便の停止**　太平洋戦争がはじまるまでの数年間、外国郵便はアジアを中心に大きく伸びる。通常郵便の引受物数は昭和一一年度が五五四〇万通、昭和一四年度には二億通を超えるまでになり、わずか三年間で四倍になった。また、中南米諸国との貿易増加を受け、それら諸国との間に日本船が就航するようになり、それまでヨーロッパ経由であった小包が直接中南米に発送できるようになった。更に、上海航路をはじめ、サンフランシスコやシアトル航路などに就航している日本船のなかに船内郵便局を設置して、外国郵便のサービス向上にも努めていた。この時期が外国郵便にとって、束の間の平穏なときであった。

昭和一四年九月、ヨーロッパで第二次世界大戦がはじまった。イギリス、フランス、ドイツ、ポーランド宛やこれらの国を経由する郵便物は、安全が保証できなくなり差出人の危険負担において引き受けることになった。昭和一六年一二月、わが国が太平洋戦争に突入すると、外国郵便は一部の国を除いて停止状態になる。すなわち開戦直後の一二月一一日、アメリカとイギリス宛の郵便物、暗号などを使用した郵便物の差出が禁止された。また、差出人と名宛人の記載方法、通信文の用語にも制限が加えられた。翌一二日には満洲国、中華民国、タイ、ソ連以外の外国に宛てた郵便物の差出が禁止される。

**郵便物の検閲**　明治憲法でも信書の秘密は侵されないと定められていたが、昭和一六年一〇月に臨時郵便取締令が緊急勅令の形で公布される。取締令によって逓信大臣に郵便検閲の権能が与えられた。具体的には、戦時に国防上必要な場合には郵便物の差出を禁止または制限することができ、また、検閲した郵便物が国防上の利益を害するもの、害するおそれがあるもの、記載事項の内容が判然としないものは、その送達を停止できる、というものであった。前段でふれたが、米英両国への郵便差出禁止は取締令に基づく措置だ。また、検閲を容易にするために、差出人・受取人が日本人以外のときにはその国籍を併記させたり、通信文は特定の用語により書かせたりしたことも取締令を根拠としている。検閲は、もっぱらわが国に発着する外国郵便物が対象であったが、内国郵便物でも外国との関係があるものは対象となった。防諜上、敵側に対する情報提供の遮断や士気を喪失させるような流言浮説の取締りが中心となった。逓信本省に通信検閲室を設け、主要郵便局には担当の郵便局員のほか憲兵、特高警察らが常駐し郵便物の検閲に当たった。

## 組合から報国団へ

大正末期から昭和初期にかけて、日本の労働者は団結して組合を作り待遇改善を経営者に迫る事態がしばしば起きた。だが戦時色が強くなると、労働組合は解散に追い込まれ、国策の産業報国団が作られていく。以下、逓信関係者のケースについてみていこう。

**労働組合**　大恐慌の嵐が荒れ狂うなかで、産業界では人員整理・賃金カット・労働強化が実施された。それに対抗するため、労働者は労働条件の改善を求め労働組合を結成し資本家と対峙した。ストライキをはじめとする労働争議が頻発するようになる。もちろん、郵便に従事する者の賃金水準や労働環境も決して恵まれたものではなかった。逓信関係従業員の労働組合ともいうべき組織がはじめて結成されたのは大正一四年で逓友同志会（逓同）だ。日本労働総同盟に加盟する。当時の会員数は一一四人、昭和七年には三五〇〇人に増加した。大正一五年、当局側でも現業局所に逓信部内従業員会の結成を促し、五〇を超える従業員会ができた。もっとも従業員会の連合組織が認められなかったので、当初、活動の大半が連合体設置に費やされる。逓信従業員会連合（従連）が公認されたのは昭和三年であった。今様にいえば、御用組合ということになろうか。基礎が安定した昭和八年には会員数が約一万四〇〇〇人になる。同年、日本逓信従業員組合（日逓）も結成される。昭和九年、三者の合同問題が起こり、逓同の合同賛成派と従連・日逓が逓信従業員連盟を結成した。とはいえ、二〇万人前後はいた全体の従業員数からみれば、組織された人数はわずかであり、職員全体をまとめる組織にはなり得なかった。時局の波に圧《お》され、組織は解散消滅していく。

**逓信報国団**　代わって、聖戦完遂、挙国一致を目指して労使協調路線による産業報国運動が産業界に広がっていく。後藤康行の論文によれば、昭和一五年五月、逓信省でも職員一体化を図るため局単位で逓信報国会を結成させた。翌年、大臣が総裁となる全職員で組織する逓信報国団に格上げされる。報国団は支団、そして支団の下に分団が置かれた。支団は本省や各地の逓信局など、分団は各地の郵便局などを母体としたものである。機関誌『大逓信』には、大阪逓信局支団長が「大逓信一家族主義の形態と内容を強化し、高度国防国家建設の強靭なる一翼を担当するため至誠の凝結に依って生まれたものが逓信報国団」と書いている。これが報国団の基本理念であった。大逓信一家族をまとめるために、逓信歌や逓信報国団標章も制定された。逓信歌一番は「御稜威《みいつ》洽《あまね》き日の本に／生れし歓喜火と燃えて／我等逓信報国の／誠を誓ふ意気高し」と勇ましい歌詞である。リズムもいい。

報国団の活動をみていこう。昭和一七年秋に全国逓信体育大会が開かれた。卓球、弓道、相撲、剣道、柔道の五種目で、一〇の支団対抗戦により勝ち抜いてきた強者のあいだで争われた。武道修練を通じ質実剛健なる人材を育てる意味もあったろうが、大会は団員の帰属意識を高め団員同士の連帯感を深める役目も果たした。また、時局を反映し、戦勝祈願のため伊勢神宮や橿原神宮への参拝も行われている。機関誌への団員の投稿をみると、次のような和歌や川柳が載せられていて、戦時下の状況をうかがい知ることができよう。

和歌　戦死なる付箋の手紙なりければ静かに区分棚に置きけり

川柳　郵便旗山また山の兵を呼ぶ

すでにあった銃後後援会が報国団に吸収された。応召者等の遺族への弔慰金の支給、慰問文や慰問品の送付、応召者等の家族への援護などが事業の柱となる。死亡弔慰金は三〇〇円などと定められていた。昭和二〇年五月の弔慰金と慰問金は総額二万八四四〇円になった。詳細は不明だが、戦時下の逓信関係の軍人や軍属として応召した者などの戦死傷者は一万人を超えたといわれているから、後援会の役割は大きかったといえよう。後援会の話に直結しないが、アッツ島に野戦郵便局員として応召されていた二六人が守備隊兵士と同様に玉砕した。後援会はもとより逓信省を挙げて犠牲者を追悼した。逓信人として本分を全うした二六人全員は昇級し、その発表に際し、逓信部内三〇余万が一丸となり職域を守り逓信報国に邁進することが異郷の士と化した二六人の英魂に報いる唯一最善の途と信じる（要旨）と談話が出される。二六人のうち一四人が札幌逓信局管内から派遣された職員であった。

**軍事費繰入と料金値上げ**

昭和九年度からはじまった通信事業特別会計の創設経緯については前章で詳述した。次ページの表15に示すように逓信省の計画どおり、当初、一般会計へ八〇〇〇万円前後の納付金を繰り入れた上で、施設改善などの新規事業に充てる建設勘定にも三〇〇〇万円、五〇〇〇万円という金額が計上できるまでになった。特に昭和一二年度には三八年ぶりの料金改定が行われ、増収効果もあり建設勘定には前年度比六割増の九三〇〇万円が計上された。これで健全な郵便の発展が期待されたが、すべてが戦争遂行のために動員がかかる。逓信省の特別会計も昭和一三年度以降には一般会計への繰入のほか、臨時軍事費会計への繰入も義務づけられた。逓信省は国庫への資金捻出機関に変質してしまう。表をみて欲しい。一般会計への納付金は当初法律どおり昭和一八年度まで一〇年間で終了するが、途中から臨時軍事費会計への繰入が加わり、その額も年を追って跳ね上がり、昭和一九年度には二億円を超える額に達した。この時期、建設勘定に一億円を超す工事費が積まれたが、防空設備の費用であって、通信事業の設備拡張費ではなかった。それまで特別会計は、経費節減はもとより、保守工事の削減や繰延などを実施し、ぎりぎりの努力を重ね事業収支において辛うじて黒字を維持してきたが、終戦の年、昭和二〇年度にはとうとう事業収支は一億円近い赤字を出してしまった。

一般会計と軍事費への巨額の繰入を背負った通信事業が収入を増やすには、借入を増やすわけにもいかず、結局、各種料金の値上げで対応せざるを得なかった。郵便料金についてみれば、表の右欄に示すように、書状の基本料金は昭和一二年に三銭から四銭に値上げされた。以後、立て続けに五銭、七銭、一〇銭と値上げされる。はがきの二銭の料金は七年間据え置かれたが、昭和二〇年には五銭になってしまった。これら値上によって収入は確かに増えたが、増収分はサービスの改善には振り向けられず、

**第15表　通信事業特別会計収支一覧表**

| 年度 | 歳入（百万円） | | | 歳出（百万円） | | | | | 郵便料金（銭） | |
|---|---|---|---|---|---|---|---|---|---|---|
| | 事業収入 | 公債/借入 | 計 | 事業支出 | 建設勘定 | 一般会計納付金 | 臨時軍事費会計繰入 | 計 | 書状 | はがき |
| 昭9 | 290 | 10 | 300 | 174 | 30 | 78 | 0 | 282 | | |
| 昭10 | 312 | 12 | 324 | 187 | 50 | 78 | 0 | 315 | 3 | 1.5 |
| 昭11 | 333 | 11 | 344 | 197 | 58 | 81 | 0 | 336 | | |
| 昭12 | 392 | 27 | 419 | 239 | 93 | 81 | 0 | 413 | | |
| 昭13 | 425 | 13 | 438 | 281 | 59 | 82 | 16 | 438 | | |
| 昭14 | 479 | 13 | 492 | 317 | 47 | 82 | 16 | 462 | 4 | |
| 昭15 | 524 | 10 | 534 | 378 | 52 | 82 | 17 | 529 | | 2 |
| 昭16 | 560 | 15 | 575 | 444 | 50 | 82 | 20 | 596 | | |
| 昭17 | 721 | 0 | 721 | 517 | 45 | 82 | 65 | 709 | 5 | |
| 昭18 | 805 | 20 | 825 | 598 | 65 | 82 | 64 | 809 | | |
| 昭19 | 1,101 | 29 | 1,130 | 760 | 116 | 0 | 212 | 1,088 | 7 | 3 |
| 昭20 | 1,221 | 365 | 1,586 | 1,317 | 211 | 0 | 0 | 1,528 | 10 | 5 |

出典：郵政省編『郵政百年史』601-602ページ。

もっぱら戦費に消費されてしまった。悲しいことではあるが、諸外国の例をみても、郵便料金の値上は戦費調達の常道手段になっていた。

**極限下の郵便**

働き手をとられ、資材もない。それだけではない、いつ空襲に遭うかもしれない。そのような極限状態にあった職場で、軍事郵便や公用郵便の流れが途切れないように郵便従事者は奮闘した。以下、極限の状態にあった戦時下の姿である。

**動員**　従事者の状況をみれば、郵便業務の職場でも経験豊かな成年男子が次々に徴兵され、それに代わって昭和一四年六月からは女子が郵便配達の仕事に採用される。それでも必要な配達要員は確保できず、昭和二〇年春には郵便決戦体制の推進運動がはじまり、それを受け郵便物は隣組に一括して配布されるようになる。戸別配達は隣組に委ねられた。学徒も郵便業務の現場に動員される。

**代用ポスト**　赤い丸型の郵便ポストは鉄の塊である。良質の鋳鉄を使い鋳物に流し込み、あのポストの形に仕上げる。昭和一六年になると金属類回収令が出され、鋳鉄製ポストは回収対象となった。代わって、設置されたのがコンクリートや陶器などの代用ポスト。掛箱型の小さなポストは木製になった。当時の資料には、ポスト一個に要する鉄は一二八キロ、コンクリート製にすれば筋に使う鉄二六キロだけですむから一〇二キロの節約になる、と記されている。赤色のペンキで塗装されたが、直ぐにペンキが剥がれ落ちて白いポストになってしまった。投函口には滑りをよくするためにタイルが貼られてい

動員された女子郵便配達員
（昭和19年）

コンクリート製の代用ポスト

る。代用品開発者の苦労が偲ばれる。コンクリート製ポストは鉄製に比べれば、形も不格好だし機能的にも劣るが、それでも戦時中の郵便を支えたのである。全国でポストは七万六〇〇〇ほど設置されていたが、空襲に遭った都市部を中心に全体の約六パーセント四七〇〇のポストが爆破されてしまった。

**粗末な切手**　郵便には切手が欠かせない。ここでも資材不足で精巧な凹版切手や品質のいい凸版切手の製造ができなくなっていった。戦局が悪化するにつれ、切手は凸版、ついには簡易印刷に近い平版オフセット方式により切手が製造されるようになる。切手図案は、陸軍戦闘機の飛燕、福岡県にある筥崎宮《はこざきぐう》の「敵国降伏」と書かれた勅額、盾と桜などとなり、戦意高揚を鼓舞するようなものに変わっていった。十分な切手の量が確保できればよいのだが、それもままならず、いよいよ切手は底をつき、書留郵便などについては窓口現金納付の代替措置がとられるようになった。すなわち窓口で料金を現金で支払い、その証拠として郵便局では料金収納印を手紙に押したのである。加えて、昭和二〇年四月の空襲では、切手を製造していた東京滝野川の内閣印刷局が被災し製造設備が焼失してしまった。印刷局は切手製造を、凸版印刷、共同印刷、東京証券、東光堂、帝国印刷の各社に委託し急場を凌いだが、製品は粗紙に糊や目打もない、単色平版刷りの粗末な切手になってしまった。

**戦争末期**　昭和二〇年五月末になると、東京と横浜にアメリカ軍の絨毯《じゅうたん》爆撃が繰り返され、逓信関係でも麻布飯倉の本庁舎は残ったものの、東京逓信局をはじめ多くの郵便局や電信電話局などが被災した。空襲によって職場に殉じた逓信従業員は八〇〇名に達していた。電信電話の機能はほとんど喪失し、郵便も軍や政府などの公用郵便を維持するのが精一杯になった。六月末には義勇兵役法が施行され、逓信従業員で組織していた逓信防衛隊が戦闘隊に改編され、本土決戦時には軍の指揮下に入ることになった。最後は、竹槍一本で敵に向かって突撃するという無謀な作戦がたてられていた。一方、陸軍では本土決戦に備え国土が分断された事態を想定し、国土を二分し鈴鹿以東の東半分を防衛する第一総軍司令部を東京に、西半分を守る第二総軍司令部を広島に置いていた。七月末には陸軍の要請を受け、逓信当局も広島に西部逓信局の設置準備をしていたが、八月六日の原爆投下で一瞬にして市内全域が廃墟と化してしまった。桜井俊二の『広島郵政原爆誌』によれば、原爆により広島郵政局の職員六〇〇名のうち七〇余名が犠牲となり、ほとんどの職員が大きな傷や火傷を負い、後遺症に悩まされる。また、広島市内の特定局六〇局のうち三七局が一瞬のうちに灰燼と帰した。

原子爆弾で破壊された広島逓信局（昭和20年）

## 2　軍事郵便

戦地に子供や夫を送り出した家族にとって、戦地からの手紙は、出征したわが子や夫の無事を知る唯一の手段に近いものであったろう。そして、それをどれほど待ちわびたことであろうか。平和な時代に生きるわれわれには想像できないものがある。戦地でも、妻や家族からの手紙は兵士たちにとって、どんなに励ましになり、そして慰めになったことであろうか。兵士たちは戦地から何を伝えようとしていたのであろうか。軍事機密を守るため検閲が敷かれ、兵士たちは思うように手紙を書くことができなかった。文面は「私も毎日元気にて軍務に服して居ますから御安心下さい」といったような決まり切った文字が綴られていたけれども、そこには「自分が生きている」という強いメッセージが込められていたのではないだろうか。妻や子供など家族が一番知りたかったことも、そのことであった。それらの便りを運んだのが軍事郵便である。日本では日清戦争のときにはじめて戦地で本格的な軍事郵便が開始されたが、ここでは昭和前期の軍事郵便についてみていこう。

**運営体制**

昭和一二年、日中戦争がはじまると、陸軍では大本営に野戦高等郵便部を設置し、野戦郵便の統括部署となる。戦地の軍司令部には野戦郵便部を置き、前線部隊などに実際に軍事郵便を取り扱う野戦郵便局や野戦郵便所を配置した。これら組織に属する職員はすべて軍属として逓信省から派遣された。海軍では海軍省軍務局が軍事郵便を統括することになり、基地司令部に海軍軍用郵便監督官を置き、主要海軍基地には海軍軍用郵便所を設置した。陸軍と同様に、海軍の軍用郵便所の所長と所員も逓信省から軍属として派遣された。日中戦争を契機に、軍事郵便の管理は完全に陸海軍に属することになり、作戦の進行とともに編成される部隊とともに、陸軍の野戦郵便局や海軍の軍用郵便所が編成されていった。そして軍の下で郵便を実際に捌いたのは派遣された郵便職員らである。要員が不足する場合には、兵科でない主計などの将兵が郵便業務に従事した。

軍事郵便で運ばれた郵便物はどのようなものであり、その料金はどのようになっていたのであろうか。まず、兵士らが戦地（外地）から差し出すことができる郵便物は、原則、第一種書状、第二種はがき、公用小包の三種類。料金は無料であった。陸軍の兵士には切手の部分（料額印面）に鉄兜《てつかぶと》と鳩が描かれた無料の軍事はがきが、海軍の水兵には桜と錨《いかり》が描かれた無料の軍事はがきが一定枚数配布された。はがきが配布された背景には、検閲を容易にする側面があった。次に、家族らが戦地に宛て差し出すことができる郵便物は、原則、第一種書状、第二種はがき、第三種定期刊行物、第四種書籍・印刷物・写真、小包の五種類である。これらの郵便物には国内料金が適用された。ただし、取扱郵便物について、軍事行動の必要性に基づいて随時制限がかけられる。例えば、昭和一二年九月に華北方面宛の私用小包は引受停止、一年後に解除された。また、昭和一七年一月には南方諸地域と北海方面派遣の陸軍部隊宛は書状とはがきだけに制限されたが、同年四月に日刊新聞などの第三種郵便物の引受停止が解除される。新聞解除には、戦地において日本の新聞が戦争の成り行きや内地の動きなどを知るのに欠かせないものであり、戦地から解除について強い要望が出されていたに違いない。

**野戦郵便局**

太平洋戦争時の軍事郵便は、日清日露の軍事郵便と比較すると、その地理的展開範囲の広さ、展開期間の長さ、そして郵便物の量はいずれも数十倍から数百倍にもなり、様変わりの様相を呈す。大塚茂夫の『ナショナルジオグラフィック』の記事によれば、陸軍が進攻した地域には野戦郵便局と野戦郵便所が、海軍には軍用郵便所が設けられた。これら軍事郵便の核となる施設が、北のキスカ島からはじまり、天津、上海、香港、ハノイ、マニラ、マンダレー、シンガポール、スラバヤ、南半球のラバウルまで、およそ三〇〇カ所にあった。そのほか分所や派出所も数多く設置され、戦艦大和や武蔵の艦内にも郵便施設があった。一大軍事郵便のネットワークが戦場に敷かれていたのである。以下、断片的だが若干の野戦郵便局の状況である。

軍事郵便のポスター

**ティモール島**　戦局の悪化は如何ともしがたく、例えば当時のオランダ領東インドだったティモール島西部クーパンに設置された野戦郵便所は、島に駐屯する一万人ほどの兵士のために郵便や為替を受け付けていた。この野戦郵便局に所属していた陸軍第一三野戦郵便隊員の記憶によれば、内地から輸送船で郵便物が到着したのは一回だけであった。このとき陸揚げされた郵袋は六〇個余り、椰子の木陰で区分けされ、各部隊に届けられた。一日千秋の想いで内地からの手紙を待っていた兵士たちは、むさぼるように故郷からの手紙を繰り返し繰り返し読んだ。

**アッツ島**　アリューシャン列島のキスカ島とアッツ島に兵士とともに派遣された野戦郵便隊員の闘いを語り継ぐ本が二冊ある。坂本木八郎の『厳寒の地　北千島の郵便局物語』と小山田恭一の『第三八一野戦郵便局』だ。これら二冊によると、昭和一七年一一月、北海道管内から選抜された佐藤幸吉局長ら一四人が、小樽から北千島幌筵《ほろむしろ》島柏原港を経由して、アッツ島に向かう。翌年二月、北海派遣第三八一野戦郵便局が開局された。しかし、戦局が悪化し、同年五月、派遣隊員は日本軍守備隊山崎部隊とともに総攻撃に参加し、全員が帰らぬ人となった。アッツ玉砕である。派遣隊員はアメリカ軍機の爆撃に曝《さら》され逃げまどいながらの勤務、最後は非戦闘員でありながら戦闘に参加し、悲運の死を遂げている。本来の郵便業務もアメリカ軍の包囲網により、日本艦船が自由に航行できなくなり、祖国との郵便の往来はわずか数回でしかなかった。最後の郵便は伊七号潜水艦に積み込まれ幌筵に運ばれた。

内地からの手紙を読む戦車隊員
（昭和12年）

**キスカ島**　キスカ島の北海派遣第三八〇野戦郵便局に派遣された隊員は一〇人で、札幌、旭川、苫小牧などの郵便局員から選抜された。運命とは紙一重のところがある。キスカに派遣された野戦郵便隊員は、アッツ玉砕後に敢行された撤収ケ号作戦により、無事、幌筵に帰還できた。記録によれば、昭和一八年七月二二日、巡洋艦阿武隈を旗艦に、軽巡洋艦一隻、駆逐艦六隻などが幌筵を出航、二九日午後、キスカの将兵ら五三〇〇人全員を収容して、三一日から一日にかけて幌筵に帰還した。収容時間はわずか五〇分。米軍に撤収作戦が悟られないように、無線を封鎖し、霧を利用した困難な撤収作戦となった。奇跡の生還である。

**現地報告**　逓信博物館が発行した昭和一四年七月号の『逓信の知識』に大島繁作が野戦郵便局について報告している。実際に野戦郵便局で働いていた者の報告であり、軍事郵便の現場を理解する一助となろう。抜粋だが、そのまま一部を紹介しよう。

内地から集まった軍事郵（以下三六字分黒塗り加刷で解読不能）換局で、夫々出先部隊の方面別に区分して之を天津、大連、青島、上海、広東等に陸揚げされ、更に各部隊の分配局に送付し、茲《ここ》では参謀部と連絡し、或は直接部隊よりの届出を基とし最も近い便利な野戦局に細かく区分して送り届ける、一方部隊からは受領責任者を定めて受取りに出ることになつてゐる。

戦線から出す便りは此の責任者が取纏めて野戦局に差出して居る。

武運の長久を神かけて祈る愛しき妻から、子から、父母から、師友からの便りを責任者が持ち帰り、不衛生な支那民族の一隅で、或は行軍間の休息時間木陰で、果ては塹壕の中で分けあつて繰り返し繰り返し読むであらう事を想像するとき、筆にも言葉にも尽せない感情が起こり、渡す局員も互いに御苦労様と感謝し合ひ、敵襲による緊迫感も大砲の音も忘れてゐるかの様で内地の郵便局では想像も及ばない明朗な情景が毎日展開されて居る。

野戦局は概ね御粗末な支那民家を幾棟も使用する場合が多いが、吾朗らか野戦局は兵站監部や軍司令部を受持部隊として分配局を擔任した関係上、都市に位置し、局舎も内地大局に比較して劣らない様な処を占めて居る場合が多かった。局員は十二三名から二十五六名の間であったが応援兵が三四十名は居り常傭の支那人使用人（苦力）も二十五名を使役し六七十名を下らぬ大家族であつた。

（ある部隊長の話として）戦場の勇士を元気づけるものはやはり誠心をこめた手紙に限る、特に家庭内の細かな事柄を知らしてやるの事が必要ではあるまいか、元気な子供の写真などたまらなく喜ぶものゝ一つである。

逓信省は軍事郵便の案内書を作成し周知に努めたが、報告者の大島は、名宛が判明できないものや不完全であったため、ある野戦局では二月間に普通郵便五万六四八通、書留八三通、小包六一三個が兵士に届けられなかったと記し、注意を促している。

以上、野戦郵便局をみてきたが、これら野戦郵便隊員の奮闘によって多くの手紙が運ばれ、それらは兵士と家族とを結ぶ絆となった。しかし、日本軍の戦況が悪化してくると、内地と前線とを結ぶ制空権と制海権がアメリカ軍に握られ、日本の多くの輸送船や軍艦などが沈められて、そこに積み込まれた幾多の前線兵士の手紙、そして内地からの手紙が一度も読まれることなく海の藻屑《もくず》と化し、酷寒の北洋の海底に、また、眩《まばゆ》いばかりの南海の底に消えていった。

**海軍の郵便用区別符**

出征した兵士への軍事郵便の宛先は暗号化されていた。ここでは海軍関係の軍事郵便で使われていた郵便用区別符について説明する。それは、部隊の展開など軍事機密を守るために、各部隊の宛先を符号化した、その符号のことである。大西二郎の『太平洋戦争における日本海軍の郵便用區別符』によると、各部隊の宛先は「所在地区別符」と「部隊別区別符」の二つの区別符で表され、手紙を受け付ける郵便局の名称が冒頭に付けられた。例えば、宛先が「呉局気付セ四〇七セ二七セ六一」となっていれば、インドネシアのアンボン島（＝セ四〇）第三気象隊（＝セ二七）支隊（＝セ六一）の意味である。最初が所在地区別符、残り二つが部隊別区別符である。以下に少し例を示しておこう。

横須賀局気付　ウ四一〇　連合艦隊

横須賀局気付　ウ二四　ウ一一　ウ五一二　父島航空基地第九〇三海軍航空隊

| | | | |
|---|---|---|---|
| 横須賀局気付 | ウ三〇 | ウ三九ノ一 | パラオ第一二航空艦隊司令部 |
| 横須賀局気付 | ウ一〇五 | ウ一二七 | ラバウル第一〇八海軍航空廠 |
| 横須賀局気付 | ウ一〇五 | ウ一一五 | ラバウル第八通信隊 |
| 佐世保局気付 | イ一一 | イ三二 | アンダマン第一二特別根拠地隊 |
| 佐世保局気付 | イ一九 | イ七三 | 昭南《シンガポール》第一南遣艦隊司令部 |
| 佐世保局気付 | イ一九 | イ二一 | 昭南第一〇一海軍病院 |
| 呉局気付 | セ二一 | セ三七 | スラバヤ第二一潜水艦基地隊 |
| 呉局気付 | セ二一 | セ四四 | スラバヤ第二一通信隊 |

家族には以上のような手紙の受付局と区別符しか知らされないので、出征兵士がどこにいるのかわからない仕組みになっていた。もっとも、この日本海軍の符号も米軍にすべて解読されていたというから、米軍の情報収集能力の高さがこのことからでもわかる。

なお、陸軍関係のアドレスについては、例えば、「馬来派遣富第五八四〇部隊」などと、派遣地域名、軍の略号、部隊名の順に表示された。馬来はマレー半島・シンガポール、富は第二五軍、第五八四〇部隊は電信第一連隊の意味となる。

**軍事郵便の歴史力**

新井勝紘は大学のゼミで学生に戦場から届いた実際の兵士の手紙やはがきを読み解かせて、戦争を知らない若者に対して近現代史の狭間を実践的に教えている。新井は平成二三年の論文のなかで、ここ一〇年位の間、これまで誰にもみせたことがなかった個人的な軍事郵便を、それを保管してきた個人や家族、市民団体などが、あえて翻刻する例が多くなってきた、と指摘している。刊行された本は自費出版のものがかなりあるが、大手中堅の出版社からも、例えば、みすず書房から福田恵子の『ビルマの花―戦場からの手紙』が、講談社から高澤絹子の『戦場から妻への絵手紙』が、文藝春秋から栗林忠道の『栗林忠通　硫黄島からの手紙』が刊行されている。この種の出版物の嚆矢は、戦後直ぐに刊行された『きけわだつみのこえ』や『雲ながるる果てに』などであろうが、前者は東大戦没学生の手紙などを、後者は第一三期海軍飛行専修予備学生の手紙などを中心に編んだものである。近年の刊行物は個人あるいは市井の人々のものに移っている。最近発表された寺戸尚隆の論文は、軍事郵便の検閲の実態、そして戦場の兵士とその家族のあいだで交換された手紙を詳細に分析している。また、郵趣・郵便史の観点から編まれた刊行物もみられる。例えば、里文出版から刊行された三和三級の『戦場からの手紙』はその一例。更に、切手の博物館の本『戦争と郵便　戦後75年・手紙が語る戦争の記憶』もビジュアルに軍事郵便を紹介している。かつて戦地から個人が個人に送った手紙が、今、多くの人々に平和の尊さを認識させる大きな力となり甦《よみがえ》っている。新井がいう軍事郵便の歴史力とは、このことであろうか。

**軍事郵便の一次資料**

日本の軍事郵便の一次資料について、鈴木孝雄が『郵便史研究』に論文を寄稿している。論文では、資料を日清戦争から太平洋戦争まで一〇次（の戦争）に分類し、書誌情報をリストアップしている。内容は、中枢部の参謀本部、陸軍省、海軍軍令部、現地の青島守備軍司令部や上海派遣軍野戦郵便部をはじめ、逓信省を含む各組織が編んだ軍事郵便に関する貴重な資料などである。また、平成一三年に発足したネット上の組織「アジア歴史資料センター」が、旧陸海軍と外務省の歴史的文書などをネット上に公開している。その中に軍艦郵便（軍艦閉嚢）などの貴重な記録がほぼ完全にあることが明らかになった。これら一次資料の活用により、今後、軍事郵便の研究が進展することが期待されている。令和二年、武蔵野ふるさと歴史館が「軍事郵便が語る日露戦争期の武蔵野」という企画展を開催し、軍事郵便が運んだ実際の兵士や家族の手紙を展示したが、このような企画も意義深い。

# 第15章　郵便の戦後復興

## 1　占領下の郵便

昭和二〇年八月一五日、日本がポツダム宣言を受託し連合国軍側に無条件降伏した。九月二日、東京湾に停泊する戦艦ミズーリ号上で、日本側重光葵《しげみつまもる》外相・梅津《うめづ》美治郎《よしじろう》参謀総長、連合国側ダグラス・マッカーサー最高司令官・九カ国代表がそれぞれ降伏文書に署名した。三年八カ月の太平洋戦争が終わる。だが、アメリカを主軸とする連合国の占領がはじまり、日本政府は最高司令官に従属し、最高司令官が政府を通じて日本の非武装・民主化を目的とする占領政策を行使していく。占領下、壊滅状態にあった郵便事業を逓信マンはどのように復興していったであろうか、その点について解明していこう。

### ＧＨＱの軛《くびき》

アメリカの対日占領政策は政治経済はもとより各般に及び、連合軍最高司令官総司令部（ＧＨＱ）は、郵便を含む通信事業に対してもさまざまな場面で指令や覚書を出してきた。それを主導したのがＧＨＱの特別部局として設置された民間通信局《シヴィル・コミュニケーション・セクション》である。いわゆるＣＣＳだ。以下、その主なものを記す。

**施設装置の確保**　ＧＨＱは各地に進駐する部隊との連絡網を構築するために、降伏文書の調印日当日に、あらゆる運輸通信の施設装置を現状のまま良好な状態で保持することを日本政府に指示してきた。翌九日には、いっさいの施設を復活し現員をもって維持運営をすることを命じてきている。主要な電話回線は連合軍によって押さえられ、連合軍は日本各地と三分以内に通話できる通信網を確保した。通信網や電話施設の運用保守に日本側が要員・資材を提供しなければならなかったので、一般の電話の復旧までとても手がまわらなかった。

**連合軍郵便**　ＧＨＱは昭和二〇年一一月一一日、連合軍の公用郵便と連合軍兵員の私用郵便のうち日本にある官公署と個人に宛てたものは無料扱いにすることを要求する覚書を日本政府に出してきた。新井紀元《としもと》の論文によると、覚書を受けて、逓信院は一二月一三日付で連合軍差出郵便物の取扱に関する通牒を関係郵便局に発し、同月一六日から実施した。その内容は、無料扱いとするものははがきと書状とし、それら郵便物の送達経路は次のとおりとした。公用郵便については、部隊駐屯所から連合軍軍事郵便所に、そこから日本の郵便局に交付し郵便の流れに乗せる。軍事郵便所は札幌から長崎まで一四都市にあり、交付先局はそれぞれの都市の中央郵便局などとした。私用郵便物は、連合軍検閲所での検閲を受けてから日本側に交付されたが、取扱局所は東京・大阪・博多の三局所に限られた。

これら郵便物には「連合軍郵便」とか「進駐軍郵便」などとゴム印が押された。また、通牒は連合軍郵便の取扱に格段の配慮をなし、配達は速達郵便物扱いとすることなどについて関係郵便局に指示している。当時、日本側が連合軍側に相当神経を使っていたことがうかがえる。この取扱は、アメリカ駐留軍との関係では昭和二八年一月に終了し、英連邦軍のオーストラリア軍との関係では昭和三一年一一月に終了した。なお、現在、日米安保条約に基づく日米地位協定（旧行政協定）では、アメリカ側が日本にあるアメリカ軍基地内に軍事郵便局を設置して運営できることが取り決められている。

一方、日本軍の軍事郵便関係の法令は廃止されたが、戦争が終わっても日本の軍人・軍属・一般人らは海外にまだ大勢取り残されたままであり、昭和二〇年一一月に軍事郵便に代わり復員郵便が設けられた。もっともその実態は軍事郵便と変わらなかった。しかし日本の陸海軍解体により、内地と旧占領地とを結ぶ郵便物の取扱が機能しなくなり復員郵便は廃止され、翌年九月に再開した外国郵便に委ねられる。一一月にはソ連抑留者との間の郵便物交換も開始された。

**検閲**　昭和二〇年九月に入ると臨時郵便取締令に基づく郵便の検閲が廃止され、主要郵便局に設置されていた検閲課が廃止された。だが、一〇月一日にＧＨＱから郵便検閲の指令が発せられる。今度は、占領政策を進めるにあたって、日本国民の不満やさまざまな社会的な動きなどを察知するために、占領軍の検閲がはじまった。実施機関は民間諜報部《シヴィル・センサーシップ・セクション》の下にある民間検閲局《シヴィル・センサーシップ・デパートメント》。一説には、八〇〇〇人もの日本人が検閲作業にかかわったともいわれている。日本政府は、検閲がＧＨＱの指令によるものであるから、外部には秘密にするように検閲官らに対して緘口《かんこう》令を敷いたが、国民は占領軍によって郵便が検閲されていることにうすうす気づいていた。

追放切手

**追放切手**　切手の図案にもＧＨＱの目が光っていた。ＧＨＱは、昭和二一年五月、軍国主義や神道などを表す切手類の印刷原版の破棄、今後発行する切手類の原画の事前承認を指令してきた。在庫の販売は認められたが、指令の直前に発行された靖国神社を描いた一円切手だけは直ちに発売中止となった。靖国神社の図案がＧＨＱを刺激したのかもしれない。指令から一年後、ＧＨＱから「新憲法も実施されているにもかかわらず、軍国主義や神道などを表す切手類が依然使われているのは不適当ではないか」と注意を受けた。これを受け、逓信省は、一九の図案の切手とはがきを昭和二二年九月一日から使用禁止とした。いわゆる「追放切手」である。手持ちの追放切手は郵便局の窓口で別の切手と交換されることになった。

対象となった図案は、切手では乃木将軍、盾の桜、東郷元帥、八紘基柱、陸軍戦闘機、台湾の燈台、産業戦士、朝鮮の金剛山、明治神宮、東照宮、大東亜共栄圏の地図、敵国降伏の勅額、航研機、春日大社、少年航空兵、靖国神社、厳島神社と藤原鎌足の一八種類。はがきでは楠木正成像の一種類であった。敵国降伏の勅額切手については、アメリカを刺激する恐れがあるので、昭和二〇年八月二四日、逓信院は各郵便局に対して電報を発して、進駐軍が上陸する前に勅額切手を焼却し、手紙に勅額切手が貼ってあるときには剥ぎ取ることを指令した。

なお、切手類の表示に関して、昭和二一年八月から国名表示を「大日本帝国郵便」から「日本郵便」に、昭和二二年二月からは右書きから左書きに改めた。また、GHG民間情報教育局宗教課バーンズ課長の強い指導があり、菊花御紋章の表示が昭和二二年八月発行の切手から廃止された。

**労働組合**　GHQの民主化政策の柱の一つであった労働の民主化。昭和二〇年一二月には労働組合法が公布され、労働者の団結、団体交渉権、争議権が保障された。同月、CCSから組合結成の働きかけがあり、逓信当局も労働組合に対する基本方針を定めた。方針は、逓信事業の公益性に照らして、極力、①現業職員の総意を反映できる単一組合を組織する（異種の組合を併存させない）、②外部からの指導を排除し組合の自主性を確保する、③政治運動を自制する、④罷免権行使を回避することであった。この時期、東京中央郵便局と下谷郵便局にそれぞれ戦後初の部内労働組合が結成される。翌年春までに一〇五七の部内組合が誕生し、組合数は三二万人となり全職員数の八割に達した。当局の方針や大同団結を図るべきであるとの意見が出てきて、昭和二一年五月、全逓信従業員組合（全逓）が結成される。東京中央電信局で開かれた結成大会には、各地代表者をはじめ友誼団体やGHQ関係官など二〇〇〇人が参集した。
折から最悪の食糧事情や凄まじいインフレーションが襲いかかり、労働者の生活はどん底といってもよい状態であった。全逓は国鉄などの有力組合とともに共闘し、最低賃金制の確立、生活補給金の支給などを政府に要求し、昭和二二年二月一日、官公労傘下労働者を中心に六〇〇万人がいっせいにゼネストに入ることを宣言した。いわゆる「二・一ゼネスト」である。社会の混乱をおそれたGHQは直前にスト中止の命令を出し、一月三一日午後九時すぎスト中止指令が出され、ゼネストは回避された。これを契機にGHQは労働運動に対し厳しい姿勢に転換していく。

### 再建を目指す郵便事業

占領政策が進行していくなかで、逓信省は郵便事業の再建を目指してさまざまな手を打っていく。ここでは、鋳鉄製ポストへの交換、郵政省の誕生、特定郵便局の民主化、郵便事業の赤字と値上げなどについて整理する。

**戦後復興**　本土空襲による郵便局舎の被害は全体で一〇パーセントに止まったが、空襲が集中した大都市では多くの郵便局舎が焼失した。他方、郵便車や郵袋など事業に必要な資材は、正確な数字がないのだが、甚大な被害を受ける。郵便物の輸送手段では、既述のとおり、鉄道郵便車は損傷した車両の部品をかき集めて改造車を作ったり、郵便自動車では日本郵便逓送の機敏な行動により陸軍の払下車両を確保したりして郵便物の輸送を確保した。国民に一番な身近な存在である郵便ポストは、戦時中に鋳鉄製ポストが軍に供出され、代わってコンクリート製の代用ポストに置き換えられた。コンクリート製

一号丸型ポスト

のポストは赤いペンキが直ぐに剥げて、白いポストになってしまった。耐久性にも問題があり、空襲で破壊された四七〇〇本のポストの復旧、代用ポストを鋳鉄製ポストに戻すことが戦後郵便事業の最優先課題の一つになっていた。新規格の鋳鉄製ポストの製造が計画され、昭和二四年一一月から製造が開始され、翌年二月末までに三八〇〇本が設置された。この新規格のポストは「一号丸型ポスト」と呼ばれ、ポストといえばまず「一号丸型」が挙げられる。今でも根強い人気がある。

一方、郵便業務の遂行状況をみれば、終戦から数年間は、郵便の最低限の条件である正確・迅速・安全を確保するにはほど遠い状態にあった。『郵政百年史』によれば、集配回数は戦時中を下回り、郵便物の不着や亡失などの事故も相次いだ。郵便物の遅延や誤配はまれではなく、小包からの抜取りも起こり、国民の郵便に対する不信は高まるばかりであった。その背景には、経験豊かな職員が戦地に応召し、その後に年少者や女子などが補充されたが、いわば素人集団のため質の高いサービスを維持することができない事情があった。逓信省も業務の正常化に務めたが、食糧買出で従業員の欠勤が頻発し計画的な要員配置ができなかった。このような状況は、ただ郵便事業だけの問題ではなく、当時の日本の深刻な社会問題であったのである。

**郵政省誕生**　昭和二四年六月一日、郵政省が誕生する。明治一八年に逓信省が設立され、戦時中に運輸通信省の通信院そして内閣の逓信院に改組され、昭和二一年に逓信省に戻された。その逓信省がGHQの指摘を踏まえ、二省に分割され、郵便・貯金・保険の三事業を郵政省が、電信・電話事業を電気通信省が所管することになった。ここに逓信省は戦時中の中断を含め六三年余の歴史を閉じる。郵政省は、内部部局として、大臣官房と監察・郵務・貯金・簡易保険・経理の五局を設けた。付属機関として、逓信病院・職員訓練所・逓信博物館などを本省に付設させる。地方機関では、地方逓信局に代わるものとして、地方郵政監察局と地方郵政局を全国一〇カ所に設置した。特に監察局はいわば独立して現業の監察を担う新しい機関となる。そして地方貯金局、地方簡易保険局、郵便局が全国各地を網羅するネットワークを形成した。その他、郵政審議会も作られ、委員には学識経験者らが任命され、大臣の諮問に応じ重要政策の審議が行われることになった。審議会設置は当時の行政組織の民主化政策の一環である。郵政省は、公社化されるまで郵政三事業を取り仕切るサービス官庁として、後に情報通信政策も所管範囲に加わり郵便を含む情報通信全般をカバーする役所に変容していく。

占領下、逓信省の二省分割には、GHQの労働政策が色濃く反映されている。すなわち、昭和二三年七月、GHQは当時の険悪な労働情勢を反映し、公務員の団体交渉権や罷免権などを否認し、鉄道や専売などの政府事業の職員を国家公務員から除き、新たに組織する公共企業体に移すことを勧告してきた。後に三公社五現業といわれる形になっていく。三公社とは日本専売公社、日本電信電話公社、日本国有鉄道の三つの公共企業体。五現業とは郵政事業、林野事業、印刷事業、造幣事業、アルコール専売事業の五つの国営企業のことをいう。三公社五現業の労働争議の調整の舞台は公共企業体等労働委員会（公労委）に移っていく。

郵政省（東京港区飯倉、昭和20年代）

**特定郵便局の民主化**　昭和二一年度の郵便局数は一万三六九九局で、うち九六パーセントの一万三一四五局が特定郵便局であった（表16）。当時の言葉でいえば「民主化」となろうが、特定局の「近代化」の言葉の方がふさわしい。郵便創業以来、局舎を無償提供しわずかな手当だけで地域の通信そして金融機関として責任を果たしてきた特定局の役割は、脆弱な国家財政にとっては大助かりであったし、国民生活や地域経済を支える社会インフラ構築の面でも評価されよう。しかし、昭和二一年五月、全逓は第一回全国大会において特定局制度の撤廃を掲げて、逓信省に要求してきた。

表16　戦後郵政事業の推移

<table>
<tr><th rowspan="2">年度</th><th rowspan="2">引受総数</th><th rowspan="2">職員数</th><th colspan="3">特別会計</th><th colspan="2">郵便局</th><th colspan="2">郵便料金</th></tr>
<tr><th>歳入</th><th>歳出</th><th>収支差</th><th></th><th>うち特定局</th><th>書状</th><th>はがき</th></tr>
<tr><th></th><th>（百万通）</th><th>（千人）</th><th colspan="3">（百万円）</th><th colspan="2">（局）</th><th colspan="2">（円）</th></tr>
<tr><td>昭20</td><td>3,007</td><td>373</td><td>1,587</td><td>1,528</td><td>59</td><td>13,281</td><td>12,748</td><td>0.10</td><td>0.05</td></tr>
<tr><td>昭21</td><td>2,580</td><td>409</td><td>6,497</td><td>5,245</td><td>1,252</td><td>13,699</td><td>13,145</td><td>0.30</td><td>0.15</td></tr>
<tr><td>昭22</td><td>2,400</td><td>401</td><td>25,277</td><td>24,098</td><td>1,179</td><td>13,916</td><td>13,353</td><td>1.20</td><td>0.50</td></tr>
<tr><td>昭23</td><td>2,433</td><td>410</td><td>81,081</td><td>74,255</td><td>6,826</td><td>14,014</td><td>13,407</td><td>5</td><td rowspan="3">2</td></tr>
<tr><td>昭24</td><td>2,960</td><td>281</td><td>51,527</td><td>53,571</td><td>△ 2,044</td><td>14,576</td><td>13,463</td><td rowspan="2">8</td></tr>
<tr><td>昭25</td><td>3,475</td><td>256</td><td>53,758</td><td>53,893</td><td>△ 135</td><td>15,017</td><td>13,435</td></tr>
<tr><td>昭26</td><td>3,863</td><td>255</td><td>67,956</td><td>66,680</td><td>1,276</td><td>15,152</td><td>13,494</td><td rowspan="7">10</td><td rowspan="7">5</td></tr>
<tr><td>昭27</td><td>3,832</td><td>244</td><td>84,495</td><td>84,464</td><td>31</td><td>15,314</td><td>13,504</td></tr>
<tr><td>昭28</td><td>4,213</td><td>249</td><td>101,484</td><td>100,080</td><td>1,404</td><td>15,460</td><td>13,587</td></tr>
<tr><td>昭29</td><td>4,477</td><td>255</td><td>115,194</td><td>116,211</td><td>△ 1,017</td><td>15,522</td><td>13,617</td></tr>
<tr><td>昭30</td><td>4,760</td><td>252</td><td>123,668</td><td>122,117</td><td>1,551</td><td>15,566</td><td>13,646</td></tr>
<tr><td>昭31</td><td>5,151</td><td>256</td><td>134,892</td><td>133,689</td><td>1,203</td><td>15,599</td><td>13,668</td></tr>
<tr><td>昭32</td><td>5,492</td><td>258</td><td>149,896</td><td>147,822</td><td>2,074</td><td>15,657</td><td>13,668</td></tr>
</table>

出典：郵政省編『郵政百年史資料』(第30巻)14、16、84、90-93ページ。
注：特別会計は昭和24年5月31日まで通信事業特別会計、昭和24年6月1日から郵政特別会計になる。昭和24年度の数字は両会計の合算値。

全逓が国会に特定局撤廃を請願すると、宮城県などの町村長らから特定局存続の請願が国会に出され、逓信委員会は前者を不採択、後者を採択した。このような全逓の運動に対して、特定局側も組合の結成を模索したりしたが、昭和二二年一二月、いわば経営者の立場から全国特定郵便局長会（全特）を立ち上げた。

一方、GHQの動きもあり、特定局制度の改変は不可避であり、逓信省は、昭和二一年には、①女子も特定局長に任用できるようにした、②激化するインフレから生活を守り、かつ、集配局の従業員給与との均等を図るため、無集配局の人件費を直轄にした、③少額の手当支給のみで俸給が支給されなかった特定局長に対して、諸種の手当を一本化し一般の俸給水準に近づけた。昭和二二年には、④渡切経費と局長私金とを明確に区分して経理することにした、⑤

特定局長の弁償責任制度を廃止した。昭和二三年には、⑥局舎や敷地提供義務を廃止し、国が有償で借り入れることにした、⑦特定局長に切手の割引売渡を止め、切手を物品管理方式に改めた、⑧局長を公務員一般職の職員とし、任用年齢を二〇歳以上を二五歳（集配局長は三〇歳）以上に引き上げた。このように、特定局の在り方を局長個人の資産と経営責任に負う明治以来の古い慣習を、特定局を郵政省の現業機関として明確に位置づけ、局長も公務員として処遇することにした。町や村の郵便局の近代化である。

ところで、ＧＨＱは終戦直後の混乱が一先ず終息すると民主化政策の一環として、特定郵便局・特定郵便局長・全特の廃止を押し進めようとした。全逓もＧＨＱに特定局制度の撤廃を陳情する。郵政にとっては組織崩壊を意味した。これに対して、守山嘉門著・二瓶貢監修『ＧＨＱと占領下の郵政』によると、郵政当局が強く抵抗する。結局、昭和二五年七月、全特の解散が決まったが、特定局制度と特定局長は残った。その影には、ＣＣＳ軍属郵便担当のクリントン・Ａ・ファイスナーがいた。彼は東北地方の特定局を実際に視察するなどし、その成り立ちと必要性に理解を深め、ＧＨＱ内の調整に当たった。占領終結後も日本に居住し平成二二年宮城県で亡くなる。九九歳。希有の親日・知日派アメリカ人であった。昭和五六年には勲三等瑞宝章が贈られている。

**赤字と値上の連続**　戦後のハイパーインフレーションは凄まじいものがあった。昭和一〇年の小売物価指数を一〇〇とすると、昭和二四年は三万五〇〇〇で三五〇倍にもなった。同期間、基本となる書状の郵便料金で比較すれば、三銭から八円になり二六七倍となる。それでは『郵政百年史』を参考にしながら、戦後混乱期の郵便事業の状況を検証していこう。

昭和一〇年度の歳入額は約一六億円だが、その中に借金により調達した四億円弱が含まれていたから、実態は大幅赤字となっていた。同年四月に書状料金を一〇銭に値上げしたものの、不安定な経済、要員や物資の不足などで復旧は思うようにいかず、サービスは低下の一途を辿った。昭和二一年度もインフレーションは加速するばかりで物件費も人件費も肥大化し、一〇億円の収入不足が見込まれた。同年七月には書状料金を三倍の三〇銭に引き上げる。需要が増大した三〇銭切手を印刷局に発注したが、それでも不足するため逓信省が別に民間会社（平山秀山堂）に発注した。この法隆寺五重塔を描いた三〇銭切手は「秀山堂切手」と呼ばれる。

昭和二二年度も年度当初に書状料金を四倍の一円二〇銭に引き上げ、一六億円の増収を見込んだが物価高騰に追いつかなかった。年度後半に再度料金値上げの法案を国会に提出したが、内閣更迭などがあり値上げは実現しなかった。結局、四八億円の収入不足が生じ、一般会計に補填を求める事態になる。昭和二三年度は値上げは避けられず、同年七月から書状料金を約四倍の五円に値上げする。

昭和二四年度予算はドッジ・ラインによる超均衡予算が組まれる。それまで一般会計からの繰入や借入金で通信事業特別会計のバランスを維持してきたが、これができなくなった。そこで特別会計の建設資金として対日援助見返り資金のなかから一二〇億円が投入され、独立採算制の確保に見通しがついた。もちろん一層の増収対策が求められ、同年五月に書状料金を一・六倍の八円に値上げしている。六月には逓信省が二省に分割され、前述のとおり、郵便事業は郵政省所管となる。職員も分割され、表16に示すように、昭和二四年度の郵政省職員数は二八万人。前年度が四一万人だから、大略、一三万人が電気通信省に振り分けられたことになろうか。また、通信事業特別会計も郵政事業特別会計と電気通信事業特別会計の二つに分割される。決算では、費用の発生主義、減価償却の徹底、個別（種別）原価計算の実施、貸借対照表の作成も行うこととなった。

ドッジ・ラインは劇薬で副作用も大きかった。ドッジ不況により、行政整理、中小企業倒産、企業合理化、失業者増大につながっていった。政府職員は全体で二八万人が整理され、郵政省でも「事業の合理化と再建のため」として約一万八〇〇〇人が整理された。だが、昭和二四年度の決算処理後の数字では六億円の欠損が生じた。翌年度も三億円の欠損、そして翌々年は二三億円の大幅欠損を出してしまう。郵便事業が好転したのは、日本経済が朝鮮特需で息を吹き返してきた昭和二七年度になってからである。昭和二六年一一月に書状料金が一〇円に値上げされた。その後、書状一〇円時代は昭和四一年七月まで約一五年間維持されることになる。

**自主権回復**　昭和二七年四月、サンフランシスコ平和条約が発効する。条約発効に伴い、日本の主権が回復し、GHQが出していた指令や命令や覚書などが失効した。郵便関係でも前記のとおり、さまざまな場面でGHQから指令などが出されていた。また、第11章では鉄道郵便で働く乗務員の勤務体制をアメリカ方式にする話を紹介した。この他にも、GHQの郵政課長が郵便資材の管理についてできるだけ統一し番号で管理すべきことなどとこと細かく提言してきているし、郵便ポストの投函口に表示されている「POST」の文字を「LETTER」とか「MAIL」に変えることも助言していたと思われる話もある。当時のアメリカの進んだ事務管理論や郵便システムを導入し、遅れている日本の郵便システムを何とかしたいという熱意の表れかもしれないが、日本の実情を理解しないでアメリカ流の仕組みを押し付けてきた面も強く、対応した日本側の郵便関係者の苦労はたいへんであった。日本の独立で、このGHQの軛《くびき》から解放される。

## 2　成功した増収策

郵便は料金収入で事業を運営していくことが基本であるが、異常な物価高騰・人件費上昇などで戦後の郵便収支は前述のとおり赤字が続いた。郵政当局はさまざまな増収策を打ち出していくが、なかでも年賀はがきと記念切手の発売は増収に大きく寄与した。

**年賀特別取扱の再開**

戦後、年賀特別取扱が再開したのは、昭和二三年一二月になってからである。終戦から再開までの期間、昭和二

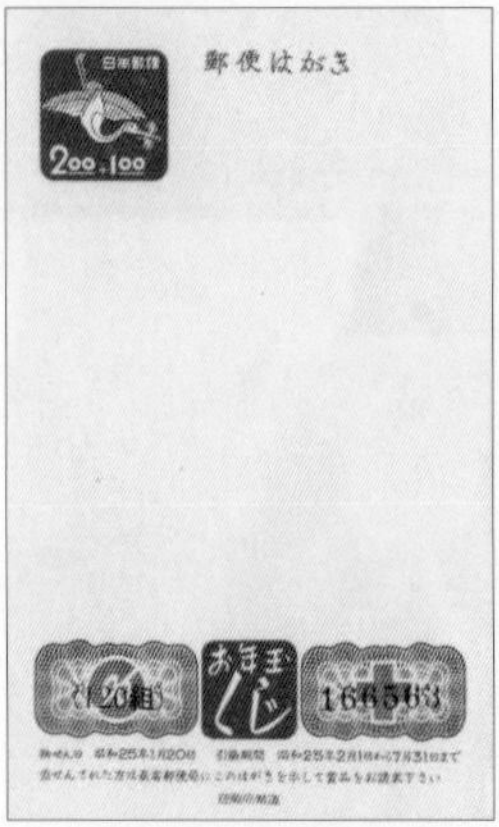

昭和25年用の年賀はがき（左）と発売宣伝ポスター

一年正月の年賀状を見ることはほとんどできないが、翌年正月には年賀状を出す人も少し出てくる。物資欠乏のため、官製はがきの表面下半分にも通信文を書くことが認められた。人々は、そのはがきの裏と表に細かい字でぎっしりと自らの安否を認《したた》め、戦争でばらばらになった人たちや満洲などから引き揚げてきた知人などに送った。それは年賀を祝うというよりは、互いの生存を確認するという意味合いが強かった。この時代、年賀状は安否を知らせる重要な役割を果たす。

逓信省は昭和二二年に年賀特別取扱を再開すべくポスターまで作って準備したが、物資欠乏、施設の復旧が進まず、再開には至らなかった。翌二三年に再開されるが、再開を知らせる壁新聞には「明けゆく平和日本、むかしなつかし年賀特別取扱が八年ぶりで再開されました」と書かれている。一二月一三日には羽根つきをする少女を描く大型の二円年賀切手も発行された。昭和二四年の正月用だ。復興がはじまったばかりで、まだまだ生活は厳しかったが、それでも取扱再開は穏やかな生活を取り戻す明るいニュースとなった。

昭和二四年一二月一日、日本初の年賀はがきが売り出される。それも籤《くじ》付き、寄附付きである。いわゆるお年玉付き年賀はがきである。額面二円、一円寄附金付きはがき（売価三円）が一億五〇〇〇万枚、寄附金なしのはがきが三〇〇〇万枚発行された。この籤付きはがきのアイディアは、京都市在住の一民間人である林正治が大阪郵政局に持ち込んだもの。提案から五カ月で実現した。特別の法律が制定され、賞品単価は二万円、賞品総額は発行総額の五パーセントを上限とすることなどが定められた。この時の賞品は、特等がジューキの高級ミシン、以下、純毛洋服生地、学童用本革グローブ、学童用洋傘、はがき入れ手箱、便箋封筒組合せ、そして六等が切手組合せシート、合計二六六万本の賞品が用意され、東京の日比谷公会堂で抽選会が開かれた。

ミシンはいわば当時の憧れの製品、世相を反映した憧れの商品が選定されている。発売のPRにも務め、アドバルーンや電光ニュースも使われたほか、街頭に「はがき娘」も繰り出した。以後、年賀はがきは着実に発行数を伸ばし、ピーク時平成一五年には四五億枚を記録、郵政最大のヒット商品となる。年賀郵便は手間もコストもかかるが、利益も出て収支改善に寄与する。寄附金は共同募金会と日本赤十字社に交付された。

なお、やはり増収策の一環として、昭和二五年からは絵入りの暑中見舞用はがきも発売されるようになる。官製はがき裏面に、石井柏亭や川端龍子ら当時の著名画家が描いた金魚やトンボなど涼しげな絵が印刷された。昭和二七年からは料額印面（切手の部分）も夏に相応しい絵柄になった。暑中見舞いはがきも次第に国民生活に定着していく。近年、メールに押され気味だが、今も「かもめーる」と銘打ち、籤付きのはがきで発売されている。

## 記念切手の販売

戦後、成功した郵便事業の増収策として記念切手類の販売も挙げたい。戦前の記念切手の発行は慎重で題材は皇室の慶祝行事などに限られ、創業から七五年間にわずか三五件九二種類しか発行されていない。しかし、前述のとおり、戦後郵便事業は大きな赤字を抱えるようになり是が非でも収入増加をはからなければならなかった。郵便料金値上げが筋だが、同時に手間と費用をあまりかけず、一定の収入が見込める記念切手の発行に踏み切る。切手趣味の普及という名目ではあったが、郵政当局にとっては、収入確保が狙いであった。戦時色のない平和な時代の図案が切手になり、それは戦前からの熱心な切手コレクターから歓迎され、また新たなコレクターも生み出した。以

見返り美人

下、戦後一〇年の切手発行事情である。

戦後初の記念切手は昭和二一年一二月に発行された郵便創始七五周年の四種類の記念切手とそれらを組み合わせた小型シートであった。資材不足の時期にこれだけの切手を作ったのだから、関係者の努力が偲ばれる。戦後直ぐの切手発行の特徴に、各地で開かれた切手展覧会や逓信事業展を記念し、既に発行された普通切手などを数枚刷り込んだ小型シートがしばしば発売された。ローカル色が強いことと図案に新規性がないこともあり直ぐに飽きられる。そこで昭和二三年から切手趣味週間切手がお目見えし、第一陣は菱川師宣《ひしかわもろのぶ》の「見返り美人」、翌年第二陣として安藤広重の「月に雁」が発行された。これら二枚は記念切手の代表作となる。その後、野口英世などを描いた文化人切手一八種類や蔵王など一〇カ所の観光地を描いた切手、戦前からはじまった国立公園切手の発行も復活した。また、国民体育大会の記念切手が毎年出るようになる。単発では、こどもの日、広島平和都市、長崎文化都市、新聞週間などの記念切手も発行され、平和日本、民主国家日本などが強調される。切手収集家は記念切手の発売初日に郵便局の窓口で切手を買い求め、それを初日カバー《ファースト・デー・カバー》（FDC、切手にちなむ絵が印刷された特別の洋封筒）に貼って記念スタンプを押してもらい大切に保存したものであった。今でもFDCには根強い人気がある。

戦後一〇年間の記念切手類の発行状況を表17にまとめてみた。特に昭和二四年度の実績が際立っている。この年、国立公園切手が復活し、野口英世と福沢諭吉の文化人切手は各三〇〇〇万枚ずつと大量発行された。年間発行件数（回数）は二二件、三七種類（図案）に及ぶ。発行枚数を積み上げると一億五三〇〇万枚、発行総額は一二億二四〇〇万円になる。この額は、各切手の額面に発行数を単純に乗じたものだから、全額が郵政省の収入になるわけではない。郵便に実際に使われたもの、売れ残ってしまったもの、それに製造コストなど諸経費を差し引かなければならない。純収入額がいくらになったか明らかにされていないが、それでも記念切手類の売上は貴重なものであったに違いない。表に示すように、発行総額が一〇億円を超す時期は昭和二四年度から三カ年で、記念切手の乱発に批判が高まったことと、郵便事業収支が黒字基調になってきたことから、昭和二七年度以降は、件数・種類・発行総数・発行総額ともに低下していく。

増収策とは関係ないが、時代がやや落ち着きを取り戻すと、普通切手の図案が一新される。戦後復興を担う産業現場で働く人々を描く一連の普通切手が昭和二三年から発行された。取り上げられた現場は、農業、捕鯨、炭鉱、茶摘み、印刷、紡績、植林、郵便配達、製鉄、機関車工場であり、いずれも増産や強化が叫ばれた産業だ。産業切手と呼ばれ、切手デザインから当時の復興への熱意が伝わってくる。

表17　記念切手等の発行状況

| 年度 | 件数 | 種類 | 発行総数（百万枚） | 発行総額（百万円） |
|---|---|---|---|---|
| 昭21 | 1 | 5 | 2 | 1 |
| 昭22 | 12 | 18 | 51 | 92 |
| 昭23 | 24 | 32 | 64 | 263 |
| 昭24 | 22 | 37 | 153 | 1,224 |
| 昭25 | 11 | 19 | 132 | 1,004 |
| 昭26 | 20 | 36 | 136 | 1,157 |
| 昭27 | 13 | 26 | 98 | 935 |
| 昭28 | 8 | 17 | 46 | 354 |
| 昭29 | 9 | 15 | 42 | 312 |
| 昭30 | 5 | 8 | 29 | 209 |

注：1 日本郵便切手商協同組合と日本郵趣協会の切手カタログのデータにより作成した。
2 各年度、記念切手、国立公園切手、年賀切手の件数、種類、発行総数、発行総額を集計した。
3 発行総額とは、各切手の発行数に額面を乗じた額を年度ごとに積み上げた額をいう。
4 小型シートは1種類として計算した。また、総額計算では、小型シートの売価を額面とした。

## 3　万国郵便連合への復帰

第一二回万国郵便連合（ＵＰＵ）大会議は昭和二二年五月パリで開催された。敗戦国の日本は大会議には招かれず、代わりにＧＨＱの職員が参加した。大会ではＵＰＵが国際連合の機関となることが決定され、新たな万国郵便条約が締結された。わが国はＧＨＱの承認を受けて条約に加入した。

UPU加盟75年
記念ポスト

これは日本にとって戦後初の国際条約の締結となり、国際舞台への復帰は郵便からとなった。加盟国の七等まであるクラス別では、意外なことなのだが、敗戦国占領下の日本が一等のクラスに格付けされる。換言すれば、経費負担額が一番高いクラスになる。ただし、植民地などの喪失により、戦前持っていた三票の投票権は一票になった。

昭和二七年五月、ベルギーのブラッセルで開かれた第一三回UPU大会議に正式に招かれ、わが国から全権委員が出席した。大会議は、前月発効したばかりの平和条約の後、独立国として参加した初の国際会議になった。奇しくも同年はUPU創立七五年に当たり、本部のあるスイスのベルンで挙行された記念式典にわが国代表も参列した。また、各国と同様に、日本の郵政省も記念切手を発売する。東京中央郵便局の前には、笛を吹くキューピットを戴く記念のポストを設置し、UPU創立七五年そして日本のUPU完全復帰を祝ったのである。ポストは彫刻家の乗松巌（二科会）の作品。

# 第16章　経済成長期の郵便事業

## 1　郵便増加と配達改善

昭和三〇年代、四〇年代に入ると、鍋底《なべ》不況などを経験したものの、岩戸景気など長期の大型景気に支えられ、日本経済は高度成長を続ける。世界で造船一位、自動車二位、鉄鋼三位、輸出四位などという見出しが新聞紙上に躍った。貿易と外国為替が自由化され、わが国は国際経済の檜《ひのき》舞台で先進各国と肩を並べるまでになっていく。産業界では業務の情報化やコンピュータ化がはじまる。このような経済発展を受け郵便事業でも、ダイレクトメールを中心に郵便の取扱量が飛躍的に増加する。

### 郵政省の対策

高度経済成長期に入り郵便物が増加するなかで、郵政省はどのような対策を打っていったのであろうか。ここでは、郵便物の種別構成の変化、それに対応した昭和三六年の郵便法改正などについてみていこう。

**種別構成の変化**　昭和三〇年度の郵便物数は四八億通となり、戦前最盛期の数字までに回復した。その後も順調に右肩上がりで増加し、昭和四三年度には一〇〇億通を突破するまでになった。だが、それまでの第一種書状・第二種はがきが全体の七〇パーセントを超す種別構成であったものが、それが昭和四〇年度には五九パーセントに低下し、第三種以下の郵便物が四〇パーセントを超すまでになった。第五種のダイレクトメールの増加が大きな要因である。郵便が個人主体から多数を相手とする業務用通信になり、郵便物そのものの形状も大きくなる。それに、郵便が東京、横浜、名古屋、京都、大阪、神戸の六大都市圏に集中するようになった。当時の郵便運営の体制がこのような変化に追いつかず、また、折からの労使問題とからみ、郵便遅配が社会問題化する。

**郵便法の大改正**　郵便遅配解消が最優先課題となった郵政省は、昭和三六年六月、郵政審議会の答申を受け、郵便局舎改善計画を策定、非常勤職員の本務化、予算と定員の大幅増を行うとともに、その財源を確保すべく郵便料金の改正を行う。しかし手紙とはがきの料金は据え置かれ、第三種以下の郵便料金も低く抑えられた。特に送達原価がおよそ七円かかる低料金扱いの新聞など定期刊行物の第三種料金は当初一円から四円に改定することにしていたが、新聞社などからの反対に遭い二円に止《とど》められた。その背景には、料金が法律で定められていたことから、国会での議論が、郵便のコストよりも、国民生活への影響や福祉・文化政策などの観点から料金を抑えることに議論が集中した。この年の郵便法そして郵便関係法令の改正は大規模なものになり、料金改定のほか、低料第三種郵便物の差出規制、転居届の制度化、災害被害者へのはがき無償交付、料金受取人払・料金計器別納制度の拡大などが図られた。また、噛《か》み癖のある犬を繋《つな》いでいないときには郵便物が配達できないことがある、とした。ちなみに昭和四二年一〇月の数字だが、配達員の犬の被害は全国で一七七〇件に上り、九割が飼い犬であった。

**具体策の内容**　郵便物の増加、遅配解消に向けて具体的にとられた主だった対策、すなわち郵便配達の機動化、効率化、そしてアウトソーシング化についてみていこう。

**配達の機動化**　この時代に郵便配達の機動化がはじまる。配達員は徒歩か自転車をこいで郵便物の配達を行っていたが、昭和二三年に東京の麻布と芝の郵便局にスクーターが各一台ずつ実験的に配備された。郵便配達の機動化である。その後、郵便集配の機動化が推し進められ、バイクと軽自動車（機動車と総称された）が普通郵便局に、続いて特定郵便局に配備されていく。バイクの比率が高いが機動車の配備実績をみると、昭和三〇年度末二〇〇〇台、昭和五〇年度末五万台、平成二年度末には八万台となった。一日の総走行距離は二九三万キロ、地球七三周分に当たる。今では郵便局の赤いバイクや軽自動車が街の風景のなかにすっかり溶け込み、郵便物の配達集配に活躍している。

**配達の効率化**　昭和三〇年代半ばになると、日本の人口は大都市圏とその周辺に集中する。それに伴って建物の高層化集合化が進み、階段を上り下りして郵便を配達することが多くなった。それはまるで一日中山登りをしているようなもので、郵便配達員の疲労が無視できないものになってきた。そこで昭和三六年にエレベーターのない三階建て以上の建物については、建物の出入口やその周辺に集合郵便受箱を設置することを郵便法などで規定し、集合郵便受箱の設置協力を要請する。昭和五三年九月の調査によると、全国二四万棟、配達箇所数四五〇万のうち九九パーセントが集合郵便受箱に郵便物が配達されていた。好成績である。郵便局からの規格化された低廉な価格の郵便受箱の斡旋や設置経費の一部補助が功を奏したのであろう。また、一定の地域を対象とする地域集合郵便受箱の設置や管理事務所などへの一括配達も利用者の協力を得て推進する。集合郵便受箱の設置により郵便配達はスムーズになり、この方式は完全に生活のなかに溶け込んだといえよう。

スクターで郵便を配達する局員
（麻布郵便局管内、昭和33年）

もう一つ郵便配達の効率化に寄与したのが住居表示の整備である。郵政省が協力し自治省が昭和三七年に住居表示を法制化した。かつての町名地番はいわば財産番号。だが町の境界が複雑で不明確、同一市町村内に同一の町名や類似の町名がある。番地が順序どおりに付いていない、同じ番地にたくさんの家屋がある、といった具合で住所を頼りに家を探すことは難しかった。郵便配達や行政事務にも大きな支障を来したし、一般の人にももちろん不便であった。法制化後、合理的（機械的？）に市町村を区切り新たな町村名を定め、例えば「東京都港区新橋〇丁目〇番〇号」といった具合に各建物に住居表示を付けていった。

また、集合住宅であれば、号の次に部屋番号を加えれば住所になる。当時、郵政省は自治省や地方自治体と連携し、住居表示板を各建物に付けてもらう。また、街区符号表示板も街区の要所に設置してもらった。更に、集配郵便局は住居表示の実施を受持の各家庭や事務所などに局長名をもって通知し、各家庭に住所変更（住居表示の採用）を親戚や知人に知らせてもらうために、通知の郵便は無料扱いとした。このような郵政当局の努力にもかかわらず、地域住民の強い反対に遭う。実施後七年目に入っても住居表示の全国実施率は五七パーセントに止まり、現在でも未実施地区がある。確かにわかりやすくはなったが、由緒ある地名がたくさん消え、町名が無味乾燥な画一的な表示名に変わっていたことで、地名に秘められた町や村の小さな歴史が消え去っていった。

## 郵便配達のアウトソーシング化

郵便増加に伴い、昭和三〇年度以降、それまで職員の定員削減が続いていたが定員増加に転じる。昭和三七年度には岩戸景気を反映して九五〇二人もの定員増加が認められた。だが、世の中は人手不足の時代に移っていって、必要な職員数を確保することができなくなった。この人手不足は労働集約型の郵便事業にとって深刻な問題となっていく。そのようななかで炭鉱離職者一〇〇〇人が郵便局の戦力に加わった。また、大都市圏の郵便局で勤務してもらうため、郵政当局は、地方からの若手労働者のために宿舎を増設したりして、職場環境の整備に務めた。しかし給与が国の基準に縛られ、満足な額が出せなかったことが隘路となる。人手不足の対策として、昭和三八年から一部の郵便局では小包配達を外部に委託する動きがはじまった。その後、都市部を中心に外部委託は拡大していく。また、都市周辺に増加する住宅団地の配達についても非常勤職員による配達に切り替えられ、昭和四五年以降、全国に広がっていく。家庭の主婦が多かったことから「ママさん配達」の愛称で呼ばれるようになった。郵便配達のアウトソーシングということになろうか。

## 2　郵便の機械化

人手不足を解消するために作業を機械化する。それは同じ規格の製品を大量に作るときにきわめて有効な手段になるが、郵便物の形状は千差万別。そもそも画一的な機械処理には馴染まない。それでも郵便機械化の先駆者たちは、さまざまな工夫を行い、幾多の失敗にもめげず、郵便の機械化すなわち局内作業の機械化に挑戦してきた。ここではその足跡を辿《たど》る。高度経済成長期のもう一つの郵便事業の物語である。

### 機械化の前史

わが国の郵便機械化は昭和のはじめからはじまった。佐藤亮の『郵便・今日から明日へ―機械化・ソフト化―』や板橋佑己の論文に詳しいのだが、ロンドンのマウント・プレザントやシカゴに誕生した当時最高水準の郵便機械化局に刺激されて、昭和八年に開局した東京中央郵便局には、ベルトコンベアをはじめ小包や書状の区分装置などが導入された。計画設計は東京帝国大学の協力を得て日立製作所亀有工場が中心となり進められる。だが機械を動かしてみると、さまざま故障が生じて実用に耐えることができず、半年後には取り外された機械も出てくる。このような事態になった原因は、当時、機械を作る技術はあっても、それを運用するソフト面のノウハウがなかったからである。しかし失敗の教訓はその後の機械化に生かされていく。また、昭和一八年に完成した大阪中央郵便局で

実証実験中の自働取揃押印機
（昭和40年代前半）

も機械化が検討されたようだが戦争で中断された。戦後初の機械化局は昭和三一年に完成した名古屋中央郵便局で、小包用のコンベアやシュートなど搬送設備が整えられた。機械化の前史をどこまでとするのか迷うが、この辺までが機械化の歴史の前段階であろう。

## 実証実験の時代

昭和三〇年代後半から郵便機械化の研究開発、それに続く実証実験がはじまる。ここでは最初に京都中央郵便局ではじまった研究開発、続いてはじまった大宮郵便局での実証実験についてみていこう。

**京都中央郵便局**　昭和三六年九月、郵政省郵務局に郵便機械化企画室が設置され、官民合同で郵便機械化の研究開発がはじまった。同年、日本電気から自働押印機の試作機一台が東京中央郵便局に納入された。一〇月には京都中央郵便局が自働区分機設置モデル局として開局、日立製作所尼崎工場が製造した打鍵式書状区分機一台が据え付けられる。この区分機はオペレーターが符号を打鍵すると一四〇の宛先に書状が区分される。速度は一分間に六〇通前後。当時、局内で区分作業は七〇パーセントほどを占め、区分が機械化できれば局内作業の省力化に大きく寄与する。

この竣工したばかりの京都中央局に、日本で開催されていた万国郵便連合の郵便研究諮問委員会（ＣＣＥＰ）の一行が視察に訪れる。ＣＣＥＰは郵便機械化の諸問題を国際間で議論する委員会で、二〇カ国から代表が参加していた。小包区分機、書状区分機、各種搬送装置、自働開箱装置などを見て回る。一行の前面でデモンストレーション中の手紙が機械に巻き込まれぐしゃぐしゃになるという一幕もあったが、全体として一応の評価を得た、と前出の佐藤は語っている。

その後も郵政省はメーカーの協力を得ながら区分作業の自動化に取り組む。昭和三九年から翌年にかけて、オペレーターが郵便番号を読み取り郵便物に打鍵し印刷したコードを光学的に認識し区分するコード式、あるいは、はがき表面所定の位置に差出人が記入した郵便番号に相当するマークを光学的に読み取り区分するマークセンス式などが試みられた。いずれの方式もオペレーターが読み取る、利用者がマークを付けることになるなど負担が大きすぎるため、手書きの郵便番号を読み取る方式に重点をおき開発することになった。

**大宮郵便局**　昭和四一年八月、埼玉県の大宮郵便局に本省（郵便機械化企画室）直轄の機械化実験室が設置された。定形・定形外については次に詳述するが、大宮局では、郵便物を定形と定形外により分ける自動選別機、定形郵便物の切手の位置を自動的に検知して取り揃え消印する自働取揃押印機などの試作機が持ち込まれ、テストと改良が続けられた。試作機は日本電気製と日立製作所製。当時機械化先進国であったイギリスやドイツのシステムなどを研究しながら、実際に郵便物を機械に流して、わが国特有の郵便物の特徴を踏まえ日本の郵便に適合するシステムに仕上げていった。

機械化されると、郵便物はどのように処理されていくのであろうか。まずポストから集められた郵便物が自働選別機に投入され、定形と定形外などに選別される。イメージ的に述べれば、八角形の大きなドラムをゆっくり廻して小さいものから選別していくとか、コンベアの上に流してサイズ別に選別していく方式などがある。次に、選別機から出てきた定形郵便物の向きを揃えて切手に消印を押す。この段階では郵便物の向きは表裏上下左右ごちゃごちゃである。そこで郵便物に貼ってある切手の位置を機械が検知して、切手の位置を取り揃えて郵便物を並べる。切手を検知するために、残光のない蛍光インクを切手に加刷した。蛍光インクは後に残光がある燐光インキに変更される。発光切手と呼ばれるものだ。発光切手を貼った手紙に紫外線を照射すると、その発光反応で切手の位置がわかるという仕組みである。取り揃えられた郵便物は切手を押印する装置に流れていく。昭和四一年七月、大宮地区の郵便局などで七円金魚と一五円菊の発光切手と夢殿七円発光はがきが実験的に売り出される。

日本人は切手を舐《な》めて貼る癖がある。機械化実験室では、そこで燐光インキが人体に有害かどうか検証したが、それを裏付けるデータは上がってこなかった。だが燐光インキの加刷は切手の製造コストが一割ほど高くなるため、切手の色を検知する方式が浮上してくる。しかし、郵便物には、例えばカラー封筒、航空郵便のラベル、シール、会社のロゴ、速達のスタンプなど赤や青などの色がいっぱいついている。だから色を検知するといっても、切手の色に似ていたら機械が間違ってしまう。

色検知対応の普通切手

そこで切手の図案に少し工夫をする。普通切手の寸法は一八・五×二二・五ミリ。その四周に幅〇・五ミリの太さの枠を入れ、そのなかに図案を描く。ここに示すとおり、六〇円切手には枠が入っていることがよくわかる。検知上、枠は線である必要がないから、図柄のバックでも、模様の一部でもよい。結果的に規定の枠が隠されていればよい。四〇円切手は一見枠がないように見えるが、四周にバックの色で枠が入っている。このように切手にも機械化に対応させるためにちょっとした仕掛けが施された。

大宮郵便局での実験はポストから集めてきた実際の郵便物を使ったことに意味がある。技術者が思いもよらなかった事故や故障も起こったが、それらを克服し改良し、よりよい機械を生み出していった。自働選別機と自働取揃押印機は実用段階に達し、前者は一時間三万通、後者は二万七〇〇〇通を処理できるまでになった。書状区分機は郵便番号が実施されていなかったものの、自働読取式、コード式、マークセンス式の三方式の機械で実験が繰り返された。郵便機械化企画室が昭和三六年度から六年間に行った研究試作件数は六一件、その間、開発費は当初年間一八〇万円であったものが五億円を超すまでになる。メーカーの開発にも力が入るようになった。

機械化すれば人手がいらなくなる。それは幻想で大宮の実験では意外に人手を要することがわかった。すなわち、選別機に郵便物を投入する人、選別された郵便物を取揃押印機に供給する人、取揃押印機を運転する人、押印された郵便物を引き出す人など、スピードが速いので四人が必要になった。機械がせっかく八人分の仕事をしてくれるのに、その機械を動かすのに四人もいるのでは機械化の効果が半減してしまう。だから、局内作業を選別―取揃―押印―区分―把束―差立といった具合に一つのシステム、一つの流れとして捉え、機械と機械とをうまく結合して、同じスピードで処理し、滞ることなく自動的に郵便物が各処理装置に流れる仕組みを開発する必要がある。そのシステム構築が次の開発の目標となった。

### 機械化の基盤整備

機械化には、それが可能となる基盤《インフラストラクチヤ》が整備されなければならない。郵便機械化の場合には、郵便物の規格化と郵便番号の導入が大きな柱となろう。以下、その二点を中心に紹介しよう。

**郵便物の規格化**　京都中央局や大宮郵便局の実証実験などでみえてきたことは、機械化には郵便物の規格統一が絶対的な条件になる、ということであった。ＣＣＥＰも国々を行き来する封筒の規格化を進め、最大二三・五×一四センチ、最小一二×九センチとし、九種類程度を作ることが決められた。当時、日本では内職で多くの封筒が作られていた関係で、市販されている封筒は一〇〇以上のサイズがあり、材質もバラバラであった。そこで日本標準規格封筒専門委員会が主管の通商産業省に設置され、郵政省や関係業界などが集まり検討が重ねられた結果、昭和三七年一〇月、二一種類のＪＩＳ規格の封筒が選出され告示された。郵政省では二一種類のなかから更に八種類を郵便用勧奨封筒と定め、この封筒を郵便に利用するように積極的にＰＲした。しかしながら、ＪＩＳ規格封筒の普及は進まなかった。

表18　東京都港区の郵便番号

| 区名 | 町名 | 3桁/5桁（昭43.7.1） | 7桁（平10.2.2） |
|---|---|---|---|
| 東京都港区 | 虎ノ門 | 105（芝局） | 105-0001 |
| | 愛宕 | | 105-0002 |
| | 西新橋 | | 105-0003 |
| | 新橋 | | 105-0004 |
| | 芝公園 | | 105-0011 |
| | 芝大門 | | 105-0012 |
| | 浜松町 | | 105-0013 |
| | 芝1～3丁目 | | 105-0014 |
| | 東新橋 | | 105-0021 |
| | 海岸1～2丁目 | | 105-0022 |
| | 芝浦1丁目 | | 105-0023 |
| | 西麻布 | 106（麻布局） | 106-0031 |
| | 六本木 | | 106-0032 |
| | 麻布台 | | 106-0041 |
| | 麻布狸穴町 | | 106-0042 |
| | 麻布永坂町 | | 106-0043 |
| | 東麻布 | | 106-0044 |
| | 麻布十番 | | 106-0045 |
| | 元麻布 | | 106-0046 |
| | 南麻布 | | 106-0047 |
| | 元赤坂 | 107（赤坂局） | 107-0051 |
| | 赤坂 | | 107-0052 |
| | 北青山 | | 107-0061 |
| | 南青山 | | 107-0062 |
| | 芝4～5丁目 | 108（高輪局） | 108-0014 |
| | 海岸3丁目 | | 108-0022 |
| | 芝浦2～4丁目 | | 108-0023 |
| | 白金台 | | 108-0071 |
| | 白金 | | 108-0072 |
| | 三田 | | 108-0073 |
| | 高輪 | | 108-0074 |
| | 港南 | | 108-0075 |

そこで郵政省は郵便物のサイズによって定形郵便物と定形外郵便物に別けて、定形料金を定形外料金よりも低く、否、定形外料金を定形料金よりも高く設定し、郵便物を定形に誘導することに決めた。定形のサイズは最大二三・五×一二センチ、最小一四×九センチとした。昭和四一年七月の料金改定では、第五種郵便物を第一種郵便物に統合し、定形は二五グラムまで一五円、定形外は五〇グラムまで二五円とする料金改定を行った。それまでの料金設定が信書は第一種、印刷物などは第五種とした考え方を改め、郵便物の内容ではなく形状と重さによって料金を設定することにしたのである。換言すれば、機械で扱いやすいものとそうでないものに別けた。その結果、仮に重さを二五グラムとすると、第一種信書の料金は一〇円から一五円に五〇パーセントの値上げ、第五種印刷物（定形外）は一〇円から二五円に一五〇パーセントの大幅値上げとなる。しかし、定形封筒に印刷物などを封入して差し

出せば、一五円で済む。この改定で、大きかったダイレクトメールの形状が次第に定形化されていった。そのことは機械化にとっての基盤が一つ整ったことになる。

**郵便番号**　次に郵便番号である。アメリカなど先進諸国の後塵を拝したが、日本でも昭和四三年七月一日から郵便番号制度がはじまる。三桁か五桁で構成されたもので、最初の二桁は都道府県市区などの行政区画、三桁目は地区の郵便局を表している。そして必要に応じて四桁目と五桁目には、末端の郵便局や私書箱を表す番号が追加された。集配局の番号といってもよいものである。郵便番号の目的は、宛名を読まずに数字だけで集配局まで区分できるようにすることである。表18に東京都港区の郵便番号を並べてみた。三桁／五桁時代には港区に四つの集配郵便局があり、それぞれに郵便番号が付番されていた。芝、海岸、芝浦の町は丁目によって芝局と高輪局に跨がっている。郵便番号があればその番号で正確に区分できるが、郵便番号がなければ、芝一丁目が芝局で、芝四丁目が高輪局であることを知らなければ正確に集配局ごとに区分できない。経験豊富な東京の郵便局員なら区分できるかもしれないが、札幌や福岡の局員には到底無理な話である。だが番号区分なら何処《どこ》でも誰でも直ぐにできるようになる。

郵便番号自働読取区分機
（東京中央郵便局、昭和43年）

郵便番号がスタートしたその日、東京中央郵便局の局舎に東芝製の郵便番号自働読取区分機が設置され運用がはじまった。区分機はビデコンカメラ方式、宛先が五〇方面と一〇〇方面の二機種。一分間三六〇通（一時間二万一六〇〇通）の速度で区分していく。人の七倍のスピードといわれた。翌年には、フライングスポット方式による日本電気製の区分機も登場する。これら区分機は、光学的文字認識装置《オプティカル・キャラクター・リーダー》（O

CR）の技術を活用し、世界ではじめて枠のなかの手書きの数字を認識することに成功している。つまり一定の位置に五つの赤い枠を封筒やはがきに印刷しておいて、そこに数字を書いてもらう。機械は枠の位置を確認し枠内の数字を光学的に読み取り、記憶装置の辞書と比較して数字を判断するのである。三〇万字もの手書きの数字を集めて分析し研究開発を進めたといわれている。読取率は九〇パーセントを超えた。

その後、幾多の改良が加えられ、郵便番号自働読取区分機は大都市の大きな郵便局に配置されていく。機械による番号区分（差立区分）がはじまったが、利用者に郵便番号を記載してもらわなければどうにもならない。『郵政百年史』の記述を借りれば、郵便事業近代化の命運をかけて郵便番号制度を推進した結果、昭和四三年度の番号記載率は一般利用者七〇パーセント超、大口利用者五〇パーセント弱であった。諸外国の初期記載率が三〇パーセント前後であったことと比べれば、まあまあの成績である。昭和四五年四月の調査では、一般八一パーセント・大口六六パーセントまでに向上した。もっとも記載に強制力を持たせた西ドイツの導入二年目の記載率は九〇パーセントを超えた。それと比べると、記載推奨という縛りの弱い日本の記載率はやや低めであった。

OCR技術を駆使した日本製の区分機はCCEPをはじめ郵便機械化を進めようとする国に注目された。一方、それらの国に対し、機械化先進国は官民が協力して自国の郵便システムの売り込みをかけていた。そのような厳しい海外市場で、東芝や日本電気などの企業は孤軍奮闘しながら、外国勢とそして国内競合他社と熾烈な競争をしながら、昭和五〇年代から六〇年代にかけて、ブラジリア局、ソウル国際局、台北中央局、テヘラン局の機械化プロジェクトを受注した。また、日本企業は、フィンランド、スウェーデン、シンガポール、ハンガリーなど多くの国にOCR書状自働処理システムなどの輸出に成功する。日本車の輸出はみんな知っているけれども、日本の郵便システムが輸出されたことも知って欲しい。わが国も郵便機械化先進国の仲間入りをしたのである。

その後も郵便自働化機械はOCRをはじめコンピューターによる情報処理技術の急速な発展に伴って進歩してい

く。東京中央局に郵便番号自働読取区分機二台が導入されたのは昭和四三年七月。全国に配備された区分機は五年目に三五局六三台に、一〇年目には六九局一〇一台までに増加した。その性能も上がり、昭和五〇年代半ばになると、印字した郵便番号も読み取る区分機が実用化され、手書き・印字の混在した郵便物をいっぺんに処理できるようになった。また、昭和六三年には切手の発光検知も色検知も両方できる自働取揃押印機も完成する。平成元年には世界ではじめて漢字で書かれた住所を認識できる新型読取区分機も完成した。この区分機の登場は、手書きの漢字読取が不可能と考えられてきただけに大きな成果といえよう。検知技術に関連するが、実は、山﨑好是編『平成切手カタログ』によると、平成に入ると、日本の五〇〇円切手など高額切手が外国で不正に印刷され金券ショップに持ち込まれるようになる。郵政省は、偽造防止のため、高額切手の周辺部に額縁のように発光印刷を施した。更に対策強化のため、発光印刷に加えて、パール印刷で雲模様や「〒」マークも施すようになった。

ところで、機械化に対して労働組合の反対が起きた。全逓信労働組合（全逓）は、機械化が人員削減などにつながるとして、区分機搬入阻止闘争を実施した。当局の『郵政労働運動小史』によれば、昭和四四年五月から七月にかけて、札幌中央、福岡中央、名古屋中央、東京中央、大阪中央、日本橋、芝、神田の各郵便局に区分機が搬入された。特に新宿局への区分機搬入に当たって、全逓は最大拠点として一五〇〇人を動員し、搬入阻止闘争を展開した。当局の要請を受け警察官三五〇人がピケ隊を排除し、区分機は局内に無事搬入される。この間に威力業務妨害、公務執行妨害などで七人が逮捕された。このことも機械化の歴史には刻まなければならないであろう。

**七桁郵便番号**　平成一〇年二月、郵便番号が七桁になった。これで配達区分まで可能になる。また表18をみて欲しい。東京都港区の例になるが、それぞれの町名に四桁の枝番をふった。郵便番号七桁の次に住居表示の番号をつなげると、宛先をすべて数字で表すことができる。例えば「東京都港区虎ノ門一丁目二番三号〇〇ビル四五号室」であれば、「105–0001 1–2–3–45」という数列になる。漢字の数字も認識できる読取区分機に郵便物を通せば、一瞬に数列に直してくれる。これをバーコードに生成して透明のインキで郵便物の宛先面に印字する。肉眼でバーコードをみるのは難しいが、紙質によってはみえることがある。多くの大口利用者はあらかじめ宛先表示といっしょにバーコードも印字しているから、そちらの方は直ぐに認識できる。郵便物の流れを簡単に説明する。引受局で郵便物が読取区分機を通りバーコードが印字され、統括局（中継局）に送られる。その時、機械で自動的に宛先が読み取ることができないときは、情報入力端末《ビデオコーディングシステム》（ＶＣＳ）を使って、人力でバーコードが印字される。統括局に着くとバーコードにより配達局ごとに区分され、配達局に差し立てられる。配達局では郵便物をバーコードにより配達する順番に並べられる。現在、ここまで局内作業が機械化されている。

## 大型集中局の誕生

前段では、もっぱら手紙やはがきの定形郵便物の機械化をみてきたが、この時期に、小包を専門に処理する小包集中局と大型通常郵便物を処理する通常郵便集中局が誕生した。郵便工場とも呼ばれる大規模な専門郵便局である。小包と大型郵便物の機械化としても捉えることができる。

**小包集中局**　昭和四二年一〇月、東京北部小包集中局が開局した。東京中央局の小包処理スペースが狭くなったため、ここに東京と東日本との間に発着する小包を集中させて、小包分配と差立の業務を行うことにした。わが国初の小包集中局だ。開局時の処理能力は一日七万個。各局間の輸送には郵袋のほかにジュラルミン製のコンテナを採用し、発着台には積卸用の油圧リフトを設け、主だった機械としてパン式小包区分機、コンテナエレベーター、バケットエレベーター、トウコンベアが設置された。同様の目的で翌年九月には東京南部小包集中局が開局する。ここでは東京と西日本との間に発着する小包を集中させて処理した。開局時の処理能力は一日八万個。ここの特徴は、パン式小包区分機に代わって、オーバーヘッドチェーントロリーコンベア（ＯＣＴ）が導入されたことであろう。ＯＣＴは小包を郵袋に入れてチェーンに吊り下げ、頭上高く流して指定のところに郵袋を落としていく搬送区分装置だ。昭和四七年になると、大阪小包集中局が完成した。当時、小包だけを扱う集中局としては世界最大級の局となり、ベルトコンベアの全長が一〇キロにも及び、小包の荷卸しをする発着プラットフォームは二階建てであった。

**通常郵便集中局**　昭和四二年一〇月、晴海通常郵便集中局が開局した。東京中央局で扱っていた大型の定形外通常郵便物の分配差立業務を業務を行う。開局時の処理能力は一日九〇万通。郵便物の区分・搬送にプラスチックケースを採用した。以上、小包集中局と通常郵便集中局を説明してきたが、これら単一機能の局は第一世代の機械化集中局と呼ばれている。

**一貫システム局**　時代が進み昭和五〇年代後半になると、第二世代の機械化集中局が登場する。この集中局では全種類の郵便物を一貫したシステムのなかで処理できる。オールマイティーの郵便局だ。昭和五七年に横浜郵便集中局か、二年後に名古屋郵便集中局がそれぞれ建設された。『郵便創業120年の歴史』の説明によれば、書留郵便物のバーコード処理、音声入力による区分などの最新式の処理システムを取り入れ、また、郵便物の選別から郵袋への納入まで一貫して処理をするシステムなどを全国で初めて採用するなど、郵便作業の効率化を徹底的に追求した集中局となった。郵便の一貫処理システムは多くの国から注目を集め、技術協力の提供要請が相次いだといわれている。中国北京市の大型集中処理局の開局に当たっても、郵政省の技術者が派遣されシステム開発を含めた技術協力が行われている。

東京南部小包集中局（昭和43年）

昭和三〇年代まで郵便局にあった機械といえば、切手を消印する自働押印機、それに搬送機械のベルトコンベアぐらいであった。郵便局の仕事は人手に依存する労働集約型の典型例であったが、前述のとおり、郵便機械化は近年目覚ましい勢いで進化している。だが、郵便物の配達はどうしても人手を借りなければできないが、近い将来、ドローン（小型無人機）などで郵便物を各家庭に届けることができる日が来るかもしれない。実験もはじまった。

## 3　郵便再生への挑戦

昭和四六年、アメリカの経済力が後退し、ドルが切り下げられ一ドル三〇八円の時代が到来した。いわゆるニクソン・ショックである。二年後には為替変動相場に移行し、円が上昇し円高不況が進行した。それに追い打ちをかけるように、昭和四八年に第一次石油危機が起き、田中内閣が推進した日本列島改造論も影響し、狂乱物価が国民を襲った。その深刻さは、鉱工業生産が二〇パーセントのマイナス、製造業の稼働率に至っては二四パーセントのマイナスになる。加えて雇用も落ち込むという凄まじい状況となった。このような経済混乱を日本は克服して、省エネ技術の開発、輸出の拡大、公共投資の拡大により景気回復を図り、わが国経済を安定成長に乗せていく。昭和五〇年代後半になると、イギリスのサッチャー政治に代表される新自由主義の政治が日本にも台頭し、公共事業などの支出を抑制し「小さな政府」を目指す一方、国鉄・電電・専売の三公社が分割民営化されていく。このような時代に、長期低落傾向にあった郵便事業をどのように再生し立て直していったのであろうか、ここではその点について検証していこう。

### 破綻の危機

昭和四〇年代から五〇年代にかけて郵便事業財政は破綻の瀬戸際に立たされていた。一義的には物価高騰インフレによる人件費の上昇が主因であり、労働集約型の郵便事業では避けられないものと考えられていた。昭和五〇年度には赤字が単年度で一三〇〇億円になり、累積赤字はおよそ二五〇〇億円にまで膨れあがる。「第二の国鉄」と指摘される危機的状態に陥った。もはや郵便料金値上げだけでは解決できない、郵便を取り巻く経済環境の大きな変化が顕在化してきた。

大きな変化は、小包郵便の大幅な減少である。昭和五四年度に二億個近くあった小包は、その後四年連続で減少し億三〇〇〇万個まで落ち込んだ。三五パーセントのマイナスである。このまま減り続ければ、数年後にはゼロになってしまう。前段で紹介した昭和四二年から四七年にかけて建設された東京と大阪の小包集中局では、せっかくの機能がフル稼働できない状態になっていた。原因は大手民間宅配便業者の急成長であった。小包・国鉄手荷物・大手宅配便のシェアをみると、昭和五四年度が小包七〇パーセント・宅配便一二パーセントであったものが、昭和五九年度には小包三〇パーセント・宅配便六七パーセントとなり、わずか五年で大逆転されてしまった。運輸省の標準宅配便運送約款では、配達所要日数は四〇〇キロまで三日（引受日を除く）以内、四〇〇キロを超えるものは四〇〇キロごとに一日が加算された日数と定められていたが、民間業者は全国翌々日配達を謳っていた。宅配便は家まで荷物を集荷してくれるし、早いし料金も安いとなれば、荷物が宅配便に流れるのは必定であった。

### 破綻回避の処方箋

郵便事業の破綻回避の処方箋が出された。昭和五四年一二月、郵政大臣から郵便事業財政を改善する方策について諮問を受けていた郵政審議会は、その方策を大臣に答申する。答申の骨子は、事業運営の効率化、合理化、郵便料金の改定が必要というものであった。具体的には、①収支均衡を回復するため、効率的経営に徹することであり、②郵便料金の改定を行うことはやむを得ないとして、③料金決定方法の弾力化について速やかに検討を行うこと、④安定した労使関係の確立と業務の正常運行の確保に努めることが答申の柱であった。

一方、政府は増税なき財政再建を達成すべく、昭和五六年三月、行財政改革を検討する第二次臨時行政調査会をスタートさせた。土光臨調だ。郵政事業にもメスが入れられ、第一次答申では「窓口取扱時間の短縮、配達度数の見直し、業務の機械化、郵便物の取集・運送・配達の民間委託等の推進」が言及され、最終の第五次答申では「小包郵便業務については、民間宅配業者との競争の激化に伴い、事業収支を急激に悪化させており、早急にコストの縮減を図るなどの合理化を行うべきである」との厳しい指摘がなされた。同じ頃、郵便事業ではないが、郵政三事業の一つである「郵便貯金」について、銀行預金と郵便貯金の金利一元化などの問題が浮上、有沢広巳を会長とする「金融の分野における官業の在り方に関する懇談会」が設置された。銀行側は「郵貯懇」と呼んでいたが、郵政側は「金融懇」と呼んだ。議論は平行線に終わっているが、郵貯に対して臨調の民業圧迫論や民業補完論に基づく強い意見が出されたことはいうまでもない。

郵政審議会で郵便事業を巡る議論がなされたことは過去幾度となくあったが、この時期の議論は破綻回避のための処方箋を示すもので、郵政事業史の上で、とりわけ重要な答申と位置づけことができよう。また、政府の行政改革の意を体した臨調の俎板《まないた》に乗せられ議論されたことは、国（郵政省）が不退転で改革を行うことを求められたことを意味する。金融懇の議論も無視できないものがあった。

**営業課の新設**

昭和五六年四月、郵政省郵務局に「営業課」が新設された。普通のお役所なら「事業推進課」などと看板を掲げるのであろうが、民間企業と同じ命名に、省の不退転の意気込みが感じられる。ここに至った背景には、社会や経済の環境変化、生活習慣の変化、ファックスなどの新たな情報伝達手段の台頭などで必ずしも郵便に頼る必要性が薄れてきた事情がある。郵便離れが起きつつあったのである。待っていれば郵便物が集まる「親方日の丸」の時代はすでに終わった。座していれば郵政丸は沈没する、この危機感こそが営業課誕生につながったのであろう。郵政省では昭和五六年を「営業元年」「効率化元年」と位置づけている。昭和五八年六月には、郵務局長だった永岡茂治が郵便関係の全職員に対して「郵便事業の危機を訴える」と題する冊子を配り、次のように大号令を発した。

価値観が多様化するなか、郵便事業は電気通信メディアの発展や民間宅配便の進出等により、門前の虎、後門の狼に挟まれ、創業以来最大の危機に直面している。昨今、スピード指向の高まり等、ニーズの変化に著しいものがあり、その変化に即応したサービスを提供しなければ、この競争社会にあって、敗退していくのみである。その典型例な例が国鉄であり、小包である。安定的な事業財政基盤確保し、郵便事業の新しい活路を切り開いていくためには、既成概念にとらわれることなく、利用者のニーズにマッチしたサービスを提供する以外にない。また忘れてならないのは、積極的に郵便販売活動を展開することの重要性である。幾ら良い質の商品を開発しても、それが広く利用者国民に理解され、浸透しなければ、究極の目標である需要の増大に結び付けることは不可能である。「高品質の商品」と「販売促進」、この両輪が相まって郵便事業の発展的未来が切り開かれていくものと信ずる。

郵便関係職員全員が打って一丸となり、積極的に郵便事業の体質改善のための諸政策を推進することによって初めて、未曾有の難局を乗り切り、生き生きとした郵便事業が生まれ変わり得るものと確信している（抄）。

民間会社であれば、商売、営業のイロハを説くような内容であるが、法令に従って郵便事務を執ってきた公務員にとっては戸惑う人も出てきたことであろう。まずは意識改革である。経営課の仕事がはじまった。次ページの**表19**に昭和五六年から昭和六一年までの間に行われた郵便の新サービスなどを整理した。それらをみると、まず、新しいタイプのはがきとして、エコー（広告付き）はがき、絵入り年賀はがき、罫線入りはがき、地方版絵入り年賀はがき、絵入りはがき、くじ付き暑中見舞いはがきが矢継ぎ早に発売された。経営的にみれば、付加価値を付けた絵入りはがきは売値が多少高いのでその分増収が期待できる。新サービスでは、電子郵便、国際ビジネス郵便、国際電子郵便、超特急郵便（バイク便）などの名前がみえる。

だが、一番力を入れたのは郵便のスピードアップと小包サービスの改善であろう。そのスピードアップでは、昭

### 表19　郵便事業のサービス改善

| 年 | サービスの内容 |
|---|---|
| 昭56 | エコー（広告付き）はがきの発売 |
| | 電子郵便の試行 |
| 昭57 | 速達小包の航空機搭載開始 |
| | 普通小包の東京・大阪間翌日配達開始 |
| | 手紙と小包の同時配達の実施 |
| | 電子郵便取扱局の拡大 |
| | 書留郵便の損害補償限度額の引上げ |
| | 慶弔用切手を発売 |
| | 小包の大口割引制度の実施 |
| | 絵入り年賀はがきの発売 |
| 昭58 | 国際ビジネス郵便の取扱局拡大 |
| | 罫線入りはがきの発売 |
| | 小包料金の重量区分の簡素化 |
| | 定形外・速達小包の航空機搭載の拡大 |
| | 小包包装用品（ゆうパック）の販売 |
| | 地方版絵入り年賀はがきの発売 |
| 昭59 | 郵便スピードアップ（輸送システム改善） |
| | 切手販売所などで小包取次の開始 |
| | ビジネス郵便の集荷開始 |
| | 電子郵便の全国実施 |
| | 小包の重量制限緩和（6キロから10キロに） |
| | 代金引換郵便サービスの開始 |
| | 小包のラベル使用 |
| | 国際電子郵便の開始 |
| 昭60 | 絵入りはがきの発売 |
| | 郵便法改正（郵便物の大きさ制限緩和など） |
| | 超特急郵便の試行（東京区内） |
| | 不在留置郵便の再通知開始 |
| | SAL小包の開始 |
| | 通信教育郵便の重量緩和（1キロから3キロに） |
| | 超特急郵便の試行拡大（大阪市内） |
| | ワールドゆうパック（輸入促進小包）の開始 |
| | 全切手販売所で小包取次の開始 |
| | 集荷サービスの開始 |
| | 年賀封書の取扱開始 |
| 昭61 | 外国郵便サービスの改善 |
| | 郵便スピードアップ（自動車・航空機搭載） |
| | 局外でのふるさと小包などの取次開始 |
| | 速達取扱地域の全国拡大 |
| | くじ付き暑中見舞いはがきの発売 |
| | 郵便法改正（書籍小包の差出方法の改善など） |
| | 郵便のスピードアップ（翌日、翌々日配達） |
| | 小包取扱改善（地帯区分、料金減額など） |
| | 外国小包の料金割引開始（10個以上10％） |
| | 海外ふるさと小包の開始 |

出典：　郵政省郵務局郵便事業史編纂室編『郵便創業120年の歴史』190-201ページ．郵政省人事局編(?)『郵政労働運動小史』759-760ページ．

和五九年に自動車を主体にした郵便物輸送システムに、昭和六一年に鉄道郵便を全廃し自動車と航空機による輸送システムに切り替えた。郵便の翌日、翌々日配達が広がる。宅配便と競合する小包郵便には特に力を入れた。小包の航空機搭載、手紙と小包の同時配達、小包の大口割引、小包料金の簡素化、ゆうパック（小包包装用品）の発売、小包外部取次の開始、小包の重量緩和、小包ラベルの採用、集荷サービスの開始、ふるさと小包の登場などが挙げられる。ふるさと小包は全国の名産品・特産品を地元の自治体・農協・漁協などと地元郵便局がタイアップし、全国に小包で送るサービスである。宅配便ではお馴染みのサービスもあるが、追いつけ追い越せの勢いである。外国小包でもアイディアを出す。ＳＡＬ小包、ワールドゆうパック、海外ふるさと小包などのサービスを取り入れた。その他、慶弔切手はそれなりの実績を残している。この時期に開局した前述の横浜と名古屋の郵便集中局では、一貫システムで郵便物を流しスピードアップに大きく貢献する。また、七月二三日を「ふみの日」と定めて、手紙文化と文字文化の普及キャンペーンを行う。もちろん郵便需要の喚起を狙ったものである。

郵便は変わった。他の役所でもみられるが、郵便局の窓口の対応が格段に良くなってきた。郵便事業収支も昭和五六年度からは黒字に転換し、それまであった二五〇〇億円ほどの累積赤字を昭和六二年度には解消することができた。小包も底だった昭和五八年度の一億三〇〇〇万個から平成元年には倍増以上の三億個に届くまでになり、数字の上でも職員が一丸となり頑張ったことが読み取れる。政府が進める行革に押された面はあるが、意識改革は親方日の丸の官業でもやればできることを証明した。わずか六、七年の間にである。

ところで、この時期、経済不況のなかで、民間企業は労使が協同して企業防衛に当たっていた。民間労働者にとっては賃上げよりは雇用の確保が大切であった。そのため官公労の親方日の丸の闘争路線は世間の支持を失いつつあった。全逓がこの頃になると階級闘争理論に立脚する「長期抵抗大衆路線」から労使相対論を背景とした交渉重視の現実的柔軟な運動に転換した。転換の背景には、前記の民間企業の労使関係の変化、そして全逓が主導した昭和五四年暮れからの越年闘争による年賀郵便の未曽有の混乱に対して、国民の批判と怒りが集中したという社会情勢の変化があった。この時期の郵便事業の変化を考えるとき、全逓の闘争方針の転換も見逃せない。

ゆうパック

# 第17章　郵政事業の民営化

## 1　郵政民営化までの道程

平成一九年一〇月一日、郵便・郵便貯金・簡易生命保険の郵政三事業が民営化され、日本郵政グループが誕生した。郵政民営化の議論では、郵貯と簡保に関する問題が大きくクローズアップされた。郵貯・簡保の資金の「官」から「民」への移行、民間企業とのイコールフィッティング、株式全面処分による政府関与の早期解消、ユニバーサルサービスの確保などさまざまな問題を巡り、経済界、学者、郵政関係者らからそれぞれの立場に立脚する意見が出された。本書でそれら郵政民営化の議論をすべて紹介することは不可能だが、この章では、郵便事業を中心に、民営化までの道程《みちのり》、そして五年後に見直された民営郵便の姿などを述べる。

### 初期の公社化構想

昭和四三年一〇月、郵政省は、郵便事業の経営を根本的に改善する方策として経営形態を公社化することの是非について、郵政審議会に諮問した。背景には、昭和四一年の料金改定以降、郵便利用の伸びが鈍化する一方、人件費などのコストが上昇し、郵便事業収支は悪化の一途を辿っていたという事情があった。諮問を受け、郵政審議会は特別委員会を設け検討した結果、昭和四四年一〇月に「郵政事業の経営形態を公社化することは、これを機として経営の合理化、国民に対するサービスの向上を推進するという真剣な決意をもってあらゆる努力が傾注されるならば、その効果をあげるに役立つ方策として採用に値するものと認める」と答申した。この答申によって郵便事業が公社化されることはなかったが、前章で述べたとおり、郵政省は郵便事業の破綻回避のためにさまざまな改善策を打ち出していった。この段階での公社化議論は、郵政省を軸とした、郵政省内に留まっていたものであった。

**郵政事業の公社化**

郵政事業が民営化される前に公社化された。ここでは郵政三事業が公社化されるまでの流れを簡単にふれておこう。それは中央省庁再編という大きな流れのなかで実施された。

**中央省庁再編**　平成九年九月、橋本龍太郎内閣が設置した行政改革会議に、簡保の民営化・郵貯の民営化準備・郵便の当面国営という三事業分割民営化案が提出される。だが九割以上の自治体で反対決議がなされるなど強い反対が起こり、結局、同年一二月の最終報告では「三事業一体、全国ネットワーク、公益性に企業性を取り入れた国営の公社」という方向に変更された。郵便局が地域で果たしている役割が認識された格好である。最終報告を受け、平成一〇年六月、郵政事業の公社化を見据えた規定が盛り込まれた「中央省庁等改革基本法」が公布された。また、法律には「公社化後は民営化などの見直しは行わない」という条文もつけ加えられた。

**郵政事業庁**　平成一三年一月六日、中央省庁等改革基本法に基づいて関係法令が整備され、一府二二省庁から一府一二省庁に再編される。中央省庁再編という歴史的な大きな行政改革の流れのなかで、郵政事業庁が総務省の外局として設置された。事業庁は旧郵政省の郵務局、貯金局、簡易保険局が母体となった現業官庁である。公社化への具体的な布石である。総務省の内局には郵政企画管理局が設けられた。なお、新総務省には、旧総務庁、郵政省、自治省が統合された。

**日本郵政公社**　平成一五年四月一日、日本郵政公社が発足する。郵政公社化関連四法案の成立までには、平成一三年四月に首相となった小泉純一郎の強い姿勢を受け、法案は通例の与党手続が完了しないまま異例の形で国会に提出された結果、審議は難航し一部修正を経て平成一四年七月に可決成立した経緯がある。初代総裁は商船三井会長の生田正治が就任し、副総裁には、トヨタ自動車出身の髙橋俊裕と旧郵政省出身の團宏明が就いた。公社は、郵政事業庁（国）が行っていた郵政三事業の権利・義務と簡易保険福祉事業団の資産・負債を承継する。三事業を監督する総務省の郵政企画管理局は郵政行政局に改組された。公社の役員は特別職国家公務員の、職員は一般職国家公務員の身分を引き続き維持することになる。公社化は既定路線の最終盤の姿となるはずであったが、郵政民営化の動きは止まらなかった。

**小泉純一郎と郵政民営化**

日本の郵政民営化を語るとき、民営化を政治生命として取り組んできた小泉純一郎の名前を忘れることはできない。以下、前段の話と相前後するところもあるが、小泉がどのように郵政民営化の議論を進めてきたかを軸に、民営化法案が成立するまでの過程をみていこう。

西垣鳴人《なるんと》が郵政論争を精緻に論じているが、それによると、平成四年一二月、宮沢喜一改造内閣において小泉が郵政大臣に就任すると、会見で小泉は「国の事業が民間業務の障害になってはいけない。新たな機関を設け、民営化、業務範囲と肥大化の抑制などを検討する」と発言し、当時の郵政官僚との間に軋轢が生じた。

**民営化研**　前段でみてきたとおり、平成九年の行政改革会議の最終報告において郵政事業の国営堅持が固まったが、平成一一年五月、郵政民営化研究会（民営化研）が発足し小泉が会長となる。メンバーは松沢成文、前原誠二、堂本暁子、長妻昭ら民主党議員が中心で、自民党からは小泉一人の参加であった。民営化研では、樋口廣太郎、加藤寛、全国銀行協会やヤマト運輸からも講師を招き民営化の勉強を重ねた。チューターは東洋大学の松原聡が務めた。研究会は、持株会社の下に郵便会社、地域分割した郵貯銀行と同じく地域分割した郵便保険会社を子会社としてぶら下げる案をまとめる。

**郵政懇**　平成一三年四月、小泉が首相となる。同時に、首相の私的諮問機関として郵政三事業の在り方について考える懇談会（郵政懇）がスタートした。第一回郵政懇において小泉は「私自身、郵政民営化論者であるが、考えを押し付ける気はない。独断と偏見を排して、多くの皆さんの智恵を借りながら、郵政三事業のあるべき姿を率直に語り、郵政公社後の郵政三事業の在り方はどうあるべきかについて忌憚のない御意見をいただきたい」と挨拶した。郵政懇のメンバーは一〇人、うち八人が学者、残り二人がJR東海の葛西敬之社長と松下電器の森下洋一会長の産業界代表であった。強いていえば、葛西と森下は郵政民営化に直接利害を有せず中立的な立場といえようか。座長には経済評論家の田中直毅がなった。アカデミックな雰囲気が強い懇談会である。

平成一四年九月、郵政懇の最終報告書が出される。民営化の形態として、政府所有の特殊会社、三事業を維持する民営化、郵貯・簡保廃止による完全民営化の三案が併記された。と同時に、民営化の前提条件と国民に受け入れられるための条件整備の内容が盛り込まれた。その内容とは、国民の利便性、民営化の費用と便益の比較、全国各地の高齢者一人一人の視点、社会生活の安定性の確保維持、ユニバーサルサービスの確保の五点であった。前者は民営化推進派の意見、後者は慎重派や懐疑派の意見で、報告は両論併記、国民に議論の素材を与える形で郵政懇は終了した。この報告について、産業界を代表する『日本経済新聞』には期待が裏切られ失望したかのような記事が掲載された。

### 民営化具体案の策定へ

ここでは、郵政民営化の具体案策定に向けて動き出した経済財政諮問会議などの場での論争、諮問会議がまとめた論点整理、それに対するパブリックコメント、そして政府が策定した民営化の基本方針の内容について検証して

表20　郵政民営化の基本原則

| | | |
|---|---|---|
| 1 | 活性化原則 | 「官から民へ」の実践による経済活性化を実現する。（経済の活性化に資する形で、郵政三事業を実物経済及び資金循環の両面における民間市場システムに吸収統合する。） |
| 2 | 整合性原則 | 構造改革全体との整合性のとれた改革を行う。（金融システム改革、規制改革、財政改革などとの整合性をとる。） |
| 3 | 利便性原則 | 国民にとっての利便性に配慮した形で改革を行う。（郵政が国民や地域経済のために果たしてきた役割、今後果たすべき役割、利便性に十分に配慮する。） |
| 4 | 資源活用原則 | 郵政公社が有するネットワークなどのリソースを活用する形で改革を行う。（郵便局ネットワークなどが活用されるよう十分に配慮する。） |
| 5 | 配慮原則 | 郵政公社の雇用には、十分配慮する。 |

出典：河内明子「郵政改革の動向」『調査と情報』第469号、平成17年、2ページ。

いこう。

**経済財政諮問会議**　平成一五年九月末、経済財政政策担当大臣と金融担当大臣を兼任していた竹中平蔵が郵政民営化に関する基本五原則を急ぎとりまとめた（**表20**）。これを受け、経済財政諮問会議に付議される。議長に小泉首相が就き、関係大臣、日銀総裁のほか、牛尾治朗ウシオ電機会長、奥田碩トヨタ自動車会長、本間正明大阪大学教授、吉川洋東京大学教授がメンバーとなり、約一年間、郵政民営化の基本方針や具体案を議論する。

**錯綜する論争**　経済財政諮問会議やその周辺で行われた論争のなかで、一番大きな論点はユニバーサルサービスとイコールフッティングの問題ではなかったろうか。郵政三事業と競合関係にある銀行・保険そして運輸などの民間企業は諮問会議のメンバーとはなっていなかったが、これら企業は、できれば郵貯・簡保の廃止を求め、存続させるならイコールフッティングを主張する。すなわち、郵政事業に与えられた税金、保険料、準備金の免除などのいわゆる官業特典の廃止を求めたのである。これに、これら業種の外資系企業の利害を代弁する外国政府も同様の主張をした。

これに対して、総務大臣の麻生太郎や郵政公社総裁の生田正治らは、次のような反論を行っている。要約すると、ユニバーサルサービスの提供が義務づけられていて、生産性・効率性の悪い地域でもサービスを提供しなければならない者に対して、ユニバーサルサービスを提供していない民間企業並みにイコールフッティングを求めるのは不公平ではないか。特典というが、それは官業ゆえのさまざまな制約を補償するもので、コインの一面しか見ていない。例えば、基礎年金の三分の一は国庫負担だが、郵政公社は職員二七万人分の国庫負担分を自らの収入で負担している。また、公社は資本金が七兆円になったら、利益の五〇パーセントを納めなければならない。民間企業では利益の四〇パーセントが税金だから、とても税優遇とはいえない。竹中は「見えない国民負担」の最小化を民営化の必要性の一つに挙げていたが、会議では、前記の「見えない公社負担」の方がはるかに大きいとする意見も出された。ユニバーサルサービスの定義や負担額の積算の難しさもあり、諮問会議では関係者がそれぞれ納得する解は見い出せなかった。

また、郵便のユニバーサルサービス維持の負担をどうするかが問題になった。郵便に独占権を付与して、採算地域の利益によって不採算地域の損失を埋め合わせる内部補助方式と、国が補助金を出して損失を埋め合わせる外部補助方式があるが、諮問会議での議論では、信書配達の実質的な独占を維持して、規制緩和をしないということが優遇措置に当たるとされた。それを担保するため、政府方針には「必要な場合には優遇措置を設ける」という表現で残される。

この時期、特定郵便局長会会長であった田中弘邦は『国営ではなぜいけないのですか―公共サービスのあり方を問う』という本を出版し、そのなかで、特定郵便局が地域で果たしてきた、そして果たしてきている地域コミュニティへの貢献や地域交流といった、いわば社会的機能を一切ネグレクトしていいのかと疑問を投げかけている。だが、田中の問題提起は、民営化を目指し効率的な企業経営を推進したいメンバーからは理解してもらえなかった。

**論点整理**　平成一六年四月、経済財政諮問会議の郵政民営化に関する論点整理が公表された。その冒頭で、郵政民営化は、明治以来の大改革であり、改革の本丸である。「民間にできることは民間に」との方針の下、「官から民へ」の転換を図り、日本経済を活性化するためには、郵政民営化は避けて通れない改革である、と位置づけた。その表現には、小泉の政治哲学が鮮明に表現されている。また、民営化の意義について、郵政公社は、窓口ネットワーク、郵便事業、郵便貯金、簡易保険という四つの重要な機能を担う存在であり、民営化を通じてそれぞれが市場で自立できるようにする。また、民営化によって、民間企業とのイコールフッティングを確保するとともに、並行して経営の自由度を高め、既存の事業や組織の効率化と成長事業への進出の双方を積極的に進めることにより、収益力を高めていくべきではないか、とした。

そして各機能が目指すべき方向が整理されている。窓口ネットワークについては、幅広いサービス提供の拠点としてすべての国民が利用可能な状態を維持、窓口ネットワークの効率化を進める。郵便事業については、最大限の効率化が必要としつつ、郵便のみならず物流にも進出し、郵便・物流事業を総合的に手がけるようになる、世界に通用する総合的な郵便・物流事業への成長を目指し、アジアの物流市場などの国内外の成長市場に戦略的に進出するべきではないか、とした。ここで注目すべき点は、郵便事業が国内外の物流事業にも進出することを促していることであろう。本丸の本丸となる郵貯と簡保については、簡単にいえば、利用者のニーズに応えるビジネスモデルの確立、事業展開の自由度とイコールフッティング、資金の民間金融システムへの円滑な統合などの事項が整理されている。

民営化の実施時期を平成一九年としたが、大幅な資金変動の可能性、相当数（約七万人）の定年退職などが見込まれることもあり、最終的な民営化までに五年から一〇年の移行期間を設ける、とした。また、ユニバーサルサービスの定義やイコールフッティングとの関係は引き続き検討すること、とする。

**パブリック・コメント**　論点整理が公表された日、内閣官房に郵政民営化準備室が設置された。政府として正式に民営化準備を進めることを広く宣言したことを意味する。論点整理を踏まえて、郵政民営化の基本方針を策定することになるが、平成一六年五月と六月に郵政民営化懇談会が旭川、名古屋、さいたまの三カ所で開催され、いわゆるパブリック・コメントが求められた。西垣鳴人がパブリック・コメントの内容をまとめているので、それを借りて旭川の懇談会での発言を紹介しよう。

まず、サービスの維持と向上の確保に関連する発言。「民営化になったら競争原理や収益性によって切り捨てざるを得ないものがあるのではないかと懸念している。市民ニーズも多々あり、市役所だけでは対応しきれないこともあり、……郵便局にも助けていただいている」（旭川市長）。「国民にとっての利便性の問題が非常に気になる。過疎地域で従来どおりの利便性が確保されるか大きな不安を感じる。この地域の郵便局は、意識改革をして民間に溶け込もうとする姿勢が公社化以降はっきりうかがえる」（旭川商工会議所会頭）、「民営化されて、過疎地域で不便になる方が出てくると予想されるが、そうならないように具体的な対策を立てていただきたい」（旭川消費者協会副会長）などの発言があった。

産業界の立場からは、「仮に民営化するのであれば、イコールフッティングを徹底する必要がある。特に物流に参入するならなおさらで、この業界は過当競争で特に北海道は厳しい状況にある」（日本通運旭川支店長）などという発言があった。

郵政公社側からは、「ユニバーサルサービスの費用をどう見てゆくのかが難しい。将来にわたって健全な経営ができるような経営の自由度とユニバーサルサービスの確保に十分配慮した現実的な検討をお願いしたい」（郵政公社北海道支社長）という発言があった。

公社の職員組合からは、「民間になれば良くなるということは少々短絡《たんらく》的ではないか。現実に民間手法の導入でさまざまな工夫がなされている。公社化されてまだ一年、民営化はもう少し経緯をみて進めて欲しい」（全逓北海道地方本部執行委員長）、「民営化で郵便局が縮減するとなれば、雇用問題に直接影響する。その点を考慮して欲しい。また、ドイツではドイツポストの経営に国が非常に配慮している。これを法案作りのなかで参考として考えていただきたい」（全郵政秋田北海道地方本部執行委員長）という発言があった。

**基本方針**　平成一六年九月一〇日、「郵政民営化の基本方針」が閣議決定された。方針作りを振り返ると、各方面からのパブリック・コメントなどを参考にしながら、経済財政諮問会議が基本方針の骨子を策定した。それを受け郵政民営化準備室は方針の素案を作成し八月三一日の諮問会議に提出し、会議での意見に基づきいくつかの修正を行った。一〇日後、基本方針の成案が諮問会議にかけられ、与党の了承を得ないまま同方針を閣議決定し、それを最終的な政府方針とした。方針のポイントは次のとおりである。

冒頭で、郵政公社の四機能（窓口サービス、郵便、郵貯、簡保）が有する潜在力が十分に発揮され、市場における経営の自由度の拡大を通じて良質で多様なサービスが安い料金で提供が可能になり、国民の利便性を最大限に向上させると謳い、民営化のメリットを強調する。基本的視点では、民間とのイコールフッティングの確保で、各会社は民間企業と同様に納税義務を負うとした。また、事業ごとの損益の明確化と事業間のリスク遮断の徹底を図るとし、この方針には、ユニバーサルサービスが義務づけられる郵便事業で赤字が出た場合に、その赤字を郵貯と簡保の金融二社に転嫁することを防ぐ狙いがある。

民営化後の組織形態は、四機能それぞれ株式会社として独立させるが、経営の一体性を確保するために、国は四事業を子会社とする純粋持株会社を設立する。郵便事業会社については、引き続き郵便のユニバーサルサービスの提供義務が課され、必要な場合には優遇措置を設ける。信書事業への参入規制は当面の水準を維持し、料金決定には公的な関与を続ける。公共性の高い内容証明など特別送達サービスも提供義務を課す。従来の事業のほかに、内外の物流事業への進出を可能とする。高齢者への在宅福祉サービス支援などの事業も受託する。窓口業務は窓口ネットワーク会社に委託する、などとされた。

**法案否決、選挙そして成立**

前段で述べた郵政民営化の基本方針に基づいて、平成一七年四月、政府は郵政民営化関連六法案（郵政民営化法案、日本郵政株式会社法案、郵便事業株式会社法案、郵便局株式会社法案、独立行政法人郵便貯金・簡易生命保険管理機構法案、郵政民営化法等の施行に伴う関係法律の整備等に関する法律案）を立案し、法案を第一六二回通常国会に提出した。しかし、与党自民党から大量の造反者が出たため、衆議院では五票差で辛うじて法案が可決されたものの、参議院では一七票の差で法案が葬られた。

これを小泉首相が内閣不信任とみなし、解散に打って出た。平成一七年九月、郵政三事業の民営化の是非を問う衆議院議員選挙が行われる。解散を巡って、法案を通過させた衆議院を参議院が法案を否決したからといって、解散させる手法に異論が続出した。しかし、民営化に政治生命を賭けてきた首相は、躊躇《ちゆうちよ》せずに解散を断行する。さらに自民党の法案反対者には公認を出さず、マスコミの言葉を借りれば、刺客《しかく》を送り込むかのように、反対派の選挙区に党公認の対抗馬を擁立する。そのため壮絶な選挙となった。選挙の結果は、四八〇議席のうち自民党は二九六議席を獲得し圧勝した。与党公明党の議席を加えると三二七議席で三分の二を超える。政権交代を訴えてきた民主党は大幅に議席を減らし惨敗した。平成一七年一〇月、選挙後召集された第一六三回特別国会に再提出された郵政民営化法案が可決・成立した。翌年一月には準備企画会社が、同九月には郵貯・簡保の準備会社が設立された。

## 2　民営化された郵政事業

ここでは、まず民営化された郵政三事業の当初の枠組みと株式保有と処分の規定ぶりについて説明し、次に民営化実施後に浮上したマイナス面について述べる。

図1　郵政民営化の経営形態変更略図

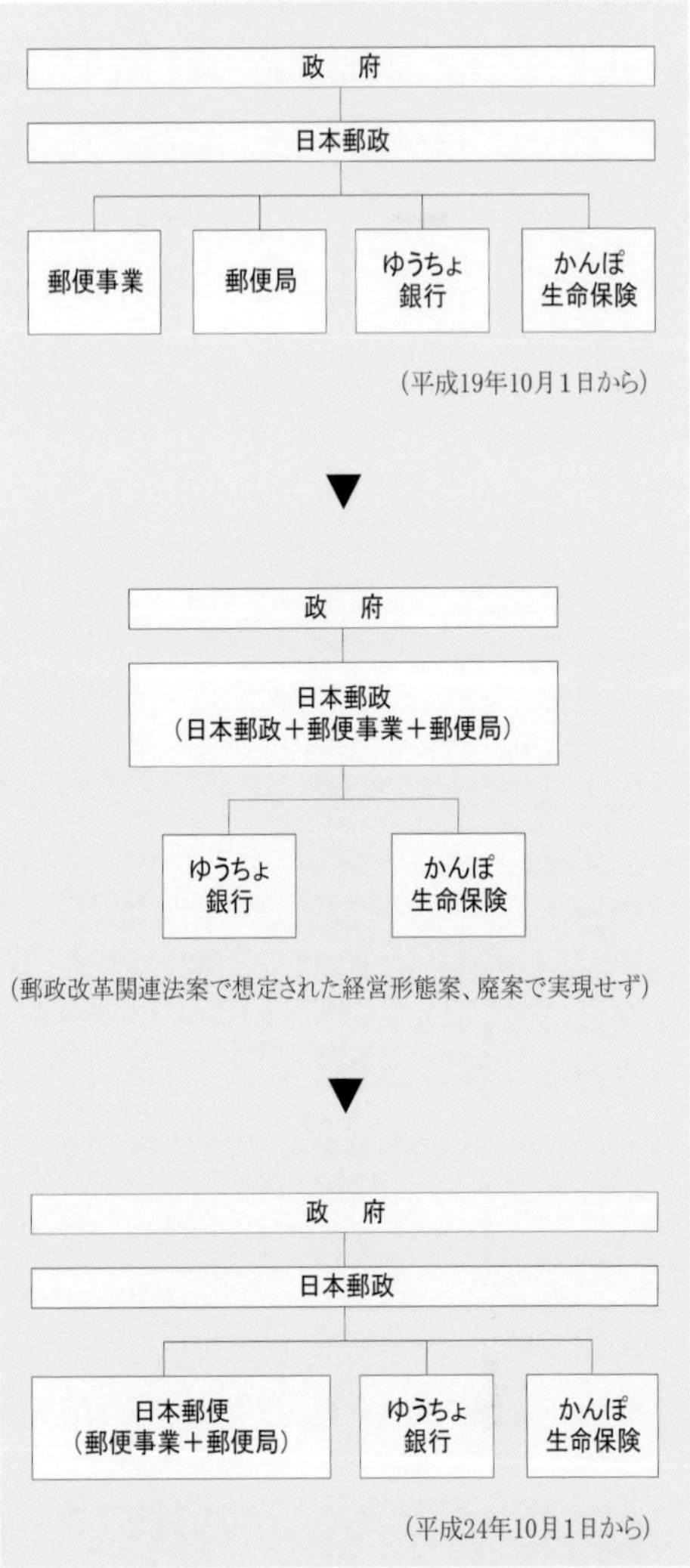


注：上記民営組織のほかに、国営時代の郵便貯金と簡易生命保険を管理する独立行政法人郵便貯金・簡易生命保険管理機構（現：独立行政法人郵便貯金簡易生命保険管理・郵便局ネットワーク支援機構）がある。

## 五社体制

平成一九年一〇月一日、成立した民営化法に基づき、郵政三事業が民営化される。形の上では、経営主体が公社から株式会社に移ったのだが、その枠組みが複雑になる。**図1**の上段が準備会社を経てスタートした民営化当初の組織図。国が一〇〇パーセント出資する純粋持株会社（日本郵政会社）の下に、郵便事業会社、郵便局会社、ゆうちょ銀行、かんぽ生命の四つの子会社がぶら下がる、五社体制だ。ゆうちょ銀行とかんぽ生命を総称して「金融二社」と呼ぶ。郵便局会社は三事業の窓口ネットワーク会社の役割を果たす。

具体的には、郵便事業会社と金融二社がそれぞれの窓口業務を郵便局会社に委託する。一般の人がこの複雑な仕組みをどこまで理解し郵便局を利用していたかわからないが、ともあれ五社体制の日本郵政グループが誕生する。このはかに、国・公社時代の郵貯と簡保の旧契約を継承する独立行政法人郵便貯金・簡易生命保険管理機構が設立され、その管理業務を新たに設立された金融二社に委託する形をとる。持株会社の日本郵政の初代社長には、三井住友銀行頭取であった西川善文が就任した。

設立当初、政府が持株会社の株式一〇〇パーセントを保有し、その持株会社が子会社の株式を一〇〇パーセント持っていたから、民営とはいえ実質国営といえよう。民営国有といってもよいが、完全に民営化（民営民有）の形にするには、株式を売却しなければならない。法律では、当初の株式処分の方法が次のように規定された。

日本郵政の株式は、できるだけ早期に政府の保有割合を減少させることが努力義務となった。ただし、その場合でも発行済株式の三分の一超の常時保有が義務づけられる。政府答弁では、民営化の趣旨を踏まえ国の関与を極力早期に減らすとともに、日本郵政が公的な役割を担う会社であることから、国が安定株主になり、その経営の安定、適正な義務の遂行を確保することが考慮された、と説明されている。国の保有減少、国の安定株主という説明は分かり難い。

郵便事業会社と郵便局会社の株式は、日本郵政が両者の株式全株を保有することが義務づけられた。全株保有は、両者が負う郵便のユニバーサルサービス確保の役割、両者の経営一体性の確保などが考慮された結果である、とされた。確かに郵便関係の株式は売却されないことになったが、持株会社の株式が公開されるから、民間株主の影響が間接的に出る可能性がある。

金融二社の株式は、平成二九年九月末までの一〇年間の移行期間が設定され、日本郵政は移行期間中に両者の株式全部を処分することが義務づけられた。二社は完全民営化である。これについて、金融業務は信用が競争上決定的に重要な役割を果たすため、国の信用と関与を確実に断ち切る必要があること、移行期間については、日本の市

## 表21　株式などに関する規定ぶりの推移

| 区分 | | 郵政民営化当初（平成17年10月） | 株式などの処分停止（平成21年12月） | 郵政改革実施（平成24年10月） |
|---|---|---|---|---|
| 株式 | 日本郵政 | 政府は、3分の1超の株式を保有。残余はできる限り早期に処分するように努める。 | 政府は、別に法律で定める日までの間、日本郵政の株式を処分してはならない。 | 政府は、3分の1超の株式を保有。残余はできる限り早期に処分する。 |
| 株式 | ゆうちょ銀行<br>かんぽ生命保険 | 日本郵政は、平成29年9月末までに、ゆうちょ銀行とかんぽ生命保険の全株式を売却する。 | 日本郵政は、別に法律で定める日までの間、ゆうちょ銀行とかんぽ生命保険の株式を処分してはならない。 | 日本郵政は、ゆうちょ銀行とかんぽ生命保険の全株式の処分をすることを目指し、両社の経営状況、ユニバーサルサービス義務履行への影響などを勘案しつつ、できる限り早期に処分する。 |
| 株式 | 郵便事業会社<br>郵便局会社 | 日本郵政が株式100%を保有する。 | | |
| 株式 | 日本郵便会社（注） | | | 日本郵政が株式100%を保有する。 |
| 施設 | かんぽの宿<br>メルパルク | 日本郵政は、平成29年9月末までに、かんぽの宿・メルパルクを譲渡又は廃止する。 | 日本郵政は、別に法律で定める日までの間、かんぽの宿・メルパルクを譲渡又は廃止してはならない。 | 日本郵政は、かんぽの宿・メルパルクを運営又は管理する。 |

出典：総務省情報流通行政局郵政行政部「郵政行政の現状について」（平成25年、資料2-2）などに基づき作成した。

注：日本郵便会社は、平成24年10月、郵便事業会社と郵便局会社を統合した会社。

場経済への統合には相当の数年を要すること、株式市場の状況変化による影響などが考慮された、と説明された。以上の関係を表21の左側「郵政民営化当初」の列に整理した。

政府保有の日本郵政株式の売却収入は、国債の償還財源に充てられることとなっていたが、当初、その規模は五兆円と見込まれた。また、この郵政民営化によって、①三〇〇兆円を超える郵貯・簡保の資金が官から民に移行し経済活性化に活用できる、②公社二六万人の職員を非公務員化できる、③従来免除されていた法人税などの税金が国に入り財政再建や小さな政府に寄与する、④民間企業と同じ条件、公平な競争の下で自由な経営が可能になり、質の高い多様なサービスが国民に提供される、と政府は強調した。確かに民営化後、民営会社は配当金や税金を納めるようになった。その額は、平成一九年度と二〇年度の両年度で、納付金・配当金が九七〇〇億円、法人税が四三〇〇億円、計一兆四〇〇〇億円に上っている。また、サービス面では、平成二一年一月には郵便局から一般の銀行口座にも振込ができるようになった。

**マイナス面の浮上**

国にとって、民営化は公務員の削減につながったし、配当金や法人税も納付されるようになったので所期の成果が出てきたともいえる。もっとも公社職員の給与は税金ではなく公社の収入で賄われていたから、国の財政にはニュートラルであった。一方で、民営化に伴って顧客サービスの低下が指摘されるようになった。その点について、参議院事務局が編纂している『立法と調査』のなかで瀬戸山順一（総務委員会調査室）が整理している。それによると、過疎地などの不採算地域を中心に集配局の統廃合やＡＴＭの撤去、簡易郵便局の一時閉鎖の増加、総合担務制度（配達途中に郵貯などの受払手続の依頼を受けることなどができるサービス。一人の局員が三事業の仕事をこなすことができる制度）の廃止、定額小為替の発行手数料が一〇円から一〇〇円になるなど各種手数料の値上げが顕在化した。特に、簡易郵便局の一時閉鎖の増加もあり、地方から郵便局のネットワークがなくなるのではないかという不安の声が上がってきた。

また、郵便局への代理店や保険募集委託手数料にかかる消費税、日本郵政の支店内にある郵便局の賃貸料といったコストの発生など、いわゆる分社化ロスの問題が指摘された。分社化の弊害として、郵便局内に間仕切りが置かれ、人が出入りできなくなり効率が低下した。郵便局に郵便不着の調査を依頼しても、会社が違うため、回答が遅かったり要領を得ない。郵便事業会社のバイクが郵便局の敷地を利用できない。コスト削減のため、勤務日数・勤務時間の削減や雇い止め、非正規職員化などの雇用調整が発生した、などの事例が挙げられた。

更に、かんぽの宿の譲渡問題が表面化する。民営スタート時に、日本郵政は公社から「かんぽの宿」と「メルパルク」を継承したが、会計検査院の報告にも述べられているが、平成二〇年一二月に公社はオリックス不動産との間にかんぽの宿などを一括譲渡する契約を締結した。このことについて、当時の鳩山邦夫総務大臣から譲渡先決定までの経緯、譲渡価格に疑義が表明され、翌年二月に契約が解除された。

このように、郵政民営化後に出てきたマイナス面を克服するために、見直しを求める機運が高まってくる。郵政民営化は来《きた》るべき衆議院議員選挙の争点に浮かび上がってきた。

## 3 郵政民営化の見直し

民主党、社会民主党、国民新党の野党三党（当時）は、平成二一年八月三〇日に行われた第四五回衆議院議員選挙において、日本郵政の株式売却凍結、五社体制の見直しなど郵政事業の抜本的な見直しを含む共通政策を策定して総選挙に臨んだ。その結果、民主党が総議席の三分の二に迫る三〇八議席を獲得して圧勝する。鳩山由紀夫が総理大臣に指名され、民社国連立政権が誕生する。三党は、共通政策を踏まえ、まず日本郵政などの株式処分停止法案を速やかなに成立させ、次に郵政改革基本法案を次期通常国会へ提出することに合意し、連立政権は、それまでの郵政民営化路線を大きく修正する方向に舵を切った。

### 郵政改革の基本方針

平成二一年一〇月二〇日、郵政改革の基本方針が閣議決定される。そのポイントは、①郵便局ネットワークを活用し、郵便、郵貯、簡保の基本的なサービスを全国あまねく公平かつ簡便な方法により、郵便局で一体的に利用できるようにする、②郵便局ネットワークを地域や生活弱者のための拠点として位置づけ、地域のワンストップ行政の拠点としても活用する、③郵貯・簡保もユニバーサルサービスを法的に担保し、銀行法、保険業法などに代わる新たな規制を検討する。国民利用者視点、地域金融や中小企業金融の役割に配慮する、④このため、持株会社・五社体制を見直し再編成する。この場合、機動的経営を確保するため株式会社形態とする、⑤更なる情報公開と説明責任の徹底と義務づけをする、⑥上記措置に伴い、所要の法律上の措置を講じる、という六点であった。この方針決定を受けて、日本郵政の西川善文社長は、目指してきた民営化の方向と大きな隔たりがあるとして辞任した。後任には、大蔵事務次官を歴任した齋藤次郎が就任する。

平成二一年一二月、郵政改革法案をとりまとめるまでの間、制度設計に支障のないように、郵政株式処分停止法案が国会に提出され、一二月四日、法案は成立する。法律は六条の短いもので、その要点は表21の中央「株式などの処分停止」の列に示すとおりである。要するに、とりあえず三社の株式処分を停止する。また、かんぽの宿・メルパルクの譲渡又は廃止も停止する、というものであった。かんぽの宿・メルパルクの条項は、民社国連立政権がかつて野党時代に提出した法案には入っていなかったが、今回、問題が表面化したために追加された。

**郵政改革関連法案**

政府は、平成二二年四月、郵政改革関連三法案を閣議決定し第一七四回国会に提出する。橋本賢治が『立法と調査』のなかで詳述しているが、それによると、衆議院では可決されたが、六月一六日国会閉会により審議未了で廃案となった。だが、七月の参議院議員選挙の結果、衆議院と参議院において多数会派が異なる「ねじれ国会」が生じる事態になる。一〇月に郵政改革関連三法案が再び国会に提出されたが、ねじれ国会においては審議が進まず、一年半近くたなざらしの状態が続いた。その間、法律で郵政株式の処分停止により民営化の進行が中断し、郵政三事業の方向性が定まらない膠着状態に陥り、そのような現状について各党間に懸念が広まっていく。加えて、平成二三年三月一一日、東日本大震災が発生した。その復興財源確保のために特別措置法が作られ、財源の一つとして郵政株式の処分が検討され、その実行が課題となっていった。後に、株式売却収入として見込まれる四兆円程度を復興財源予算に追加することが決定された。なお、平成二九年九月現在、国の累計売却収入は二・八兆円。

### 三党協議による決着

このような状況を踏まえ、平成二三年八月、衆議院の郵政改革特別委員会の民主・自民・公明の理事が中心となり、郵政改革関連法案の修正協議が開始された。郵政民営化について各般にわたり協議されたが、金融二社の株式処分は民営化の根幹に関わるだけに調整に時間を要した。公明党が三党協議を踏まえた案を提示し、民主党は受け入れた。しかし、公明党案の「早期に金融二社の株式をできる限り多く処分する」との規定ぶりについて、自民党内に当初の処分期限（平成二九年九月末）を維持すべきなどとの反対意見があり、直ちにはまとまらなかった。その後、自公は折衝を重ね、この部分について「金融二社の全株式処分を目指し、経営状況やユニバーサルサービスの義務履行への影響などを勘案し、出来るだけ早期に処分する」とすることで合意した。現状維持派・改革派の両派に配慮した玉虫色の条文になっている（表21の「郵政改革実施」の列を参照）。

平成二四年三月三〇日、政府は国会に提出していた郵政改革関連三法案を撤回し、同日、民主・自民・公明の三党は、郵政民営化法などの一部改正法案を国会に提出した。議員立法である。法案は四月二七日に賛成多数で成立し五月八日に公布された。同日、郵政株式処分停止法が廃止された。停止法施行から二年半続いてきた郵政事業を巡る膠着状態はここに解消され、一〇月一日から新たな形でスタートを切ることになった。

郵便局の立場から書かれた長谷川憲正の『郵便局の復活―郵政見直し法の正しい読み方』という本がある。それを読むと、鳩山政権が作った郵政改革法案がベストではあったが、ねじれ国会のため、小泉政権が起草した当初の郵政民営化法の一部改正という形になってしまった。そこには、衆議院の三分の二条項を使い改革法案を成立させることも考えられたが、政権が変わると内容がひっくり返る可能性がある。長期的に安定した郵便局の職場環境を維持するためには、自民党を含め多くの党・議員に賛成してもらう必要があったという趣旨のことが述べられている。三党協議はまさにその布石であり、三党による議員立法は民営による郵政三事業の長期安定運営を担保する狙いが込められていた。

## 4　見直し後の郵政事業

それでは、改正郵政民営化法によって民営化の内容や運営がどのように変わったのであろうか——。その点について整理しておく。実施は平成二四年一〇月一日から。

### 定義の変更

郵政民営化の定義を旧法では「平成一六年九月一〇日の閣議において決定された郵政民営化の基本方針に則して行われる改革」と定められていたが、改正法では「的確に郵政事業の経営を行わせるための改革」と改められた。前出の『郵便局の復活』の説明を斟酌すれば、つまり、民間並みの効率的な経営を重視した方針による改革を、郵政事業すなわち郵便・郵貯・簡保の三事業すべてにユニバーサルサービスを義務づけて経営をしっかり行わせるための改革に定義を置き換えた。この定義、法律の意味づけといってもよいが、それが一八〇度変わったといっても差し支えない。換言すれば、改正により、郵政民営化の理念が経済性重視から公益性重視に大きく転換した、と読めるのである。ただし、この定義の前文に「民間に委ねることが可能なものはできる限りこれに委ねることが、より自由で活力ある経済社会の実現に資することに鑑み」という、いわば小泉ドクトリンが残されている。ここでも双方に顔を立てた修文となっている。ちなみに、次ページの**表22**に示すとおり、郵便のみならず、貯金や保険までユニバーサルサービス提供の義務を課している国は、見回した限りでは日本だけである。

### 経営形態の再編

経営形態は五社体制から四社体制に再編された。持株会社である日本郵政の下に、日本郵便、ゆうちょ銀行、か

## 表22　郵便のユニバーサルサービス各国比較

| 項目 | | 日本 | アメリカ | イギリス | ドイツ | フランス |
|---|---|---|---|---|---|---|
| 人口 | | 約1.27億人 | 約3.25億人 | 約6,500万人 | 約8,300万人 | 約6,300万人 |
| 面積 | | 約37.8万km² | 約962.9万km² | 約24.3万km² | 約35.7万km² | 約55.2万km² |
| 機関名 | | 日本郵便 | 米国郵便庁（USPS） | ロイヤルメールグループ | ドイツポスト | ラ・ポスト |
| 経営形態 | | 株式会社 | 国営独立機関 | 株式会社 | 株式会社 | 株式会社（政府全株保有） |
| 郵便ポスト数 | | 規制あり | 規制なし | 規制あり | 規制あり | 規制なし |
| ユニバーサルサービスの範囲 | | 郵便、貯金、保険 | 郵便 | 郵便 | 郵便 | 郵便 |
| | 郵便の範囲 | ・4kg以下の郵便物<br>・書留等 | ・USPSのサービス | ・2kg以下の書状<br>・20kg以下の小包<br>・書留・保険付 | ・2kg以下の書状（書留等を含む）<br>・20kg以下の小包 | ・2kg以下の書状<br>・2kg以下の新聞等<br>・20kg以下の小包 |
| 郵便配達のサービス水準 | | 規制あり（週6日） | 規制あり（週6日） | 規制あり（週6日） | 規制あり（週6日） | 規制あり（週6日） |
| 郵便局数 | | 約24,000局 | 約36,000局 | 約12,000局 | 約19,600局 | 約17,000局 |
| | 1万km²当たり（局） | 634 | 37 | 493 | 549 | 307 |
| | 1局当たり（人） | 5,291 | 9,027 | 5,416 | 4,234 | 3,705 |
| | 郵便局設置基準 | ・必要とされる郵便局数の定めはない<br><br>・いずれの市町村にも一以上の郵便局を設置するなど、あまねく全国において利用さることを旨として設置すること | ・必要とされる郵便局数の定めはない<br><br>・利用者が容易にアクセスできる場所に郵便施設を設置することなど | ・必要とされる郵便局数の定めはない<br><br>・郵便を受け取ることができるアクセス・ポイントから5km以内まで95％を下回らない利用者が居住することなど | ・必要とされる郵便局　12,000の固定郵便施設<br><br>・2,000戸以上の市町村には少なくとも1局の常設局が置かれることなど | ・必要とされる郵便局数の定めはない<br><br>・郵便局は国民の最低95％、更にそれぞれの地域の人口の95％が郵便局まで10km未満、かつ1万人以上のすべてのコミューンでは少なくとも2万人につき1局設置することなど |

出典：会計検査院「会計検査院法第30条の2の規定に基づく報告書―日本郵政グループの経営状況等について」平成28年、80ページ.

んぽ生命保険の子会社三社をぶら下げる四社体制である（図1下段）。なお、それまでの郵便事業会社と郵便局会社を合併させ日本郵便会社とした。法的には、郵便局会社が存続会社となり、郵便事業会社を吸収合併し、商号を日本郵便会社に変更した。郵便だけを扱う会社と受け取られかねない社名になったが、その点は今後の課題となろう。一社の合併によって、管理部門の重複解消などで五二〇億円の統合効果がある、と当時の川端達夫総務大臣は国会で答弁している。廃案になった郵政改革関連法案では、図1の中段に示すように三社体制の経営形態にすることが盛り込まれていた。三社体制は分社化ロスを最小化する観点からは、最善の経営形態であると判断された。四社体制は、当時の与党が推す三社案と野党が主張する五社現状維持の妥協案ともいえよう。

**金融のユニバーサルサービスの義務づけ**

義務づける条項として、改正郵政民営化法に「日本郵政と日本郵便は、郵便、郵貯、簡保のサービスが利用者本位の簡便な方法により郵便局で一体的に利用できるようにするとともに将来にわたりあまねく全国において公平に利用できることが確保されるよう、郵便局ネットワークを維持する。そのため、政府は義務の履行を図るため必要な措置をとる」（要旨）という規定が追加された。この改正によって、郵便を含めて、郵貯・簡保の三事業がユニバーサルサービス提供が義務づけられたことになる。形を変えながらも、民営化前のかつての郵便局の三事業一体の姿が復活する。三党間の協議でもこの点は意見が一致していた。

背景には金融過疎化の問題があった。銀行やATMなどがたくさんある首都圏などの大都市に住む人間には理解できないが、金融過疎が進行している過疎地では、唯一地域に残り金融サービスを取り扱う郵便局の重要性はきわめて高い。国会において、東京都西多摩郡檜原《ひのはら》村の村長は、要望しても過疎地には民間金融機関は支店などを設置してくれないし、現在、郵便局以外の金融機関が存在しない自治体が二三町村ある、と述べた。大合併前の数字でいえば一一三町村になる。著者（星名）も北海道で勤務したことがあるので、この辺の事情はよくわかる。当初、竹中担当大臣ら政府側の説明では、金融二社は直営店を持たず窓口業務を郵便局に委託するビジネスモデルであり、完全民営化後であっても、株式売却益などを原資とする社会・地域貢献基金もあり、金融サービスにユニバーサルサービスが義務づけられていなくても、郵政グループの一体経営により維持できる、と強調していた。

金融二社は、橋本賢治の『立法と調査』での解説によれば、日本郵政の西川社長の発案で民営化当初から直営店（ゆうちょ銀行二三三、かんぽ生命八二）を設置するビジネスモデルを取り入れた。法案審議時の政府答弁と明らかに異なるビジネスモデルになった。金融二社が民営民有になれば、直営店のみで営業する可能性が高くなる、少なくとも採算性の低い郵便局へ委託料それに消費税まで支払って業務を委託しなくなる可能性が高くなる。と強い懸念を示す意見が出された。これに関連して、議員立法の発議者は、現行法では懸念が生じることは間違いないので、日本郵政と日本郵便に金融のユニバーサルサービスの提供を法律で義務づけ、株式処分後も金融のユニバーサルサービス提供をしっかりと確保していく、と回答している。金融二社には直接ユニバーサルサービスの提供義務を課していないが、グループとしての一体経営や金融二社の株式処分の条件に強い法的縛りをかけ、かつ、三事業一体のユニバーサルサービス提供を確保することが改正郵政民営化法に仕組まれた。

もう一つ重要なことは、日本郵便にとって、金融二社からの業務受託手数料が大きな収入になっていることである。その金額は、平成三〇年度決算では、ゆうちょ銀行から六〇〇六億円、かんぽ生命から三五八一億円、計九五八七億円になっている。手数料収入はやや逓減傾向にあるが、それでも営業収益の二四パーセントを占める。このことからも、郵便局ネットワークを維持するためにも三事業一体の経営は必要不可欠なのである。

ところで、金融のユニバーサルサービス提供を考えるとき、反面教師として、ニュージーランドの先例をみるのが参考になる。同国は、巨額の財政赤字を解消すべく徹底した規制緩和と行政改革を実施する。その一貫として、一九八七（昭和六二）年、郵電省を郵便・テレコム・ポストバンクの三つの会社に分割民営化した。郵便を除き、一九九〇年までにテレコムはアメリカ系資本に、ポストバンクはオーストラリア系資本のオーストラリア・ニュージーフンド銀行に、それぞれ一括売却された。ポストバンクを買収した銀行は収益性の高い都市部だけで営業し、利益か上がらない地方には店舗を出さなかった。

加えて、郵便局は民間並みの経営を強力に推し進め、収益の上がらない地域の郵便局は閉鎖、一二三四局あった郵便局は一時二四五局までになってしまった。八割の廃局である。この結果、多くの地方で郵便と金融サービスの空白地帯が生じた。その上、ニュージーランドでは、銀行は外資系による寡占が進み、取扱手数料の上昇、預金の一定額以上の維持、口座維持料の徴収が行われ、低所得者層や小口預金者には手が届かないものになっていった。しかし、政権交代により、二〇〇二（平成一四）年に全国ネットの政府所有の「キウィ銀行」が誕生した。かつての郵便貯蓄銀行の復活といってもよい。キウィ銀行は誰でも何処でも利用できるし、その出現によって民間銀行の手数料の透明化や引下げがはじまった。命名も親しみが持てる。

郵政民営化の歴史的な評価を下すには時期尚早かもしれないが、そのことを考える一助となる文献をここで紹介しておこう。二冊あるが、一冊は伊藤真利子の『郵政民営化の政治経済学―小泉改革の歴史的前提』だ。郵政三事業の一つである郵便貯金に焦点を当て、郵政改革とは何だったのか、その点について学術的に検証している。もう一冊は立原繁・栗原啓の共著『欧州郵政事業論』である。欧州郵便単一市場の形成、良質なユニバーサルサービスの維持などを柱とするEU郵便指令に基づき、EU諸国が郵便事業を民営化していった。本書は、民営化後の各国の郵便サービスとその周辺情報を整理し報告している。民営化による改善点の報告も多いが、郵便料金の高騰、サービスレベルの低下、労働環境の悪化などのマイナス面が表れてきた。外国の事例ではあるが、日本の郵政事業の将来を考えるとき、示唆に富む報告も多い。

# 第18章　民営化後の郵便事業

## 1　日本郵便の現状

民営化されて一三年、それが見直しされて八年が経過した現在、郵便事業はどのような状況になっているのだろうか——。その郵便事業は日本郵政グループ四社のなかの日本郵便が運営している。以下、平成後期から令和冒頭の民営化後の郵便事業の姿である。

### 一大企業グループ

直近データの概数になるが、ユニバーサルサービスの提供義務を負う日本郵便は二万の直営郵便局と三八〇〇の簡易郵便局で構成する全国ネットワークを維持し、うち過疎地には七〇〇〇局が設置されている。郵便局の窓口では、郵便のみならず、原則、郵貯や簡保も取り扱っている。郵便ポストは全国に一八万本。このほか切手印紙販売所が一三万カ所ある。土地・建物などの固定資産はおよそ二・七兆円、日本郵政グループの資産の大半を保有している数字である。従業員数は一九万人、グループ二二万人の八割強を占める。日本郵便は日本郵政の子会社になるが、日本郵便も二四四の子会社と関連会社一六社を抱えている。国内では全額出資（一八三億円）の日本郵便輸送が主力子会社、同社の二六〇〇台のトラックが郵便物などの輸送業務を担っている。その前身は日本郵便逓送（日逓）であった。また、国際物流分野にも進出し、平成二七年五月、オーストラリアのトール・ホールディングス社をM&Aで子会社化した。このように、日本郵便は一大企業グループを形成しているといえよう。

日本郵便の仕事を大きく括ると、郵便・物流事業、国際物流事業、そして金融窓口事業の三つのセグメントに区分できる。以下、セグメント別にみていこう。

**郵便・物流事業**

**表23**に示すように、郵便局が取り扱うものは「郵便物」と「貨物」に分類することができる。違いは適用される根拠法令。郵便物は郵便法に定められているもので、ユニバーサルサービスの提供義務が課せられている。種類は、大略、第一種書状、第二種はがき、第三種定期刊行物、第四種学術刊行物、速達や書留などの特殊取扱と国際郵便である。このうち書状とはがきが九割以上を占め圧倒的に多い。荷物は国土交通省所管の貨物自動車運送事業法の適用を受けるもので、他の民間宅配便会社と競争しながら運営している。民営化前は「郵便小包」として郵便法の適用を受けていたが、民営化後は運送事業法の適用を受けるサービスになった。ユニバーサルサービスの提供義務はない。種類は、ゆうパック（ゆうパケットを含む）とゆうメールがある。

**表23　郵便局が取り扱う郵便物と荷物**

| 区分 | | 内容 | | | 根拠法令 |
|---|---|---|---|---|---|
| 郵便物 | 内国郵便物 | 通常郵便物 | 第一種郵便物 | 封書など | 郵便法 |
| | | | 第二種郵便物 | はがき | |
| | | | 第三種郵便物 | 定期刊行物 | |
| | | | 第四種郵便物 | 学術刊行物など | |
| | | 特殊取扱郵便物 | | 速達、書留など | |
| | 国際郵便物 | 外国発着の手紙、小包、国際スピード郵便(EMS)など | | | |
| 荷物 | ゆうパック | 長さ・幅・厚さの合計170cm以内、重さ30kg以内の荷物 | | | 貨物自動車運送事業法など |
| | ゆうメール | 長さ・幅・厚さの合計62cm以内、重さ1kg以内の印刷冊子など | | | |

出典：会計検査院「会計検査院法第30条の2の規定に基づく報告書―日本郵政グループの経営状況等について」平成28年、36ページなどから作成.

### 表24　郵便物・貨物引受の年度別推移

（百万通／個）

| 種類別 | 国 | 日本郵便 | | | | | |
|---|---|---|---|---|---|---|---|
| | 平14 (2002) | 平26 (2014) | 平27 (2015) | 平28 (2016) | 平29 (2017) | 平30 (2018) | 令1 (2019) |
| 郵便物 | 25,738 | 18,188 | 18,029 | 17,730 | 17,223 | 16,780 | 16,350 |
| 国内郵便物 | 25,647 | 18,142 | 17,980 | 17,683 | 17,176 | 16,739 | 16,308 |
| 普通 | 25,015 | 17,661 | 17,426 | 17,193 | 16,685 | 16,241 | 15,801 |
| 第一種 | 12,839 | 8,531 | 8,463 | 8,411 | 8,098 | 8,037 | 7,971 |
| 第二種 | 11,169 | 8,879 | 8,723 | 8,553 | 8,366 | 7,990 | 7,623 |
| 第三種 | 968 | 230 | 220 | 211 | 204 | 197 | 189 |
| 第四種 | 37 | 19 | 18 | 17 | 17 | 16 | 15 |
| 特殊取扱 | 632 | 480 | 554 | 490 | 491 | 497 | 507 |
| 国際郵便物 | 90 | 46 | 48 | 46 | 47 | 41 | 41 |
| 荷物 | 442 | 3,846 | 4,052 | 4,195 | 4,513 | 4,592 | 4,543 |
| ゆうパック | | 485 | 579 | 697 | 875 | 942 | 974 |
| 計 | 26,180 | 22,035 | 22,082 | 21,925 | 21,736 | 21,373 | 20,893 |

出典：日本郵便のプレスリリースなどにより作成

注：切捨をしている関係で合計が一致しないことがある。

**郵便物**　まず郵便物について。**表24**に、国営最後の事業年度となった平成一四年度と直近六年度の郵便物引受実績の推移を整理してみた。郵便物の引受総数をみると、平成一四年度は二五七億通であったものが、毎年度徐々に減少して、令和元年度には一六四億通となった。理由は、インターネットの普及で多様な通信手段が生まれ、個人（私人）が手紙を書かなくなってきたし、事業者もペーパーレス化を推し進め郵便をあまり使わなくなってきた。中長期的にみれば、人口減少が郵便利用者の減少につながっていくであろうから、この面からも郵便の減少傾向を完全に食い止めることは難しい。

日本郵便が行った平成二六年度の郵便利用構造調査をみると、郵便の流れでは、事業所→私人が五四パーセント、私人→私人が二六パーセント、事業所→事業所が一九パーセント。利用用途では、請求書などの金銭関係が三六パーセント、ダイレクトメールが二二パーセント、消息や挨拶が一五パーセント。利用者別では、卸売・小売・飲食業が二四パーセント、金融・保険業とサービス業がそれぞれ二一パーセントとなった。事業所の利用が圧倒的に多くなっている。郵便利用者の構造は大きく変化した。

**信書便**　郵政民営化後の重要な変化の一つに、平成一五年四月から信書便法（民間事業者による信書の送達に関する法律）が施行されて、民間事業者にも信書送達のビジネスが開放されたことが挙げられる。しかし、新規参入事業者が収益の上がる首都圏だけで信書送達ビジネスを自由にできるようになったら、その影響を受けて、郵便のユニバーサルサービスの仕組みが機能しなくなるおそれがある。このような新規参入事業者によるクリームスキミング（いいとこ取り）を防ぎ、ユニバーサルサービスを確保するため、信書便法では参入条件を定めている。法律では、信書便事業を、全国全面参入型の「一般信書便事業」と、特定のサービスのみを提供する「特定信書便事業」の二種類の形態にわけて定めている。

一般信書便事業とは、手紙やはがきなどが差し出された場合には、全国何処《どこ》でも引き受け三日以内に配達するサービスをいう。民間版郵便事業といってもよいかもしれない。だから、国民があまねく公平に利用できるように、料金は全国均一（例えば二五グラム以下八〇円）で、信書便差出箱（ポスト）を公道上、公道に面した所などに全国まんべんなく設置し、週六日以上の配達を行うことなどが参入条件となっている。条件のハードルが高いことや採算性の確保が難しいこともあり、現在、一般信書便事業の総務大臣の許可を受け、事業を運営している民間事業者はいない。

一方、特定信書便事業の方は参入者が増加している。付加価値の高い特定の需要に対応するサービスを提供する事業をいうが、大型信書便サービス（一号役務）、急送サービス（二号役務）、高付加価値サービス（三号役務）の三種類がある。特定信書便事業の実績は法施行以来、毎年増加し、平成三〇年度末には事業者数が五三二社、引き受けられた信書便物数は二〇七〇万通、売上は一九三億円となった。同期の郵便は引受一六四億通、収入一兆円超であったから、今のところ信書便が郵便に大きな影響を与えるおそれはない。

総務省の令和元年版『信書便年報』によれば、参入事業者の七割強が貨物輸送業で、資本金規模では一億円未満が七割を占めている。総じて一号役務の事業が大半で、地域別では関東一八三社、近畿八八社、九州七〇社などと大都市圏に集中している。公文書の集配業務を信書便事業者に委託している自治体が一二三一（一九都府県・一〇三市区）確認されている。

**貨物便**　貨物便は国土交通省に運賃を届け出て営業している宅配便とメール便のことで、日本郵便は前者を「ゆうパック」と、後者を「ゆうメール」と呼んでいる。かつての「小包」や「書籍小包」といわれたものである。レターパックやスマートレターなどは貨物ではなく、第一種郵便物として取り扱われている。各年度の引受推移を表24（三〇八ページ）に示したが、令和元年度の貨物便の実績は四五億個となった。内訳は、ゆうパックが一〇億個、ゆうメールが三五億個であった。ここ三年間、四五億個代を維持している。eコマースの拡大により、平成一四年度の小包の時代と比べると、貨物便の取扱個数は一〇倍以上になっている。このことから日本郵便の業容が郵便物から貨物に比重が移っていることがわかる。

貨物便は独占事業ではないので大手宅配便会社との競争にさらされている。国土交通省の年度調査によると、令和元年度の宅配便市場は四三億個（前年度比一ペーセント増）で、うちヤマト運輸「クロネコヤマトの宅急便」が一八億個（シェア四二パーセント）、佐川急便「飛脚宅配便」が一三億個（同三〇パーセント）、ゆうパックは一〇億個（同二三パーセント）であった。ここ数年、順位に変更はないが、上位二社の実績の伸びが鈍化し前年度割れが生じることもあった。それに対し、ゆうパックの実績は堅調な伸びを示し、三パーセント増を記録した。一方、メール便市場は四七億個（前年度比六ペーセント減）で、ゆうメールが三六億個（シェア七六パーセント）、ヤマト「クロネコDM便」が一〇億個（同二一パーセント）で、この二社が圧倒的に強い。しかしながら、ここ数年、メール便は減少傾向にある。

## 表25　郵便物・貨物収支の年度別推移

（億円）

| 科目 | 種類別 | 国<br>平14<br>(2002) | 日本郵便<br>平26<br>(2014) | 平27<br>(2015) | 平28<br>(2016) | 平29<br>(2017) | 平30<br>(2018) | 令1<br>(2019) |
|---|---|---|---|---|---|---|---|---|
| 営業収益 | 郵便物 | 18,832 | 13,174 | 13,553 | 13,424 | 13,638 | 13,783 | 13,681 |
| | 国内郵便物 | 18,098 | 12,261 | 12,475 | 12,449 | 12,642 | 12,821 | 12,764 |
| | 第一種 | 9,898 | 6,597 | 6,678 | 6,826 | 6,648 | 6,740 | 6,792 |
| | 第二種 | 5,181 | 3,761 | 3,677 | 3,679 | 4,031 | 4,097 | 3,956 |
| | 第三種 | 526 | 105 | 99 | 94 | 90 | 88 | 86 |
| | 第四種 | 16 | 7 | 7 | 7 | 7 | 7 | 7 |
| | 特殊取扱 | 2,477 | 1,791 | 2,013 | 1,843 | 1,866 | 1,889 | 1,923 |
| | 国際郵便物 | 734 | 913 | 1,078 | 975 | 996 | 962 | 918 |
| | 荷物 | 1,615 | 4,444 | 4,757 | 4,889 | 5,596 | 6,354 | 6,664 |
| | 計 | 20,447 | 17,618 | 18,310 | 18,313 | 19,234 | 20,137 | 20,345 |
| 営業費用 | 郵便物 | 18,996 | 13,058 | 13,429 | 13,295 | 13,395 | 13,328 | 13,306 |
| | 国内郵便物 | 18,258 | 12,268 | 12,469 | 12,463 | 12,532 | 12,507 | 12,471 |
| | 第一種 | 9,466 | 6,474 | 6,559 | 6,700 | 6,581 | 6,655 | 6,667 |
| | 第二種 | 5,157 | 3,976 | 3,971 | 3,978 | 4,119 | 4,012 | 3,852 |
| | 第三種 | 795 | 170 | 166 | 159 | 151 | 146 | 146 |
| | 第四種 | 57 | 20 | 18 | 18 | 17 | 16 | 16 |
| | 特殊取扱 | 2,783 | 1,628 | 1,755 | 1,608 | 1,664 | 1,678 | 1,789 |
| | 国際郵便物 | 738 | 790 | 960 | 832 | 863 | 821 | 835 |
| | 荷物 | 1,661 | 4,651 | 4,749 | 4,861 | 5,442 | 5,536 | 5,643 |
| | 計 | 20,657 | 17,709 | 18,178 | 18,156 | 18,837 | 18,864 | 18,949 |
| 営業損益 | 郵便物 | △ 164 | 115 | 123 | 128 | 241 | 455 | 376 |
| | 国内郵便物 | △ 160 | △ 7 | 6 | △ 15 | 108 | 314 | 293 |
| | 第一種 | 432 | 123 | 119 | 126 | 67 | 86 | 125 |
| | 第二種 | 24 | △ 215 | △ 294 | △ 298 | △ 88 | 86 | 104 |
| | 第三種 | △ 269 | △ 66 | △ 67 | △ 65 | △ 61 | △ 58 | △ 60 |
| | 第四種 | △ 41 | △ 13 | △ 11 | △ 12 | △ 10 | △ 10 | △ 9 |
| | 特殊取扱 | △ 306 | 162 | 258 | 235 | 200 | 211 | 133 |
| | 国際郵便物 | △ 4 | 122 | 117 | 143 | 133 | 140 | 83 |
| | 荷物 | △ 46 | △ 208 | 8 | 28 | 153 | 817 | 1,021 |
| | 計 | △ 210 | △ 93 | 131 | 156 | 394 | 1,272 | 1,397 |

出典：日本郵便のプレスリリース、総務省郵政民営化委員会資料などにより作成した。
注：切捨などをしている関係で合計が一致しないところがある。

**個別収支**　最初のセグメントである郵便・物流事業の郵便物と貨物便の引受実績などを説明してきたが、ここでは、それらの個別収支についてふれる。**表25**（前ページ）に整理したが、令和元年度の郵便貨物の合計数字でみると、前年度に引き続き増収増益となった。営業収益は二兆三四五億円（前年度比二〇八億円増）、営業損益は一三九七億円（同一二五億円増）になった。平成二七年から累次にわたり料金改定を行ってきた効果、特にゆうパケットの増収が効いている。郵便物に関しては、統一地方選挙や衆議院選挙、プレミアム商品券などの消費税増税に関連した一時的な郵便物の差出増もあったが、わずかながら前年度の実績に及ばなかった。個別にみると、第二種はがきは前々年度から黒字に転換した。第三種・第四種は依然赤字になっているが、いわば政策料金で全体で費用をカバーする構造は昔から変わらない。

**国際物流事業**

日本郵便は、当初の郵政民営化の基本方針を踏まえ、成長著しいアジア市場を中心に国際物流事業を展開することを目指し、平成二七年五月、オーストラリア企業のトール・ホールディングス社（トール社）の発行済株式の全部を六四億八五六三万豪ドル（邦貨六一六一億円）で取得し、完全子会社として経営統合した。事業は、オーストラリア、ニュージーランドなどの国内エクスプレス事業、アジアからの輸出を中心としたフルラインのフォワーディング事業、アジア太平洋地域における物流業務全体を包括的に受託するロジスティクス事業の三部門。いわゆる3PLプロバイダーである。だが、オーストラリアの資源価格の低下などの影響により、同社の業績は厳しい状況が続き、急速な回復が見込めない状況に陥った。そのため、日本郵便は平成二八年度決算においてトール社の「のれん代」など計四〇〇三億円を減損損失として一括償却した。

トール社の買収は、当時の日本郵政の西室泰三社長が大型M&Aによる成長戦略を指向し主導しながら、買収がとりまとめられた。しかしながら、これに対して疑問を呈する向きが強い。郵政OBが『通信文化新報』のなかで語っていたが、失敗の理由は、資源不況により荷動きが減少して予想に反して業績が伸びなかったと経営陣は説明するが、より大きな理由は別のところにあったとする。まず「のれん代」が純資産の五割として評価されたが、通常は三割程度といわれているから、資産の適正評価が行われたとは言い難い。明らかに過大評価で、高値掴みとなってしまった。換言すれば、会社の利益に反する判断が行われたのではないか、と指摘する。また、『日本経済新聞』によれば、当時の郵政民営化委員会でも、六二〇〇億円を投じて何が生み出されるのかわかりずらい、と懸念する声が出ていた。

トール社の最近の状況をみると、ますます厳しい事業環境になってきている。コントラクトロジスティクスを中心とするBtoB事業を拡大する取組みを行うなど業績向上に努めてきたが、オーストラリア経済の低成長や米中貿易摩擦それに豪中貿易摩擦、新型コロナウイルス感染症拡大の影響、加えて令和二年一月に発生した標的型サイバー攻撃の影響により、業績に大きな打撃を受けた。この結果、日本郵便の令和元年度の連結損益計算では、国際物流事業の営業収益は六三四七億円（前年度比九パーセント減）、費用面でも人件費などの固定費負担が重く、営業損益は八六億円の損失（前期は一〇三億円の利益）となってしまった。このようななか、日本郵政グループは令和二年一一月、トール社の三部門のうちエクスプレス事業の売却検討を開始したことを発表した。ファイナンシャルアドバイザーとして、JPモルガン証券と野村證券の二社が選定された。現状では、将来の世界経済が見通せない状況にあり、再編が思惑どおり進むのか判断するのは難しい。

**金融窓口事業**

郵政民営化の見直しにおいて、郵便・郵貯・簡保の三つのサービスが全国の郵便局であまねく公平に提供することが義務づけられた。郵貯・簡保のユニバーサルサービスの復活といってもよい。すなわち郵便局が金融二社の窓口となり、利用者は、貯金の受払や送金・振込、保険申込みや保険金支払請求などが、昔と同じように引き続き郵便局の窓口でできるのである。しかし、現在、金融二社は日本郵便（郵便局）とは別の独立した会社だから、二社は日本郵便に窓口業務を委託して手数料を支払う形になっている。次章で詳述するが、手数料のうち、郵便局ネットワーク維持費（ユニバーサルサービス維持に要する基礎的費用）は交付金の形で令和元年度から日本郵便に交付されることになった。

金融二社の令和元年度の業績を簡単に紹介すると、ゆうちょ銀行の貯金残高は令和元年度末一八三兆円で、国営最後の平成一四年度末の残高二三三兆円と比べると、五〇兆円（二一パーセント）の減少となっている。ほぼ同じ時期、その他の銀行の預金残高は着実に増加している。郵貯減少の主因は、市場における低金利が続くなかで、主力商品である定額貯金の優位性が低下したことなどが影響したと考えられよう。しかし、ここ数年、営業努力が実り、わずかながらも残高が増加し、投資信託の販売にも力を入れている。当期純利益は二七三〇億円（前年度比六八億円増）。二〇〇兆円強の資産運用は、国債二六パーセント、外国証券等三二パーセント、預け金等二五パーセントなどとなっていて、全額国の資金運用部預託となっていた時代と比べると隔世の感がある。

一方、かんぽ生命の主力商品である個人保険の保有契約件数は、令和元年度末で一七一六万件で、民営化前の契約を加えると二七〇七万件となる。しかし、国営最後の平成一四年度末の契約件数七二六四万件と比べると、四五五七万件（六三パーセント）も減少している。更に、かんぽ生命の不適切販売が明るみに出て、総務大臣と金融庁から業務停止命令が出されたことから、令和元年度の新規契約件数が六四万件（前年度比六三パーセント減）に減少した。なお、当期純利益は一五〇六億円（前年度比三〇二億円増）。増加要因は、順ざやの増加（運用利回りが予定利率を上回ったこと）と、業務停止で事業費負担が減少したためである。

**決算実績**

以上、三つのセグメントの事業実績などをみてきたが、それらを反映して、令和元年度の日本郵便の決算がどの

表26　日本郵便の連結損益計算書

（億円）

| 項　目 | | | 平27 (2015) 金額 | 平28 (2016) 金額 | 平29 (2017) 金額 | 平30 (2018) 金額 | 令1 (2019) 金額 |
|---|---|---|---|---|---|---|---|
| 経常損益の部 | 営業損益の部 | 営業収益 | 36,270 | 37,589 | 38,819 | 39,606 | 38,393 |
| | | 郵便業務等収益 | 19,104 | 19,103 | 20,024 | 20,955 | 21,071 |
| | | 銀行代理業務手数料 | 6,094 | 6,124 | 5,981 | 6,006 | 3,697 |
| | | 生命保険代理業務手数料 | 3,783 | 3,927 | 3,722 | 3,581 | 2,487 |
| | | 郵便局ネットワーク維持交付金 | – | – | – | – | 2,952 |
| | | 国際物流業務等収益 | 5,440 | 6,444 | 7,043 | 7,006 | 6,347 |
| | | その他の営業収益 | 1,846 | 1,989 | 2,048 | 2,056 | 1,836 |
| | | 営業原価 | 33,522 | 34,411 | 35,621 | 35,196 | 34,083 |
| | | 営業総利益 | 2,747 | 3,178 | 3,198 | 4,410 | 4,309 |
| | | 販売費及び一般管理費 | 2,421 | 2,644 | 2,332 | 2,590 | 2,519 |
| | | 営業利益 | 326 | 534 | 865 | 1,820 | 1,790 |
| | 営業外損益の部 | 営業外収益 | 214 | 68 | 54 | 60 | 40 |
| | | 営業外費用 | 117 | 80 | 65 | 82 | 149 |
| | | 経常利益 | 423 | 522 | 854 | 1,798 | 1,681 |
| 特別損益の部 | | 特別利益 | 602 | 320 | 329 | 298 | 178 |
| | | 特別損失 | 478 | 4,691 | 428 | 433 | 540 |
| | | （うちトール社減損損失） | – | 4,003 | – | – | – |
| | | 税引前当期純利益 | 547 | △ 3,848 | 756 | 1,663 | 1,318 |
| | | 税引後当期純利益 | 477 | △ 3,845 | 596 | 1,271 | 879 |

出典：日本郵便株式会社法第13条に基づく書類（第9期～第13期）など から作成.

注：切捨などをしている関係で合計が一致しないところがある.

ようになったのかをみてみよう。表26に示すが、営業収益は、郵便・物流事業が増収であったものの、金融窓口事業と国際物流事業の減収により、三兆八三九三億円（前年度比一二一三億円減）となった。金融二社からの手数料はユニバーサルサービス維持に要する基礎的費用が交付金となり、それを加味して前年度と比べると、九一三六億円（同四五一億円減）にとどまった。かんぽ生命の営業自粛や停止が影響している。費用面では、営業原価が三兆四〇八三億円（前年度比一一一三億円減）、販売費及び一般管理費が二五一九億円（同七一億円減）となった。したがって、営業利益は一七九〇億円（同三〇億円減）。経常利益は一六八一億円（同一一七億円減）となった。特別損失と税金を差し引いた当期純利益は八七九億円（同三九七円減）となる。

## 2　変化する経営姿勢

郵便事業にとって、「平成」は国営から公社へ、そして民営へと経営形態が大きく変わっていった時代であった。株式会社となった日本郵便は、商品やサービス多様化を図り収益の確保に努める。ここでは、郵便料金・貨物運賃の値上げと、記念特殊切手発行の変化についてみていこう。

図２　収益向上のための料金改定

| 実施 | 概　要 |
|---|---|
| 平6 | 書状80円・はがき50円に料金改定 |
| 平24 | 料金割引（第2種広告）を見直し |
| 平27 | ゆうパック基本運賃を改定 |
| 平28 | 料金割引（広告、区分、区内特別）を見直し<br>国際郵便物の料金を一部改定 |
| 平29 | はがき62円に料金改定（年賀を除く）<br>定形外郵便物の料金を改定<br>ゆうメール運賃を改定 |
| 平30 | ゆうパック運賃を改定 |

法人顧客の相対運賃見直交渉

収益への大幅な貢献を期待

出典：　日本郵政グループ「日本郵政グループの課題と今後の方向性」（平成30年2月21日）所収の図から作成

**累次の料金・貨物運賃の改定**

日本郵政グループが総務省の郵政民営化委員会に提出した資料のなかに、上のような図表（図２）があった。説明には、郵便・貨物分野それぞれにおいて、収益性確保・向上のため、料金改定などの取組みを着実に推進とある。これをみると、平成後半以降に矢継ぎ早に料金を値上げし、並行して、ネット通販大手などの法人顧客に対して相対料金（運賃）の見直交渉を行ってきたことがわかる。以下に大きな改定、変更を簡単にまとめた。

**第一種定形外の規格変更**　平成二九年六月、第一種郵便物の定形外を「規格内」と「規格外」に分割する。機械で処理できるものと、できにくいものに分類した。規格内は概ねＡ４角２封筒・重さ一キロまでの大きさ。一キロ超は廃止。規格内の料金は六段階一二〇円から五八〇円。他方、規格外は三辺（長辺・短辺・高さ）の和が九

○ヤンチ・重さ四キロまでの大型物。規格外の料金は八段階二〇〇円から一三五〇円。第二種郵便物のはがき料金はかつて書状の半額であったが、一〇円アップして六二円に。書状料金の八割近くのレベルに上昇。平成三〇年度決算から黒字に転換する。書状とはがきの配達コスト（手間）がほぼ同じと考えると、早晩、ヨーロッパのように同額になるかもしれない。

**ゆうパック貨物運賃**　ゆうパックの運賃（料金）は平成はじめは三地帯・重量制六区分一二キロまでであったが、平成一六年に重量制からサイズ制（三辺の和）に変わる。当初、七サイズ・県内と七地帯・三〇キロまでであったが、現在は七サイズ・県内と一一地帯・二五キロまでになった。サイズ制の当初料金は六〇〇円―二五〇〇円、その後値上げが三回あり、現在は八一〇円―三一六〇円。当初比三〇パーセント前後の値上げとなっている。

既述のとおり、ゆうパックが日本郵便の主力商品となりつつある。そのため競合他社に対抗するため、ゆうパックのサービス改善に力が入る。例えば、クレジットカードで決済、郵便局やコンビニなどに差し出すと一八〇円値引き。年間一〇個以上差し出すと一一個目から一〇パーセント引きとなる。割引サービスのほか、受取利便性向上と再配達削減のため、主要都市の鉄道駅構内などに宅配ロッカー「はこぽす」を設置する。もう一つの貨物便「ゆうメール」は旧書籍小包。料金体系が簡素化されて、現在は重さ一キロまでのもの。全国一律料金で一八〇円―三五〇円。大口相対料金は公表されていないが、大量の郵便物を区分し窓口に直接差し出すと、かなりの割引が行われている。

**消費税増税による改定**　令和元年一〇月一日、消費税が八パーセントから一〇パーセントに上がった。それに伴って、郵便料金・関連商品・各種手数料も改正され、同日から新料金になった。改定幅は一円から一〇〇円を超すものもあるが、端数調整があるものの、基本的には増税分の二パーセントを加算し、本体料金は据え置かれている形になっている。身近な第一種書状の基本料金は八二円から八四円に、第二種はがきは六二円から六三円に改定され

新額面の切手２種

た。はがきは平成二九年六月に一〇円値上げされたが、書状料金は平成六年一月に六二円から八〇円に値上げされた以降、本体料金は維持されている。明治・大正・昭和の三代にわたり三八年間続いた書状三銭時代には及ばないが、二七年間本体料金が変わらないことは物価が安定している証拠かもしれないが、デフレ脱却が容易でないことを示す一つの経済指標となるかもしれない。書状の料金改定に先駆けて、令和元年八月二〇日から、二一種類の新額面の切手、はがき、レターパックなどが発売された。切手の図案は、六三円がソメイヨシノ、八四円がウメ、中額面三種には西表石垣、日光、瀬戸内海の国立公園の景色などが描かれている。六三円はがきの図案はヤマユリなど。新額面の切手類が発行されたので、八二円切手など旧額面の切手類二三種が九月末で郵便局での販売が終わった。

**国際スピード郵便（ＥＭＳ）**　ＥＭＳは、その早さや簡便さから利用が増加している。しかしながら、平成二八年にＥＭＳ料金が改定され、刻みも変更されたため、例えばアメリカ宛初段階の料金が一二〇〇円から二〇〇〇円にアップするなど大幅な値上となった。他方、航空便書状の料金は低位安定し、現在、三地帯九〇円―一三〇円。初段階の重量も一〇グラムから二五グラムに引き上げられたので、割安感が出ている。

**小形包装物の国際郵便料金**　令和三年四月から、航空扱い・ＳＡＬ扱い・船便扱いの小形包装物の国際郵便料金とその特別料金（国際ｅパケット、国際ｅパケットライト、航空優先大型、航空非優先大量の各郵便物）の国際郵便料金を大幅に値上げする。国際郵便料金には、差出国から配達国に支払う配達手数料が含まれているが、これまで、発展途上国に考慮して、万国郵便条約において配達手数料を低く設定していた。今回、条約が改正され、令和三（二〇二一）年四月から各国が配達コストに見合う額を独自に設定することができるようになった。これを受け、特に小形包装物の配達手数料が大幅に上昇したため、その上昇分を賄うために、日本郵便でも大幅な料金改定に踏み切った。

条約改正は、新聞報道などによれば、二〇一八年一〇月、アメリカのトランプ大統領が「割安に設定されている中国からの郵便物がアメリカに大量に流入し、米国郵便庁（ＵＳＰＳ）の利益が奪われている。自分たちで料金が決められるようにしない限り、万国郵便連合（ＵＰＵ）を離脱する」と宣言したことが発端になった。アメリカにとって、経済大国となった中国が発展途上国の優遇措置を享受していることが容認しがたいし、電子商取引の急速な普及で小形包装物の到着便が急増し、配達コストが嵩みＵＳＰＳの財務体質が弱められていったため、その解決が急がれていた事情があった。宣言の翌年九月、アメリカの要求に沿う形で万国郵便条約改正が全会一致で合意され、同国のＵＰＵ離脱は寸前で回避された。

日本郵便は、この改定に当たって、新たに第四地帯を設定し、アメリカ向けの料金を定めた。また、細分化されていた小形包装物の重量段階を一〇〇グラム刻みに簡略化した。例えば、アメリカ向け航空扱いの小形包装物の初料金は、五〇グラムまで一五〇円であったものが一〇〇グラムまで七五〇円となる。五倍の値上げ。最高料金は二〇〇〇グラムまで二七六〇円であったものが三二二〇円となる。こちらは一七パーセントの値上げにとどまる。配達コストの大半は配達員の人件費（固定費）が大きく、重さは変動費になるが一〇〇グラムでも五〇〇グラムでもさほどコスト（手間）は変わらないから、値上げ率は重くなるほど低減してくる。

ここに述べてきたとおり、ここ数年、収益性向上のために料金が値上げされてきた結果、第三種と第四種などを除けば、収支が改善されてきている。これも経営戦略なのだろうが、日本郵便は、企業に対して郵便料金後納・現金納付を奨励し、また、個人向けにもクレジットカード払いの普及に努めている。その背景には、煩雑な切手在庫管理を減らしたい事情がある、ともいわれている。

## 記念特殊切手

その切手だが、記念特殊切手の発行にも大きな変化がみられる。切手ブームに沸いた昭和三六年、本格的な花シリーズや東京オリンピック寄付金付切手が発行された。この年と半世紀後の平成三〇年の切手発行事情を比較してみた。極端な比較かもしれないが、表27がそれで、案件数では一三対五六で四倍。シート数では二七対九二で三倍。極めつきは図案数で三〇対六二八と二一倍。かつて年間三〇種類（図案）も記念切手が出たら乱発と騒がれた。その後、少しずつ種類が増加。近年、さまざまなグリーティング切手やシリーズ切手が登場し、気がつけば年六〇〇を超える新しい図案の切手が出ている。マーケティング指向の強い発行ポリシーに変わり、購入層も変化する。収集方法も変わり、古典郵趣のルールは顧みられず、ＳＮＳ映えする図案に関心が移っている感がある。

表27　昭和・平和切手発行比較

① 昭和36年 発行区分

| 区分 | 案件 | シート | 図案 | 備考 |
|---|---|---|---|---|
| 記念・特殊 | 9 | 9 | 12 | 額面総額 335円 |
| シリーズ（花・国定） | 2 | 16 | 16 | |
| グリーティング（年賀） | 2 | 2 | 2 | 現在価値 3,000円 |
| 計 | 13 | 27 | 30 | |

注：切手はすべて大蔵省印刷局で製造された．

② 平成30年 発行区分

| 区分 | 案件 | シート | 図案 | 備考 |
|---|---|---|---|---|
| シリーズ | 22 | 32 | 285 | |
| グリーティング | 18 | 35 | 224 | 額面総額 49,100円 |
| 記念・特殊 | 16 | 25 | 119 | |
| 計 | 56 | 92 | 628 | |

③ 平成30年 印刷会社

| 会社名 | 案件 | シート | 図案 | シェア |
|---|---|---|---|---|
| 凸版印刷（日） | 21 | 37 | 280 | 39% |
| カルトール社（仏） | 19 | 30 | 174 | 34% |
| エンスケデ社（蘭） | 8 | 14 | 98 | 15% |
| 国立印刷局（日） | 7 | 10 | 66 | 11% |
| 仏政府印刷所（仏） | 1 | 1 | 10 | 1% |
| 計 | 56 | 92 | 628 | 100% |

注：シェアは受注案件の割合で示す．

大きな変化がもう一つ。日本切手が外国の印刷会社で製造されるようになったことである。第一号は平成一一年発行「ふみの日」切手でイギリスのケスタ社製。図柄も外国の著名絵本作家の作品、外国切手かと一見見紛《みまが》うようなものであった。同表③に平成三〇年の製造会社を示すが、日本勢と外国勢が半々ずつ受注。前者は凸版印刷と国立印刷局、後者はフランスのカルトール社など三社。日本郵便が世界貿易機関（ＷＴＯ）の政府調達協定の対象となっていることや、調達コスト削減のために外国勢にも門戸を開いたのであろう。当初、切手印刷を外国企業に試験発注を行った際、中間製品が郵趣市場に流出したことや納期に間に合わないケースも起こり、外国発注の難しさが浮さ彫りになった。現在は普通切手も外国に発注されている。コスト削減効果は五パーセント程度とか。

かつて切手は一国を代表する小さな美術品・外交官ともいわれ、一枚一枚慎重に検討され、政府が発行する有価証券として大蔵省印刷局で製造されていた。民営化後の切手は、可愛いデザインも多く人気もあるが、民間会社が販売する料金ラベルのような感じがする。昔、フランスなどの宗主国が植民地の切手を印刷していた。現地に切手を製造できる印刷会社がなかったからである。時に植民地の切手は新技術の実験台にもなった。そんな歴史があるので、高い技術を有する国立印刷局があるのに、なぜ外国製日本切手なのであろうか、新自由主義的な経済合理性かもしれないが、技術の伝承はどうなるのであろうか、などと考えてしまった。時代の流れであろうか。

**改元・御即位の記念切手**　話が少し飛ぶが、日本郵便の改元最初の仕事は、令和を言祝ぐ記念切手の発行となった。平成改元は自粛ムードに覆われ静かに迎えたが、令和改元は街でカンウントダウンも行われるなど祝賀ムードで大いに盛り上がった。改元記念グッズの販売も目白押し、記念切手の発売もその一つになった。切手は二セット発売されたが、一つは四月二六日に販売された「平成」と「令和」の文字を配した八二円のフレーム切手二種類。切手の額面は二枚で一六四円だが、シールタイプで特製の小型台紙に納められ、売価は三九〇円。全国約六〇の郵便局で販売された。もう一つは五月一日に販売された書家の武田双雲が「令和」と揮毫した八二円切手一種類。一シート五枚のシールタイプのフレーム切手で、シートマージンに揮毫する双雲の写真が刷り込まれている。切手の額面は五枚で四一〇円だが、特性のＡ４クリアファイルに納められ、売価は一四〇〇円。全国約一〇〇〇の郵便局で販売された。いずれのセットも日本郵便のネットショップ経由でも販売される。売価がご祝儀相場よろしく高値にな

郵政博物館内で使用された向島郵便局の小型印が押印された改元記念カバーと改元記念フレーム切手

ってしまったが、全国どこの郵便局でも額面八二円で買える普通の記念切手があっても良かったと思うのだが……。

平成最終日と令和初日の押印サービスも全国一八二の郵便局の窓口で行われた。東京中央郵便局では郵頼により記念押印・引受押印のサービスも受け付け、東京台東区で開かれたスタンプショーの会場では宮内庁内郵便局の風景印の押印サービスが行われた。どこも多くのマニアが押しかけて、平成の、そして令和の風景印や黒活のスタンプを思い思いに押してもらっていた。令和郵趣幕開けの一大イベントとなる。一〇月一八日には天皇陛下御即位記念切手が発行された。図案は鳳凰と宝相華《ほうそうげ》模様の二種類。額面八四円、シートは一〇面。記念切手帳も販売された。皇室関係の切手には根強い人気がある。

## 3　本社機能の集約

平成三〇年秋、日本郵政グループ四社の本社は、都心のビジネス街一等地に建設された大手町プレイスのウエストタワーに移転した。それまで千代田区霞ヶ関の日本郵政ビル（旧郵政省庁舎）など八拠点に点在していた本社機

### 表28　本省・本社等所在地の変遷（抄）

| 年 | 組織名 | 所在地（当時の表示） | 備　　考 | (注) |
|---|---|---|---|---|
| 明4 | 駅逓寮 | 日本橋四日市 | 旧幕府魚納屋役所跡 | 60 |
| 明7 | 内務省駅逓寮 | 日本橋本材木町 | 明治21年焼失 | 84 |
| 明17 | 農商務省駅逓局 | 京橋区木挽町 | 新庁舎 | |
| 明18 | 逓信省 | | 明治40年焼失 | |
| 明40 | | 麹町区銭瓶町 | 仮庁舎 | |
| 明43 | | 京橋区木挽町 | 新庁舎、大正12年焼失 | 124 |
| 大12 | | 麹町区丸ノ内 | 中郵仮局舎内に仮移転 | |
| 大13 | | 麹町区大手町 | 木造仮庁舎 | |
| 昭18 | | 芝区（港区）麻布飯倉 | 麻布飯倉貯金局舎に移転 | 253 |
| 昭24 | 郵政省 | | 郵政省設置（二省分割） | |
| 昭44 | | 千代田区霞が関 | 移転 | 324 |
| 平13 | 総務省郵政事業庁 | | 中央省庁再編 | |
| 平15 | 日本郵政公社 | | 公社化 | |
| 平19 | 日本郵政グループ（5社→4社） | | 民営化 | |
| 平30 | | 千代田区大手町 | 本社移転 | 324 |

注：数字は庁舎の写真の掲載ページを示す。

能（約六〇〇〇人）が大手町プレイスに集約された。集約により業務調整・情報伝達などの円滑化、会議室の共有化などにより、グループの一体運営が効率的に行うことができるようになった。ビル内には厚生施設として保育所なども設置された。一階には郵便局もある。

大手町プレイスは二棟の高層ビルからなり、ウエストタワーの高さは一七八メートル、地上三五階・地下三階で、郵政グループは一階から二四階まで、その上の階にはＮＴＴグループが入る。歴史的には越前福井藩邸の跡地。明治に入ると、大蔵省紙幣寮の煉瓦造りの印刷工場が建つ。大正以降、逓信省仮庁舎、関東郵政局、東京郵政局、東京国際郵便局、ていぱーく（逓信総合博物館）など郵政関係の建物が次々に建てられた。その意味でかつての逓信マンや郵政マンにとっては感慨深い場所である。

中枢機能の本省・本社所在地の変遷を**表28**に整理した。少し付け加えれば、明治四〇年の逓

霞ヶ関時代の本省建物

大手町プレイス

信省の仮庁舎は、呉服橋―常盤橋間の使用されていなかった鉄道高架橋を活用し突貫工事で四四日間で完成させた。明治四三年の木挽《こびき》町に完成した新庁舎は一万坪を有し、当時、東洋一の本格的なルネサンス様式の建築物と評された。昭和一八年、木造仮庁舎にいた逓信省は、米軍の空襲に備えて、麻布飯倉の鉄筋コンクリート造りの堅固な貯金保険局のビルに移転した。貯金保険局は芝赤羽町の新局舎に移転。昭和四四年、郵政省の本省庁舎は麻布飯倉から中央省庁が集まる霞ヶ関に移転した。これら郵政建築には逓信建築官僚が独自に築いた伝統の重みがある。

郵政省の霞ヶ関への移転は、単に移転だけにとどまらなかった。まず、長閑な麻布飯倉の町から中央官庁が集まる霞ヶ関に移転した郵政官僚たちの士気は大いに高まったし、移転を契機に、郵政省が現業官庁から脱皮して政策官庁へ大きくステップアップすることにもなった。当時、世の中は情報通信の高度化が課題となりはじめ、郵政省は郵便・貯金・保険の三事業と電波行政に加え、情報通信の高度化を目指す政策立案にも力を入れていく。錯綜する関係省庁との調整を経て、当時の郵政省に通信政策局が設置されたことは、そのことを端的に表している。

次に、日本郵政グループの霞ヶ関から大手町への移転には、どのような事情があったのであろうか。跡地利用の結果ではあるが、そこには霞ヶ関すなわち官営事業からの決別、そして民間企業としてのアイデンティティーの確立、情報発信という悲願が込められていた。日本有数の、否、世界のビジネスセンターに生まれ変わった丸の内・大手町エリアに本拠を構えたグループは、立地上も外見上も、日本の大企業の仲間入りを果たしたといえよう。多くの法的制約があるなかで、今後、どのように事業を展開していくのか、その采配に注目していきたい。

## 4　歴代公社総裁と歴代各社社長

郵政民営化で一番大きな変化は官庁組織から会社組織になり、そのトップに民間経営者が多数就いたことであろう。歴代の公社総裁と各社社長を表29（次ページ）にまとめてみた。延べ二五人の名前が載っているが、複数ポストに名前が載っている人を一人としてカウントすると、実質は二一人になる。民間出身者は一二人。出身母体をみると、海運、銀行、保険、電機、商社のまさに日本経済を牽引している大手企業である。それぞれの組織で実績を上げて要職を務めてきた経営者たちである。官僚出身者は九人。内訳は郵政省五人、大蔵省三人、建設省一人でそれぞれの役所で枢要ポストを歴任した人たちである。これらトップの下《もと》に、他の民間企業と同様に、副社長、専務、常務、取締役、執行役などの役員が配され、役員も多くの民間人そして官僚から起用されている。

トップに就任した民間経営者は、それまでの経験を生かし強いイニシアチブを発揮し果敢に改革に取り組んできた。例えば、遊休資産やかんぽの宿の一括売却、ペリカン便の吸収、豪トール社のM&A買収、郵便集配拠点の再編などが挙げられようが、マスコミ報道などに見られるように、そのことで資産譲渡に疑義が出されたり、吸収先の倒産や営業不振で巨額の損金処理、現場の混乱などに追われたケースも出てきた。一部の経営者は出身母体やそのつながりなどに強い関心を払い、あるいは時に部下を配して周りを固め、独断専行で行き過ぎた経営判断を行っ

## 表29　歴代の郵政公社総裁・各社社長

（令和3年1月1日 現在）

| 氏　　名 | 就任期間 | 略　歴（肩書は適宜略記している） |
|---|---|---|
| 日本郵政公社（平15.4.1～19.9.30） | | |
| 生田正治 | 平15.4.1～平19.3.2 | 昭32三井船舶入社、商船三井会長 |
| 西川善文 | 平19.4.1～平19.9.30 | 昭36住友銀行入行、三井住友銀行頭取 |
| 郵便事業株式会社（平19.10.1～24.9.30） | | |
| 團　宏明 | 平19.10.1～平21.1.1 | 昭45郵政省入省、郵政事業庁長官 |
| 鍋倉眞一 | 平21.1.28～平24.9.1 | 昭45郵政省入省、総務省総務審議官 |
| 郵便局株式会社（平19.10.1～24.9.30） | | |
| 寺阪元之 | 平19.10.1～平21.1.1 | 住友生命保険社長 |
| 永富　晶 | 平21.1.1～平24.9.1 | 住友生命保険専務 |
| 日本郵政株式会社（平19.10.1～　） | | |
| 西川善文 | 平18.1.23＊～平21.10.28 | 昭36住友銀行入行、三井住友銀行頭取 |
| 斎藤次郎 | 平21.10.28～平24.12.19 | 昭45大蔵省入省、大蔵事務次官 |
| 坂　篤郎 | 平24.12.20～平25.6.20 | 昭45大蔵省入省、内閣官房副長官 |
| 西室泰三 | 平25.6.20～平28.3.31 | 昭36東京芝浦電気入社、東芝社長 |
| 長門正貢 | 平28.4.1～令2.1.5 | 昭47日本興業銀行入行、シティバンク銀行会長 |
| 増田寛也 | 令2.1.6～ | 昭52建設省入省、岩手県知事 |
| 日本郵便株式会社（平24.10.1～　） | | |
| 鍋倉真一 | 平24.10.1～平25.6.1 | 昭45郵政省入省、総務省総務審議官 |
| 高橋　亨 | 平25.6.1～平28.6.1 | 昭52郵政省入省、総務省郵政行政局次長 |
| 横山邦男 | 平28.6.1～令2.1.1 | 昭56住友銀行入行、三井住友銀行常務 |
| 衣川和秀 | 令2.1.1～ | 昭55年郵政省入省、郵政事業庁資金運用部長 |
| ゆうちょ銀行株式会社（平19.10.1～　） | | |
| 高木祥吉 | 平18.9.1＊～平21.11.1 | 昭46年大蔵省入省、金融庁長官 |
| 井澤吉幸 | 平21.12.1～平27.3.1 | 昭45年三井物産入社、同社代表取締役 |
| 西室泰三 | 平27.3.1～平27.5.1 | 昭36東京芝浦電気入社、東芝社長 |
| 長門正貢 | 平27.5.1～平28.6.1 | 昭47日本興業銀行入行、シティバンク銀行会長 |
| 池田憲人 | 平28.6.1～ | 昭45年横浜銀行入行、足利銀行頭取 |
| かんぽ生命株式会社（平19.10.1～　） | | |
| 山下　泉 | 平18.9.1＊～平24.6.1 | 昭46日本銀行入行、同行金融市場局長 |
| 石井雅実 | 平24.6.1～平29.5.1 | 昭51安田火災海上入社、損保ジャパン副社長 |
| 植平光彦 | 平29.5.1～令1.12.1 | 昭51東京海上火災入社、東京海上HD専務 |
| 千田哲也 | 令2.1.6～ | 昭59郵政省入省、日本郵政公社秘書室長 |

出典：日本郵政グループの公表資料、プレスリリース。
注：日付の次に「＊」が付いているものは、準備会社への就任日。

たのではないかというケースもある、と、いわれている。ユニバーサルサービスにより公共性の高い郵便事業を運営していく観点からは、時の政権政府（株主）の意向もあろうが、出身母体の柵《しがらみ》を捨てて真に国民全体のために奉仕する覚悟があるリーダーに登場してもらいたい。官僚を一方的に非難をするのは簡単だ。けれども郵政事業を長年支えてきた優秀な官僚、経験豊かな現場の人材を鼓舞して枢要ポストに積極的に登用し活躍してもらわなければ、これまでに蓄えてきた組織の力が削がれることになり、事業運営上、大きな損失となる。もう遅いという人がいるかもしれないが、二〇万人も働く大企業の職場に優秀な人材が一人もいないというわけがない。前にふれたが、明治の政変で、大隈重信派の前島密が駅逓総官を辞任し、その後に長州閥の野村靖が乗り込んできたが、野村は刷新人事に怯える高官らの人事に一切手をつけず、職務に精励するように訓示する。効果は覿面《てきめん》。みんなこれまで以上に職務に精励した。人心を掴む天才であったのであろう。野村のような大物が来てくれれば、大いに士気が上がると思うが、せめて、まずは現場の声が経営トップに届く、風通しのよい企業組織になって欲しい。

## 5　東日本大震災と郵便

平成は大きな自然災害の多い時代であった。雲仙普賢岳火砕流発生（平成五年）、奥尻島地震（同前）、阪神淡路大震災（平成七年）、三宅島噴火大災害（平成一二年）、新潟中越地震（平成一六年）、福岡県西方沖地震（平成一七年）、そして東日本大震災（平成二三年）と続いた。これら自然災害時に、郵便を守り、郵貯の非常払出などを行い、被災者の生活を支えてきた郵便局の活動、また、その後の復旧状況について、当時の『通信文化新報』、山崎好是が『平成切手カタログ』にまとめた記録などを参考にしながら、東日本大震災で大きな被害を受けた郵便業務についてまとめてみた。

平成二三年三月一一日午後二時四六分、宮城県の牡鹿半島沖一三〇キロを震源とするマグニチュード9の巨大地震が発生し、宮城県栗原市では震度7を観測し、岩手県宮古市では三八メートルの大津波が襲った。わが国観測史上最大級の地震となった。死者・行方不明者は二万を超えた。郵便局の局舎などにも大きな被害を出した。

郵政グループの人的損失は死者・行方不明者六一名。郵便配達中に津波にさらわれた社員もいた。表30に示すように、建物の被害は全壊九六を含む二二〇局施設。地域別にみると、岩手、宮城、福島の東北三県に集中する。物的被害も大きく、バイク・四輪車四五五台、ATM一三一台、書状自動読取区分機五台などが破壊された。発生三日目、東北三県の直営局・簡易局一四二二局中、約半数の六八三局が休止。海岸線沿いの町村は全局全滅。懸命な復旧作業が続き、一カ月弱で直営局の四六八局が再開。休止局は一一五局に減少する。だが、その後の再開は被害

表30　局舎施設被害状況（暫定）

| 区　分 | | 全壊 | 半壊浸水 | 計 |
|---|---|---|---|---|
| 直営郵便局 | 3,741 | 58 | 49 | 107 |
| 簡易郵便局 | 373 | 25 | 61 | 86 |
| 支　店 | 133 | 2 | 4 | 6 |
| 集配センター | 348 | 11 | 10 | 21 |
| 計 | 4,595 | 96 | 124 | 220 |

出典：日本郵政グループの公表資料などから作成.
注：北海道、青森、岩手、宮城、福島、茨城、千葉の道県の合計数値.

津波に破壊された陸前高田郵便局（上）と仮設で再開された陸前高田局（下）。

が大きく遅れ気味となる。

被災直後、威力を発揮したのが車両型郵便局。一五両が被災地に派遣されて、三月二〇日から七月一四日まで一三四カ所を回る。当初一日三時間のサービスであったが徐々に延長され、土日も出動した。郵貯非常払出、転居届受付、郵便引受などを行い、被災者から感謝された。続いて、車両型郵便局に代わって仮設の郵便局も開設されていく。第一号は、四月二六日にオープンした岩手県の陸前高田郵便局。開局時、ＡＴＭ稼働に大きな歓声が上がった。元の場所は町の中心地にあった。町全体が津波で壊滅したので、仮設は内陸部の高台に移転した。仮設二号は八月一日に再開した仙台大野田局。以後、徐々にではあるが仮設で再開されていく。

配達現場では、配達車両を喪失。瓦礫の山と格闘しながら歩いて手紙を配った。全国から支援のバイクや軽自動車が届けられたものの、ガソリン不足で使えない。生活インフラも崩壊、停電でエレベーターが動かず、郵便配達員は階段を登って配達する。局内では、一時八万件の避難先届が出され、配達先の確認に追われた。懸命の作業で、東北三県七五〇の避難所に一人一人確認しながら被災者に手紙を届けた。郵便は、被災地で大切な手紙を届ける絆の役割を果たしたのである。他方、差出人に戻される郵便物も多く、そのような状況が長く続いた。

郵政グループは復興支援にも直ちに乗り出し、まず三億円の義援金を拠出する。続いて、寄附金付き切手やはがきを発行して九億円を被災地に贈った。また、グループ社員有志もボランティアで郵便局などの窓口に二万四〇〇〇の黄色いポストを設置し募金活動を行い、約四億円を集め被災地に贈っている。しかし災害復旧はまだ終わっていない。福島第一原子力発電所の事故で福島県には今でも帰還困難地域があり、その影響もあり、令和二年一〇月現在、直営局三三局・簡易局一〇局が現在も一時閉鎖中であることも忘れてはならない。

# 第19章　郵便事業の使命

## 1　ユニバーサルサービス

郵便事業の使命はこれからもユニバーサルサービスの維持であると思う。ユニバーサルサービスとは、社会全体で均一に維持され、全国どこにいてもあまねく受けることができる公共的なサービスをいう。日本郵政グループが提供している郵便・貯金・簡易保険のサービスは、法律でユニバーサルサービスとして定められ、その提供義務をグループに対して課している。ここでは、ユニバーサルサービスを支える郵便局のネットワークの現状をまず分析するとともに、次にネットワークを支援するために新たに創設された仕組みについてみていこう。

### 郵便局ネットワークの現状

令和二年一二月末現在、郵便局は二万六七局・簡易郵便局は三七六四局、計二万三八三一局で全国の郵便局ネットワークが形成されている。郵便局の設置は、ユニバーサルサービスが着実に提供できるように、あまねく全国において利用されることを旨とし、原則、いずれの市区町村においても一局以上の郵便局を設置すること、特に過疎地については、平成二四年の民営化見直し時点の水準を保つことが法令で義務づけられている。見直し時点の局数は二万四二三三局であったから、その後八年間で四〇二局（二パーセント）が減少したことになる。新設局もあったが閉鎖局が上回った結果の数字である。九八パーセントがまだ維持されているとみることもできる。郵便局は金融機関としても機能しているから、競合する他の金融機関から注視されている。

しかし、その郵便局以外の金融機関の店舗数が減少している。地元に密着した漁協・農協・第二地銀などの減少が目立つ。総務省の「郵便のユニバーサルサービスに係る課題等に関する検討会」（ユニバ検討会）の資料によると、郵便局以外の民間金融機関がない町村は、北海道赤井川村、東京都御蔵島《みくらじま》村、長野県売木《うるぎ》村、愛知県豊根《とよね》村、奈良県上北山村、鹿児島県十島《としま》村、沖縄県渡嘉敷《とかしき》村など二四町村ある。なお、これらの町村にある地方公共団体、病院・学校などの公共機関に対しては、郵便貯金の預入限度額を特例で適用されていないから、まさに郵便局は日々の資金出納に欠かせない金融機関となっている。だから全国に張り巡らされた郵便ネットワークは、ユニバーサルサービスを提供するインフラとなっているといえよう。こんなデータがある。郵便局への距離は全国平均で六三〇メートル、それはコンビニには負けるが、銀行よりも近い距離であるという。

諏訪之瀬島簡易郵便局

一例だが、日本郵便は設置基準を踏まえて、平成二九年六月から翌年四月にかけて、鹿児島県トカラ列島の十島村の口永良部《くちのえらぶ》島、悪石《あくせき》島、平《たいら》島、諏訪之瀬島に簡易郵便局を開設した。もともとある口之島、中之島、宝島の郵便局を加えると、十島村の全有人島に、郵便局・簡易郵便局の設置が完了したことになる。

右のような簡易郵便局の開設もあるのだが、冒頭で挙げた現有二万三八三一局以外に、五〇五局が一時閉鎖中なのである。その八三パーセント四二〇局が簡易郵便局の閉鎖の数字である。背景には、簡易郵便局の業務受託者の九割が個人。その個人が高齢化し、進化する情報機器に馴染めず、加えて後継者が容易に見つからないという事情がある。

また、日本郵便が平成二七年に実施した過疎地の郵便局・簡易郵便局七六六二局の利用状況調査がある。それによると、全体の約半数の局が来客者数が一日二〇人以下。簡易郵便局に限ってみれば、八割超が二〇人以下の来客。うち六割が一〇人以下の来客であった。もちろん一〇〇人以上の来客がある簡易郵便局も九局あったが、それはむしろ例外的なケースであろう。言うまでもなく、来客数の希薄な地域での郵便局経営は厳しく、特に簡易郵便局の経営は委託手数料（基本＋取扱量比例）によって賄うことになっているから、取扱量が少ないところでは安定した運営が困難となる。

また、ユニバ検討会のデータには、郵便物一通当たりの作業距離を郵便局別に調査したものがある。それによると、平成一六年度東京都では最短三メートル弱、配達物数が少ない岩手県では最長七〇〇メートルとなった。配達に要する距離といってもよい。中位の局でみても、東京一〇メートル・岩手八三メートルと八倍の差がある。そこで、赤字集配郵便局エリアにおける赤字額をユニバーサルサービスコストとする考え方がある。回避可能費用法《ネット・アヴォイダブル・コスト》というのだが、平成二五年度に行われた試算によれば、赤字集配郵便局エリア八七三局の赤字は一八七三億円、これを黒字集配郵便局二一四局の黒字二〇五九億円で相殺する。要すれば、二〇〇局あまりの都市部の黒字局がその四倍の人口減少地域の赤字局を支えている。まさに全体で支え合う仕組みである。

このように、さまざまな問題を抱えながらも、現在、郵便局ネットワークが維持されている。

### 郵便局ネットワーク維持への支援

以上のような厳しい経営環境を踏まえ、令和改元一カ月前の平成三一年四月一日、郵便局ネットワーク維持交付金・拠出金制度が創設された。繰り返すが、日本郵政と日本郵便には、全国の郵便局と簡易郵便局二万四〇〇〇局を通じて三事業のユニバーサルサービスの提供が義務づけられている。従来、ユニバーサルサービスコストの負担は、郵便貯金の窓口業務に係る分はゆうちょ銀行が、簡易生命保険の窓口業務に係る分はかんぽ生命が、それぞれ民間ベースの委託契約に基づいて日本郵便に支払っていた手数料の一部によって賄われていた。制度創設で、ネットワークの維持に要する費用のうち、あまねく全国においてユニバーサルサービスが利用できるようにするために不可欠な費用（基礎的費用）を金融二社から拠出させて、それを日本郵便に交付することになった（図３）。金融二社の基礎的費用以外の費用負担は、従来どおり、日本郵便との民間ベースの契約で決定される。徴収と交付業務は、独立行政法人郵便貯金簡易生命保険管理・郵便局ネットワーク支援機構が行うこととされた。旧独立行政法人郵便貯金・簡易生命保険管理機構で、制度創設により改組・改称された。長い名前である。

図３　郵便局ネットワーク維持交付金・拠出金制度

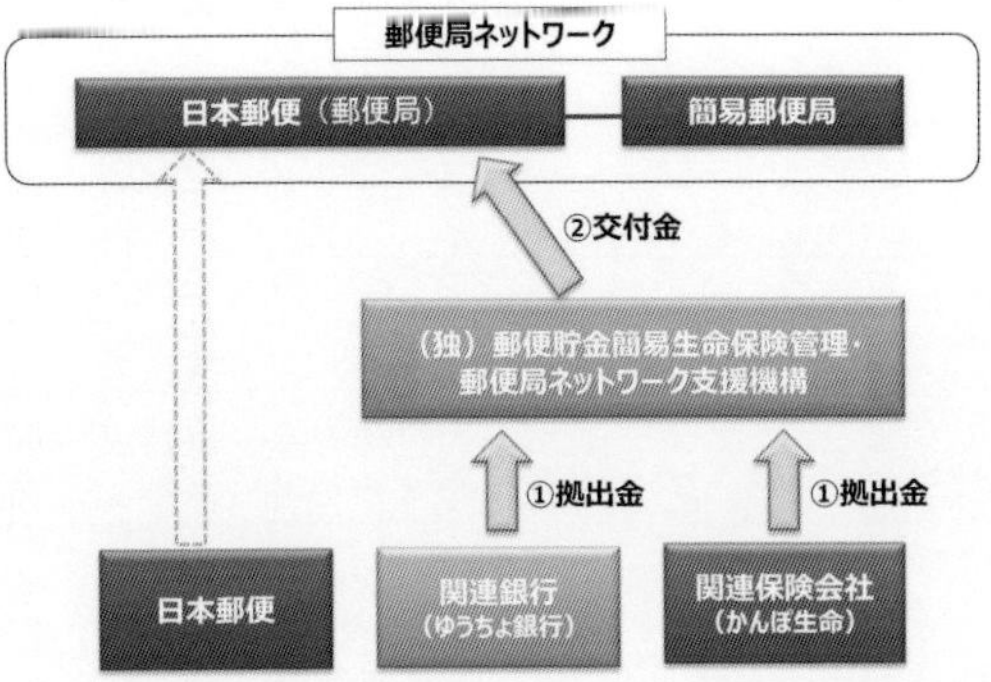


出典：総務省情報流通行政局郵政行政部「交付金・拠出金の算定方法に関する省令案について」（平成30年8月24日）

　基礎的費用の算定方法は総務省令で定める。それによると、ユニバーサルサービスが提供できるようにするための、①二万の郵便局のネットワーク維持に必要な最小限度の費用（人件費、郵便局舎の賃貸料・工事費、現金輸送管理費、固定資産税・事業所税）と、②四〇〇〇局の簡易郵便局の確保に必要な最小限度の委託費用の合計額が基礎的費用となる。この費用と機構の事務経費を、郵便・銀行・保険の窓口業務の度合に応じて按分。銀行と保険に按分された額がそれぞれの拠出金の額となり、その額から事務経費相当分を差し引いた額が郵便への交付金となる。初年度の令和元（平成三一）年度の額は、ゆうちょ銀行からの拠出金は二三七八億円、かんぽ生命からの拠出金は五七六億円、日本郵便への交付額は二九五二億円と決定された。機構は年一二回にわけて徴収し交付する。なお、次年度の令和二年度の交付額は二九三四億円（前年度比一八億円減）となった。

支援制度が創設された背景には、国の方針で分割・民営化され、新たな負担が生じるのはおかしいという不満が全国郵便局長会（全特）などから出されていたという事情があった。新たな負担の代表例は、金融二社から日本郵便に支払われる業務委託手数料に消費税がかかること。このため総務省は、従前から、この手数料にかかる消費税の非課税措置について要望を行ってきたが実現しなかった。そこで、これに代わるものとして、自由民主党が中心となり前記制度をとりまとめ、平成三〇年五月、議員立法により法案を国会に提出、全会一致で可決成立する。

これについて、当時の新聞は「郵政優遇、自民が票固め／立民・国民賛成、労組に期待」などと大きな見出しをつけて、翌年［令和元年］の参議院選挙を控え「郵政票」にらみの動きといえそうだ、などと報じた。そういう側面はあるのかもしれないが、法律で義務づけられたユニバーサルサービスの提供は純粋民間企業にはできない、公的サービスといえるものであり、実施が可能となるように政府は必要な措置を講じると法律で定められている。今回の制度創設は、その必要な措置の最初の目に見える本格的な支援策と捉えることができよう。ただし、交付金はネット増を意味するものではなく、要すれば従来の金融二社からの手数料のうちユニバーサルサービスに係る部分を、消費税の対象とならない交付金という形で日本郵便に出す。分社化ロス解消の一策なのである。

支援制度の創設は、ユニバーサルサービス維持に寄与するであろうが万全ではない。足許では、少子高齢化、都市部への人口集中、過疎地の人口減少など社会環境が急変している。また、働き方改革、労働力確保も簡単に解決できない。一民間会社がいくら努力してみても、現在の仕組みのままサービス提供を続けることは、過疎地のみならず都市部においても、いずれ限界を迎える。対策を今から検討していく必要がある、と指摘されている。

課題はまだある。郵便局ネットワークは郵便局の局舎設置が基本となっているが、一時閉鎖局も多いので、移動郵便局や出張サービスの展開なども含めてネットワーク構築を考える時期に来ている。今後、総務省の郵便局活性化委員会が平成三一年三月にとりまとめた「郵便サービスのあり方に関する検討」の論点整理案を踏まえ、少子高齢化、人口減少社会における郵便局の役割と利用者目線に立った郵便局の利便性向上策が実施に移されていくことになろう。ＪＰ労組も郵便事業の未来構想研究会を立ち上げ「創業一五〇年を見据えた事業の再構築」と題する報告書をとりまとめた。全特は「郵便局は地域に密着した安心・安全・交流の拠点であり、特に、地方の過疎化、高齢化が進む中にあっては、郵便局・配達ネットワークの維持は重要」と持論を展開している。

## 2　中期経営計画

日本郵政グループは中期経営計画を策定してきたが、ここでは現在進行中の「中期経営計画２０２０」と令和三年五月発表を目途に策定作業が進められている「中期経営計画２０２５」についてふれる。

### 中期経営計画２０２０

平成三〇年五月、日本郵政グループは「日本郵政グループ中期経営計画２０２０」を発表した。計画期間は平成三〇年度から令和二年度までの三年間。新計画の基本方針は、顧客の生活をトータルにサポートする事業展開、安定的なグループ利益の確保、社員の力を最大限に発揮するための環境整備、将来にわたる成長に向けた新たな事業展開の四本が柱。その上で、計画期間の三年間を、厳しい経営環境の中での安定的な利益の確保と、持続的成長に向けたスタートを図る期間と位置づけ、郵便局ネットワークを中心にグループ一体となって、チームＪＰとして、ユニバーサルサービスを維持しつつ、トータル生活サポート企業グループを引き続き目指す、としている。中期経営計画には、郵便・物流、金融窓口、国際物流、銀行、生命保険の各事業の今後の取組みが示され、グループ連結

図4　中期経営計画2020イメージ図

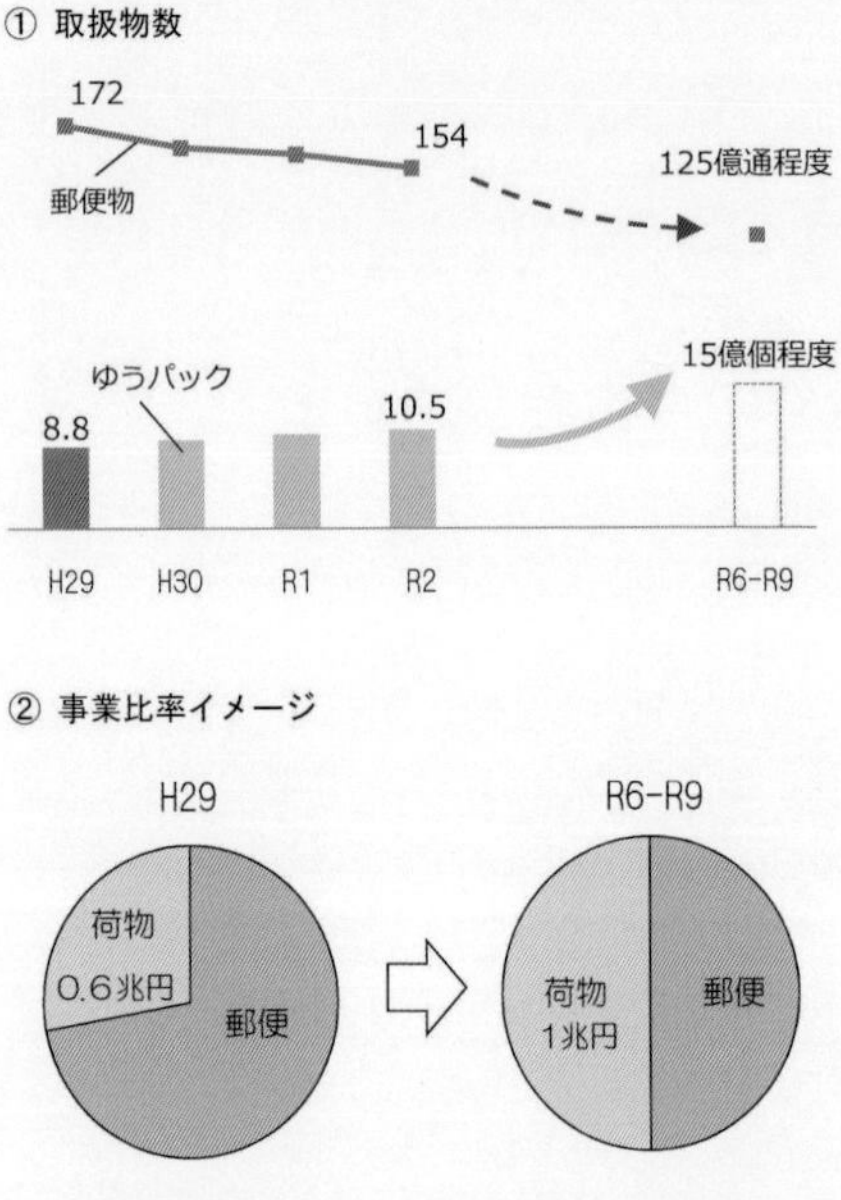


出典：日本郵政グループ「日本郵便グループ中期経営計画2020」（平成30年5月15日）

で一株当たり当期純利益一〇〇円以上、同配当金五〇円以上の配当方針を掲げている。

　中期経営計画の中で「郵便」はどのように扱われているのであろうか――。計画に郵便と貨物の見通しを示す図が入っていた。**図4**がそれである。イメージ図の域を出るものではないが、①郵便物の取扱物数をみると、平成二九年度一七二億通、令和二年度一五四億通、そして令和六―九年度には一二五億通程度に減少する見込みだ。二七パーセント減、ピーク時の平成一四年度と比べれば、実に五一パーセント減で、半減する。理由は、ＩＣＴ（情報伝達技術）の進展により、今やインターネット普及率は八割を超え、利用目的も「電子メールの送受信」が八割近くに達しているという社会環境の変化があるからである。ＤＭ需要の喚起、それに手紙文化の振興、絵手紙の普及、切手趣味の醸成などを訴えてみても、郵便退潮の流れは止められない。そのことは厳然たる事実として受け止めざるを得ないが、まだ年間一〇〇億通・一人年間一〇〇通を超す郵便の需要があり、迅速さにおいて電子メールに負けるが、実物移動、安心と安全の面では郵便に優位性がある。安全にそして確実に宛先に配達される、それこそが郵便の生命線となろう。

　他方、貨物は増加を目論む。ゆうパックの棒グラフが中程にある。平成二九年度は八・八億個、令和二年度は一〇・五億個、令和六―九年度には一五億個程度までに増加すると見込まれる。二倍に達する勢だ。その背景には、

eコマース（電商取引、ネットショップ）の急速な市場拡大がある。アマゾンやヤフー、個人間取引を仲介するヤオフクやメルカリなどに代表される市場だ。商品検索、そして売買契約までの手続はSNSなどの電子媒体によって可能だが、商品の物理的な配達は、専ら、ゆうパックを含む宅配便が引き受けている。この引受が急増しているのである。②の円グラフは、事業比率の変化を示している。貨物（ゆうパックとゆうメール）は平成二九年度売上の約三割〇・六兆円だが、令和六—九年度には五割一兆円を目標としている。このため、中期経営計画では、サービスの内容や業務運営の体系を一体的に見直して郵便分野から貨物分野へ経営資源をシフトさせて、郵便物流事業の基盤を強化する、としている。

図5　受取場所イメージ図

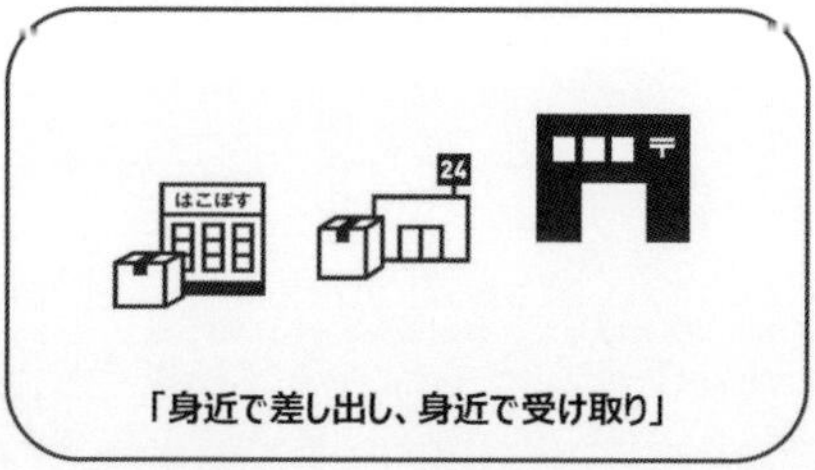


出典：日本郵政グループ「日本郵便グループの課題と今後の方向性」（平成30年2月21日）

具体的には、施設借入による処理能力の増強、ゆうパックなどの輸送方法の見直しによる効率化・輸送能力の強化、作業の集中・機械化などによる生産性向上、業務フローの見直しなど、まず定常的な取組みを挙げている。また、歩いて五分で受取可能なアクセスポイントの設置も推進する（図5）。次に、AI（人工知能）やIOT（モノのインターネット）などの先端技術を活用して、配達業務を可視化し効率化を図ること、ドローンや自動運転を導入した輸配送システムを検討していく、としている。いずれも進行中の取組みだが、あるべき将来像として、ラストワンマイル物流ネットワークインフラの提供を目指している。

だが人手不足はたいへん厳しい。前段の見直しも取組みも、働き手の目線を十分に意識して行わなければならないであろう。銀座郵便局が郵便局活性化委員会に提出した資料によると、差立区分は、一七時までに引き受けた郵便と貨物を種類ごとに区分し二一時頃から地域区分局へ輸送を開始、深夜一時過ぎまでかかる。配達区分は、二一時から翌朝六時までに到着した郵便と貨物を七時三〇分までに集配部署に渡さなければならない。業務が夕刻から早朝までが佳境となる。そのため内勤の募集をしても、募集人員の三割程度しか応募がないため、在籍職員が非番や週休の日にも働かざるを得ない状況にある、と説明されている。他の局においても状況は同じであろう。働き手の確保、働き方の改革こそ一丁目一番地の課題なのかもしれない。

**土曜日配達休止**　令和二年一一月、かんぽ生命不適切販売問題で国会提出が見送られてきた改正郵便法が全会一致で可決成立した。土曜日の郵便配達休止を含めて改正点は三点ある。第一は、手紙やはがきなどの通常郵便物の配達頻度の見直しで、「週六日以上の配達」を「週五日以上の配達」に緩和する。これにより、土曜日の郵便配達は休止となる。ただし書留・速達、ゆうパックなどの貨物は引き続き土日も配達を行う。また、選挙運動用はがき、山間地などで購読されている日刊紙は土曜も配達することになった。第二は、通常郵便物の送達日数の見直しで、差出日から「原則三日以内に配達」を「原則四日以内に配達」に緩和する。ただし、書留・速達、ゆうパックなどの貨物は引き続き原則翌日配達を維持する。第三は、郵便区内特別郵便物の範囲拡大で、個々の「配達局」単位で差し出した場合に料金割引が適用される郵便区内特別郵便物について、各配達局の上位にある「地域区分局」に一括して差し出しても割引料金を適用する。これら改正内容は、信書便法を改正し一般信書便事業にも適用されることになった。実施は令和三年秋からの予定。

土曜日配達休止は、例えば「木曜日投函・金曜日配達」が「木曜日投函・月曜日配達」となる。また、山間地の日刊紙土曜配達休止は日本新聞協会が反対し、これに対し費用負担などを巡り異論も出された。結局、貨物便のゆうメール扱いで対応する方向となりそうだ。このような影響があるものの、改正は働き方改革に沿ったものとも受け取ることができ、改正後、郵便局員の夜勤や早朝勤務の削減が可能となり、労働環境の改善につながることが期待されている。前出の銀座郵便局の内勤募集にもいい影響が出ることであろう。もっとも郵便担当の社員は土日の休みが増えるのかもしれないが、では貨物担当の社員はどうなるのだろうか、とも考え込んでしまった。郵便担当から貨物担当に移る社員も増えるだろうし、難しい問題である。経済効果としては、日本郵便にとって人件費の増加が抑えられ、年間六二〇億円の収益改善効果があるという試算がある。

**中期経営計画２０２５**

令和二年一一月、日本郵政グループから次期中期経営計画策定の基本的な考え方が発表された。計画期間は令和三年度から七年度（二〇二一〜二五）までの五年間。報道資料に基本的な考え方のポイントが整理されていたのでここに掲載する。カタカナ英語が多く、後期高齢者になった著者には、正確な意味がわからないところが多いのだが、誤りを恐れずに要約（意訳）すれば、以下のとおりとなろうか。すなわち、中期経営計画には数量目標を入れ、

「基本的考え方」のポイント等

1.「基本的考え方」について

○次期中計のベース

・日本郵政グループ次期中期経営計画は、来年［令和３年］５月公表を目指し、「基本的考え方」をベースに、定量的な目標を含めて策定（各事業の中計も同様）

・今後は、フロントラインをはじめとするグループ各社の社員の声を積極的に盛り込み、グループ全体で中計の策定を進めていく

○次期中計の対象期間は５年（２〜３年後、事業環境の変化を踏まえて必要に応じ見直し）

・新型コロナウイルスの影響を踏まえた最近の事業環境の急激な変化、今後ビジネスポートフォリオの転換を進めていくためのタイムスパンを考慮

2.「基本的考え方」のポイント

以下の取組を通じて、真の「トータル生活サポート企業グループ」を目指す

○まずはお客さまの信頼回復から（すべてを、お客さまのために。）

・お客さまの信頼回復に向けた取組を推進し、真にお客さま本位の企業グループに生まれ変わる

○リアルの郵便局とDXで新たな価値創造を

・リアルネットワークである郵便局と、デジタルトランスフォーメーション（DX）を組み合わせ、リアルとデジタルの融合によりお客さまに対する新たな価値を創造

○地域社会への貢献

・事業を通じて、地域社会に貢献することにより、グループの持続的な成長と中長期的な企業価値の創出を図る

（令和２年11月13日の報道資料から）

現場で働く社員の声を盛り込み、グループ全体で計画を作る。計画は五年だが必要に応じて見直しをする。新型コロナウィルスの影響で事業環境が急激に変化しているので、今後、事業の最適化や転換を進めていく時間が必要である。また、生活全般を支援する企業グループとして、まず顧客の信頼回復に取り組み、顧客本位の企業に生まれ変わる。情報技術を駆使して新しいサービスを創造して郵便局でも利用できるようにする。地域社会に貢献し、グループの成長と企業価値を生み出す。この考え方に沿って、新たな中期計画が策定されていくことになろう。考え方にもふれられているが、今回の計画策定には予見不可能な事態に直面していると言わざるを得ない。それは新型コロナウィルスの影響である。これを克服するために、郵政グループも立ち向かわなければならない。

## 3　新型コロナウィルス

その新型コロナウィルス感染拡大で日本郵便の事業も大きな影響が出ている。令和二年四月七日、コロナ対策特別措置法に基づき東京など七都府県に緊急事態宣言が発せられ、一六日には対象地域が全国に拡大された。これを受けて、学校休校、外出自粛、営業自粛・時間短縮などの要請が矢継ぎ早に出された。以下、郵便事業が受けている影響について、令和二年中に発生した事象を中心にまとめてみた。

**営業時間短縮**　日本郵便でも四月八日には対象地域にある郵便局・ゆうちょ銀行の窓口営業時間、ＡＴＭの稼働時間の短縮を発表した。これが最初の発表になるが、その後も断続的に発表は続いた。緊急事態宣言は五月二五日までにいったん解除されたが、日本郵便が郵便局などの営業時間を通常に戻したのは、七月六日になってからのことであった。感染収束が見通せず、これからも大きな感染の波が到来するであろうから、いつ緊急事態宣言がまた出てもおかしくない。日本郵便の臨戦態勢はこれからも続く。

**社員感染と業務休止**　日本郵便の社員がコロナウイルスに感染したことがはじめて確認され発表されたのは、緊急事態宣言が出る前の令和二年三月二日。新潟県内に勤務する配達業務担当の社員で、自宅待機が指示された。親会社の日本郵政に本社合同対策本部が設置され、関係自治体と所轄保健所と連携し、濃厚接触者の特定、局舎などの消毒などを行った。同時に窓口・集配業務の休止、郵便・ゆうパックなどの引受停止も発表された。感染者と濃厚接触者となった社員の自宅待機は続いていたものの、六日午前から業務を再開することが発表された。以後、このような社員感染と業務休止、そして業務再開の報道発表が頻繁に出る。一二月末までの約一〇カ月間に、三八都道府県の三〇〇を超す郵便局・ゆうちょ銀行などの社員（関連会社の社員を含む）の感染が発表された。特に、東京・人阪・神奈川・愛知の四都府県内で発生した感染事例が五割を超える。また、発生時期を見ると、八月から増加、一一月、一二月に急拡大した。これからも、コロナウイルスが収束するまで断続的に社員の感染・業務休止が発生するであろうが、それをいかに最小限にとどめていくかが差し迫った課題となっている。

**国際郵便の引受停止**　コロナウイルスは国際線の飛行機の運航をも止めた。国際郵便物の空の輸送手段が消えたのだから一大事である。早くも三月三日、日本郵便はモンゴル便の運休が確実となり、同国宛の国際郵便物の引受停止が発表された。続いて、同月一三日に中国宛も一部を除き引受を停止、国際線の減便を受け引受停止の国や地域が増加する。四月九日にはアメリカ宛郵便物が二週間以上かかることが公表され、二三日には航空小包などの引受停止が発表された。五月二九日の段階では、EMSと航空便の一時停止国が一五六ヵ国、全郵便物の引受停止国が四一ヵ国に上った。その後、一部の国・地域の郵便物引受再開の発表もあったが、一二月末の状況を**表31**（次ページ）に示す。それによると、二四〇の国・地域の数字になるが、大略、航空便は半数の、船便は七割弱の国・地域宛の郵便物が引受可能となっている。ただし、SALの引受可能国・地域はゼロ、EMSは三割弱にとどまっている。任意に選んだアメリカなど七カ国の個別状況を表に示すが、SALを除き引受可能な国が三ヵ国あるが、一番

表31　国際郵便の引受状況（抄）

（令和2年12月末現在）

| 区分 | | 通常郵便物 航空 | 通常郵便物 SAL | 通常郵便物 船便 | 小包郵便物 航空 | 小包郵便物 SAL | 小包郵便物 船便 | EMS |
|---|---|---|---|---|---|---|---|---|
| 引受 | 引受可能 | 122 | 0 | 156 | 108 | 0 | 154 | 69 |
| | 引受不可 | 118 | 240 | 84 | 132 | 240 | 86 | 171 |
| 国別状況 | アメリカ | △ | × | ○ | × | × | ○ | × |
| | ブラジル | × | × | × | × | × | ○ | × |
| | オーストラリア | △ | × | ○ | × | × | ○ | × |
| | シンガポール | ○ | × | ○ | ○ | × | ○ | ○ |
| | インド | × | × | ○ | × | × | ○ | × |
| | ドイツ | ○ | × | ○ | ○ | × | ○ | ○ |
| | 南アフリカ | ○ | × | ○ | ○ | × | ○ | ○ |

出典：日本郵便のプレスリリース、お知らせなどにより作表した。
注：1. 引受欄の数字は、240ヵ国・地域の調査結果の集計。国・地域数を表す。
2. 引受可能の数字には「一部引受可能」の数字を含む。
3. 引受不可の数字には「取扱なし」の数字を含む。
4. 国別状況の欄：○＝引受可能　△＝一部引受可能　×＝引受不可

需要の多いアメリカの状況が芳しくないのが心配である。また、配達遅延をはじめ、非対面配達を条件とする引受も増えている。国際郵便の正常化には国際線の再開が前提だが、その目処がまったく立っていない。

**令和二年度中間決算**　日本郵政グループから中間決算の概要が発表されたが、コロナウイルスの影響が如実に出ている。まず取扱量。郵便物は六八億通（前年度同期比九パーセント減）。国際郵便が五二パーセントの大幅減を記録する。貨物は二一億個（同三パーセント減）。ゆうメールの減少が大きかった。ただし、ゆうパックは二一パーセント増の六億個、ゆうパケットだけに絞れば三五パーセント増を記録した。増加は、巣ごもり消費の増加によるeコマースの拡大が大きな理由である。国際物流事業でもロジスティクス部門でコロナウイルス感染予防対策物資の大口取扱が続いている。その結果、中間決算では、郵便物流事業は減収減益（前年度同期比）で利益は六四億円に低下した。全体の取扱量の減少や国際郵便の引受停止が響いた。国際物流事業は増収減益（同前）で六一億円の損失が出た。エクスプレス部門のコスト増が足を引っ張っている形である。

## 4　結び

既述のとおり、中期経営計画２０２０で「グループ連結で一株当たり当期純利益一〇〇円以上、配当金五〇円以上」と方針を言明した。株式会社だから当然といえば当然である。一方において、郵便局のネットワークを通じて三事業のユニバーサルサービス提供が法律で義務づけられ、一般の株式会社には求められていない公益性・地域性が十分に発揮されなければならないとされている。前者では利益を出すことが求められ、後者では利益を度外視して求められる。日本郵政グループは相反する課題を背負った形となっているが、そのジレンマというか、パラドックスを解決することが重要な課題であると思う。

こんな話を雑誌で読んだことがある。郵政民営化後、ゆうちょ銀行の行員が戸別訪問の際に「ゆうちょ銀行です」といってもとりあってもらえず、「郵便局です」と名乗ると応じてもらえた。少しできすぎた話かもしれないが、あり得る話である。郵便局の呼称は歴史を刻んだブランドといってもよい。明治創業以来、町や村の郵便局は郵便・貯金・保険を取り扱い、国民のあいだに浸透し、地域の郵便局長、局員の頑張りにより、地域の、そして町や村の拠り所となってきた。郵便局のネットワークは、社会インフラであり、ライフラインなのである。陰りがみえはじめたが、グローバリズムと新自由主義経済が幅をきかす経済大国アメリカでさえも、こと郵便局に関してはＵＳＰＳ（米国郵便庁、国営独立機関）で運営されている。建国以来、郵便局は国民全体のものという考え方があるからである。日本の郵便も創業一五〇年を迎えることができた。この機会に、郵便局のあり方を原点から考え直して欲しい。何事も原点が基本なのだから……。

もちろん、コロナウイルス感染予防対策が最優先の課題であるけれども、原点を想起して欲しい。

# あとがき

本書は、江戸の飛脚から平成の民営化された郵便までを辿る日本郵便の通史となった。郵便創業前後の状況を明らかにした先行研究が多いこともあり、それらの業績を踏まえながら、本書前半で江戸・明治期の事情について詳しく述べた。大正期の動きについては、揺籃期の航空郵便などを紹介する。昭和については、三章にわたって、戦争、敗戦・復興、高度成長の各時代の郵便を概観できたと思っている。また、平成の郵便は民営化の話が中心になったが、民営化までの道程について、少しページを割いてバイアスをかけずに時系列に整理したつもりである。一番最後の節は、郵政事業のユニバーサルサービス維持について考えてみた。関係者のあいだで今後の筋道が描き切れていないが、郵便に関心を寄せる者として注視していきたい。

また、本書には、章末尾にコラムを設けたところがる。そこでは郵便の発展に貢献した前島密、杉浦譲、坂野鐵次郎の小伝をはじめ、日本郵便の近代化に影響を与えたヴィクトリア時代イギリスの郵便、明治日本が本格的に国際舞台にデビューした万国郵便連合の設立経緯、新聞などの定期刊行物の政策郵便のサービスを考えるとき、アメリカの事例が参考になる。そのような海外の郵便事情もコラムで説明した。参考にして欲しい。

郵便事業史（通史）としては本書のような構成になるのであろうが、記念切手の話をはじめ、はがきや切手に押された消印、記念スタンプ、歴史的な郵便局舎、あるいは郵便自動車、郵便ポスト、郵便局員のユニフォームの変遷などをヴィジュアルに紹介したかったが、紙面と時間がとれなくなって断念した。これらの分野には、興味深い図書もあるし、郵政博物館でもその一端を鑑賞できるので、そちらに譲ろう。

ところで、かつて逓信省・郵政省は、五〇年、一〇〇年、一二〇年などの節目に郵政全般あるいは郵便の事業史を編纂してきた。特に一〇〇年史では、全三〇巻にも及ぶ貴重な資料集も刊行している。原稿作成段階で、これら官製事業史を大いに参考にさせてもらった。郵便創業一五〇年にあたる二〇二一年、これからは「社史」と呼ぶのかもしれないが、郵政グループが更なる歩みを加えた新たな郵政事業史を刊行することが期待されている。こちら著者二人は、一足先に、日本郵便の一世紀半の変遷を著者の関心の向くままに綴ってみた。ささやかな個人的研究の著作だが、今後の郵便史研究に少しでも役に立てば幸いである。また、賢兄諸氏のご批判を仰ぎたい。

執筆にあたって、郵便史研究会のメンバー諸氏から、明治の郵便印、古文書の読み方、軍事郵便、郵便馬車、郵便の機械化など、さまざまなことを教えていただいた。それに貴重なデータや資料なども提供していただいた。また、郵政博物館の田原啓祐主任資料研究員、図書整理スタッフのみなさんからは所蔵図書の閲覧にご協力をいただいた。記して謝意を表する。

最後になるが、本書の出版を快諾され、また、その内容について的確な助言をいただいた株式会社鳴美代表取締役社長の山﨑好是氏に感謝する。

平成三〇年一月

井上卓朗
星名定雄

# あとがきのあと

増補にあたって、令和二年一二月末までのデータを取り込んだ。郵便局設置の箇所数などがそれに当たり、一年後の数字もさほど変わらないであろう。しかし、新型コロナウイルス感染の拡大に伴い、郵便事業にも大きな影響が出てきたので、最終章で一節を新たに設けて令和二年の事象をまとめた。こちらの方は現在進行形で、正月早々、令和三年一月七日、東京、神奈川、埼玉、千葉の一都三県に緊急事態宣言が発令され、続いて一三日にも大阪、兵庫、京都、愛知、岐阜、福岡、栃木の七府県に緊急事態宣言が追加発令され、発令地域は一一の都府県に拡大された。郵便局の営業時間短縮、社員の感染による業務休止、国際郵便物の引受停止などに更に大きな変動が生じ、一年後の姿の予測は不可能である。一刻も早いコロナ収束をただただ願うばかりである。

このような中、郵便局は頑張っている。緊急事態宣言下の我が家にも、毎日、郵便物が配達されているし、アマゾンに発注した品物が何と翌日には郵便で届くこともある。コロナ前と変わらないサービスがほぼ維持されていることに、驚くとともに、郵便の第一線で働く皆さんの尽力に感謝する。ステイホームの時代、eコマースが欠かせないものとなり、配達を担う「ゆうパック」などの貨物便は人々にとって生命線となりつつある。エールを送ろう。頑張れ、郵便局！

著者（R３・１・14）

# 索　　引

索引ページ数の直後に付した「h」は表，「z」は図版の略で，例えば「222h」は222ページに掲載されている「表」の意味である．

# 参考文献


<公的刊行物等>

（明治期）

駅逓寮郵便課『正院本省郵便決議簿』明治3-4年.

内閣官報局編『法令全書』内閣官報局，明治6年.

内務省駅逓寮『紀事編纂原稿』明治7年.

――駅逓局編『駅逓史料』.

内閣記録局編『法規分類大全』内閣記録局，明治23-27年.

大蔵省記録局『外編 大蔵省沿革志』駅逓寮.

農商務省駅逓局『駅逓明鑑』駅逓局，明治15年.

――駅逓局『大日本帝国駅逓志稿・同考証』駅逓局，明治15年.

二重丸の会編『駅逓局類聚摘要録』復刻版（上・中・下）復刻版，むさしスタンプ，昭和52年.

『府県史料』駅逓（内閣文庫）.

『御伝馬方旧記』（全10冊）郵政博物館所蔵.

『公文録』

（逓信省）

――『逓信公報』逓信省，明治19年-昭和25年.

――『逓信事業史』（全7巻）逓信協会，昭和15年.

（郵政省）

――郵務局『鐵道郵便のあゆみ』郵政省郵務局輸送課，昭和27年.

――編『続逓信事業史』（第3巻郵便）前島会，昭和35年.

――編『郵政百年史資料』（全30巻）吉川弘文館，昭和43-47年.

――編『郵政百年史』逓信協会，昭和46年.

――人事局『郵政労働運動小史』郵政弘済会，昭和62年．編著者は推定.

――大臣官房建築部監修『郵政建築100年』郵政建築協会，平成2年.

――郵務局郵便事業史編纂室編『郵便創業120年の歴史』ぎょうせい，平成3年.

――貯金局監修『為替貯金事業史』郵便貯金振興会，平成9年.

――『郵政広報』郵政省，昭和26-平成15年.

（郵政省逓信博物館）

――『前島生誕150年記念特集』（資料図録）（30）昭和60年.

――『前島密にあてた大久保利通書簡集』（中村日出男編）昭和61年.

――『静岡県駅逓御用留 明治7年（その1）』（資料図録別冊3）昭和62年.

――『静岡県駅逓御用留 明治7年（その2）』（資料図録別冊4）昭和63年.

――『日本郵便の父前島密遺墨集』（中村日出男編）昭和63年.

――『近代郵便のあけぼの』第一法規，平成2年.

（郵政省郵政研究所附属資料館）

――『郵便創業時の記録 赤坂郵便御用取扱所史料』（研究調査報告書1）平成元年.

――『郵便創業時の年表 駅逓紀事編纂原稿』（研究調査報告2）平成2年.

――『郵便創業時の起案文書 正院本省郵便決議簿第壱号』（研究調査報告3）平成3年.

――『郵便創業前の記録 袋井郵便御用取扱所史料（その1)』（研究調査報告4）平成4年.
――『郵便創業時の記録 袋井郵便御用取扱所史料（その2)』（研究調査報告5）平成5年.
――『郵便創業時の記録 全国実施時の郵便御用取扱所』（研究調査報告6）平成6年.
――『郵便創業期の記録 郵便切手類の沿革志』（研究調査報告書7）平成7年.
――『年賀状の歴史と話題―人と人の心を結ぶ』平成8年.
――『郵政事業の創始者前島密の人生と業績』（資料図録）(53）平成13年.

**（総務省）**

――郵政事業庁『郵便局ビジョン 2010』総務省，平成22年.
――『情報通信白書』（平成28年度版）総務省，平成28年.
――情報流通行政局郵政行政部「交付金・拠出金の算定方法に関する省令案について」平成30年.
――情報流通行政局郵政行政部「郵便のユニバーサルサービスに係る課題等に関する検討会―これまでの議論の整理について」平成29年.
――情報流通行政局郵政行政部信書便事業課『信書便年報』令和2年.

**（郵政民営化委員会提出資料）**

総務省情報流通行政局郵政行政部（H25. 1 資料2-2）「郵政行政の現状について」平成25年.
――（H25. 4 資料2-1）「信書事業について」平成25年.
財務省理財局（H26. 4. 14 資料2）「日本郵政株式を取り巻く状況」平成26年.
郵政民営化委員会（H27. 4. 17）「郵政民営化の進捗状況についての総合的な検証に関する郵政民営化委員会の意見について（意見)」平成27年.
総務省編（H27. 4. 17 資料133-2）「日本郵政グループの現状」平成27年.
日本郵便株式会社（H28. 10. 27 資料157-1）「物流を中心とした成長分野への取組み」平成28年.
総務省（H28. 11. 10 資料158-1-2）「郵政行政の取組について」平成28年.

**（郵便局活性化委員会提出資料）**

全国郵便局長会（H30. 5. 9 資料5-2-1）「郵便局に期待される役割と郵便局の利便性向上策）平成30年.
日本郵政グループ労働組合（H30. 5. 9 資料5-2-2）「社会構造の変化に対応した郵便局の活用」平成30年.
日本郵便株式会社（H30. 5. 17 資料6-1-2）「郵便局の利便性向上に向けた取組」平成30年.
郵便局活性化委員会（H30. 6. 4 資料8-1-2）「少子高齢化、人口減少社会等における郵便局の役割と利用者目線に立った郵便局の利便性向上策のとりまとめ（案)」平成30年.
郵便局活性化委員会（H30. 8. 30 資料1）「郵便サービスの現状と課題」（事務局説明資料）平成30年.
銀座郵便局（H30. 10. 12 資料2）「銀座郵便局の概要と現状」平成30年.
日本郵政グループ労働組合（H30. 10. 12 資料4）「郵便・物流事業の現状―郵便職場で働く者の立場から―」平成30年.
日本郵便株式会社（H30. 11. 16 資料3）「郵便事業の課題について」平成30年.
日本郵便株式会社（H31. 1. 23 資料3）「全国均一料金制の例外の見直しによる利便性向上のイメージ」平成31年.
郵便局活性化委員会（H31. 1. 23 資料3-1）「情報通信審議会郵政政策部会郵便局活性化委員会「郵便サービスのあり方に関する検討」論点整理案」平成31年.

**（閣議決定等）**

経済財政諮問会議（H16. 4. 26）「郵政民営化に関する論点整理」平成16年.
閣議決定（H16. 9. 10）「郵政民営化の基本方針」平成16年.

―― (H21. 10. 20)「郵政改革の基本方針」平成21年.
談話（H22. 4. 20）郵政改革・金融担当大臣亀井静香，総務大臣原口一博「郵政改革に関連する法案骨子について」平成22年.
（その他省院）
国土交通省自動車局貨物課（R1. 10. 1 報道発表資料）「平成30年度宅配便取扱実績について」令和元年.
会計検査院「会計検査院法第30条の２の規定に基づく報告書―日本郵政グループの経営状況等について」平成28年.
（日本郵政グループ）
日本郵政株式会社監修（鈴木博之協力）『郵政建築 逓信からの軌跡』建築画報社，平成20年.
日本郵政グループ『東日本大震災の記録，絆』平成24年.
――「ディスクロージャー誌」平成29年-
――「日本郵政グループ中期経営計画2020」平成30年.
ゆうちょ銀行「ディスクロージャー誌」平成29年-
かんぽ生命「ディスクロージャー誌 かんぽ生命の現状」平成29年-
日本郵便株式会社「日本郵便株式会社法第13条に基づく書類」（第10期決算報告事業報告書）平成29年-
独立行政法人郵便貯金・簡易生命保険管理機構「簡易生命保険の保有状況」（平成28-29年）
日本郵政グループ労働組合『創業150年を見据えた事業の再構築：郵政事業の未来構想研究会報告書』JP総合研究所，平成30年.

## <著書>

青江秀『大日本交通史』朝陽会，昭和3年．いわゆる『駅逓志稿』.
秋山公道『絵はがき物語』富士短期大学，昭和63年.
朝日重章（塚本学編注）『摘録 鸚鵡籠中記―元禄武士の日記』（全2巻）岩波書店，平成7年.
朝日新聞社編『朝日日本歴史人物事典』朝日新聞社，平成6年.
アチーブメント出版「便生録」編集部『便生録―『前島密郵便創業談』に見る郵便事業の発祥の物語』アチーブメント出版，平成15年.
阿部昭夫『記番印の研究―近代郵便の形成過程―』名著出版，平成6年.
億岐豊伸『隠岐国駅鈴・倉印の由来』私家版，昭和44年.
石井寛治『情報・通信の社会史』有斐閣，平成6年.
石原藤夫『国際通信の日本史―植民地化解消へ苦闘の九十九年』東海大学出版会，平成11年.
伊藤隆『近現代日本人物史料情報辞典』吉川弘文館，平成16-19年.
伊藤真利子『郵政民営化の政治経済学―小泉改革の歴史的前提』名古屋大学出版会，令和元年.
井上卓朗『前島密―創業の精神と業績―』鳴美，平成29年.
岩切信一郎『明治版画史』吉川弘文館，平成21年.
上田正昭他監修『日本人名大辞典』講談社，平成13年.
宇川隆雄『北海道郵便創業史話―全道一周通信網完成まで』札幌高速出版，平成10年.
内海朝次『通信特別会計の生まれるまで』交通経済出版部，昭和8年.
裏田稔『日本郵便機械消印詳説』鳴美，昭和56年．『東海郵趣』連載論文を刊行.
繪鳩昌之『明治郵便事始―千葉県における発達史』新風社，平成20年.
――『郵便史外伝』文芸社，平成29年.

大西二郎『太平洋戦争における日本海軍の郵便区別符』軍事郵便資料研究会，平成15年.
小川常人『近代郵便発達史』（日本の郵便文化選書）示人社，昭和58年.
――・高橋善七『特定郵便局制度史』（日本の郵便文化選書）示人社，昭和58年.
萩原達『日本郵便の父 前島密』通信教育振興会，昭和27年.
小口聖夫『郵便切手類沿革史』郵政省郵政研究所附属資料館，平成8年.
小山田恭一『第三八一野戦郵便局―アッツ島で玉砕・散華された北海道のポストマン』北見雑学研究所，平成13年.
神坂次郎『元禄御畳奉行の日記 尾張藩士の見た浮世』中央公論社，昭和59年.
北広島市教育委員会『旧松島駅逓所はやわかりハンドブック』北広島市教育委員会，平成10年.
金城康全『琉球の郵便物語』ボーダーインク，平成10年.
草柳大蔵監修・鹿子木紹介『20世紀フォットドキュメント―⑧通信』ぎょうせい，平成4年.
久米邦武編（田中彰校注）『特命全権大使 欧米回覧実記』（全2巻）岩波書店，平成9-10年.
栗林忠通『栗林忠通 硫黄島からの手紙』文藝春秋，平成18年.
小池善次郎『特定局大鑑』（全5巻）小池善次郎，昭和25年.
国際通運株式会社編『国際通運株式会社史』国際通運株式会社，昭和13年.
香宗我部秀雄『土佐の村送り切手』鳴美，平成21年.
児玉幸多『宿場と街道』東京美術，昭和61年.
――編『宿場』（日本史小百科）東京堂出版，平成11年.
小林正義『郵便史話』ぎょうせい，昭和56年.
――『制服の文化史―郵便とファッションと』ぎょうせい，昭和57年.
――『みんなの郵便文化史―近代日本を育てた情報伝達システム』にじゅうに，平成14年.
――『近代の英傑前島密 その生涯と足跡』社団法人逓信研究会，平成17年.
――『日本文明の一大恩人 知られざる前島密』郵研社，平成21年.
坂野翁傳記編纂會編『坂野鐵次郎翁傳』通信教育振興会，昭和27年.
坂本木八郎『厳寒地 北千島の郵便局物語』書肆吉成，平成11年.
坂本太郎『上代駅制の研究』至文堂，昭和3年.
桜井俊二『広島郵政原爆誌』（日本の郵便文化選書）示人社，昭和58年.
佐々木義郎編著『琵琶湖の鉄道連絡船と鉄道逓送』成山堂書店，平成15年.
笹山寛『航空郵便のあゆみ』郵研社，平成10年.
佐藤亮『郵便・今日から明日へ―機械化・ソフト化』郵研社，平成元年.
塩沢仁治『城下町飯田―中馬で栄えた商業都市』ほおずき書籍，平成2年.
茂沢祐作『ある歩兵の日露戦争従軍日記』草思社，平成17年.
篠原宏『駅馬車時代』朝日ソノラマ，昭和50年.
――『明治の郵便・鉄道馬車』雄松堂出版，昭和62年.
嶋田幸一・設楽光弘・原田雅純『群馬の郵便』みやま文庫，平成12年.
初代駅逓正杉浦譲先生顕彰会編『初代駅逓正 杉浦譲伝』通信教育振興会，昭和46年.
白井二実『維新の郵便』鳴美，平成22年.
白石町史編さん委員会編『白石町史史料集Ⅱ』千葉県白石町，昭和61年.
杉浦譲全集刊行会編『杉浦譲全集』（全5巻）杉浦譲全集刊行会，昭和53-54年.
園山精助『日本航空郵便物語』日本郵趣出版，昭和61年.
高澤絹子編『戦場から妻への絵手紙―前田美千雄追悼画文集』講談社，平成9年.
髙島博『郵政事業の政治経済学―明治郵政確立史，日英経営比較と地域貢献』晃洋書房，平成17年.

高橋善七『山の郵便局の歩み』特定局史刊行会，昭和26年.
——『お雇い外国人—通信』鹿島出版会，昭和44年.
——『近代交通の成立過程』吉川弘文館，昭和46年.
——『通信』（日本史小百科23）近藤出版社，昭和61年.
——『全国特定局早草創記—飯島七郎兵衛と先駆者群像—』通信史研究所，昭和62年.
——『初代駅逓正 杉浦譲—ある幕臣からみた明治維新』日本放送出版協会，平成9年.
高橋康雄『メディアの曙』日本経済新聞社，平成6年.
高橋洋一『財投改革の経済学』東洋経済新報社，平成19年.
竹中平蔵『郵政民営化—「小さな政府」への試金石—』PHP研究所，平成17年.
竹野忠生『日本の文明史から見た郵便—長崎郵便事業の足跡から—』みんなの郵便局を育てる長崎県民会議，平成7年.
武部健一『道』（ものと人間の文化史116，全2巻）法政大学出版局，平成15年.
立原繁・栗原啓『欧州郵政事業論』東海大学出版部，平成31年.
立山一郎『肥後国熊本郵便局にみる明治前期の郵便』日本郵趣出版，平成27年.
——『明治前期の大阪肥後航路と汽船便』日本郵趣出版，平成30年.
田中彰『岩倉使節団『欧米回覧実記』』岩波書店，平成14年.
田中弘邦『国営ではなぜいけないのですか—公共サービスのあり方を問う』マネジメント社，平成16年.
田辺卓哉『下総郵便事始』（ふるさと文庫）崙書房，昭和55年.
玉木淳一構成・監修『<JAPEX '09記念出版>軍事郵便 Military Mail』日本郵趣協会，平成22年.
丹治健蔵『近世交通運輸史の研究』吉川弘文館，平成8年.
通運業務研究会『通運資料佐々木荘助篇』通運業務研究会，昭和33年.
塚田保美『栃木県郵便史』私家版，平成18年.
手嶋康・淺見啓明『19世紀の郵便—東京の消印を中心として—』（3部作）東京消印の会，平成15年.
鉄道郵便研究会編『鉄道郵便114年のあゆみ』ぎょうせい，昭和62年.
徳川義親『七里飛脚』国際交通文化協会，昭和15年.
豊田武・児玉幸多『交通史』（体系日本史叢書24）山川出版社，昭和45年.
中島五太・三井高陽『詩と真実／軍事郵便概要』（日本の郵便文化選書）示人社，昭和58年.
二宮久『日本の飛脚便』日本フィラテリックセンター，昭和62年.
日本郵便株式会社監修『年賀状のおはなし』ゴマブックス，令和元年.
橋本輝夫編著『日本郵便の歴史』北都発行・青冬社発売，昭和61年.
——監修・前島密『行き路のしるし』郵趣出版，昭和61年.
——『時代の先駆者 前島密—没後80年に当たって—』ていしんPRセンター，平成11年.
長谷川憲正『郵便局の復活—郵政見直し法の正しい読み方—』通信文化新報社，平成24年.
羽田郵便輸送史研究会編『郵便輸送変遷史—鉄道から自動車・航空へ』羽田郵便輸送史研究会，平成8年.
樋畑雪湖『日本郵便切手史論』日本郵券倶楽部，昭和5年.
——『江戸時代の交通文化』刀江書院，昭和6年.
——『日本交通史話』雄山閣，昭和12年.
——『日本駅鈴論』国際交通文化協会，昭和14年.
深井甚三『幕藩制下陸上交通の研究』吉川弘文館，平成6年.
福井卓治『北海道郵政百年史料集』山音文学会，昭和46年.

――『郵便札幌縣治類典 明治十五年～十九年』（全5巻）北海プリント社，昭和58年-平成2年.
福田恵子『ビルマの花―戦場の父からの手紙』みすず書房，昭和63年.
藤井信幸『テレコムの経済史―近代日本の電信・電話』頸草書房，平成10年.
別海町教育委員会『奥行臼駅逓所資料目録』別海町教育委員会，平成6年.
星名定雄『情報と通信の文化史』法政大学出版局，平成18年.
星野興爾『世界の郵政改革』郵研社，平成16年.
細馬宏道『絵はがきの時代』青土社，平成18年.
前島密談『郵便創業談』（復刻版）日本郵趣出版，昭和54年（初版，逓信協会，昭和11年）.
前島密『鴻爪痕』財団法人前島会，昭和30年．鳴美が平成29年に復刻している.
巻島隆『江戸の飛脚―人と馬による情報通信史』教育評論社，平成27年.
牧野良三『特別会計となった通信事業―その沿革と内容に就て―』財団法人社会教育教会，昭和9年.
町屋安男『武州熊谷のコミュニケーション史～近代日本の交通輸送革命と情報通信革命～』慶学館教育研究所，平成18年.
松沢裕作『町村合併から生まれる日本近代』講談社，平成25年.
松田裕之『佐々木荘助 近代物流の先達―飛脚から陸運の政商へ』冨山房インターナショナル，令和2年.
松村七九『江戸三度』松村七九，大正6年.
松本純一『フランス横浜郵便局とその時代』日本郵趣出版，昭和59年.
――『横浜にあったフランスの郵便局―幕末・明治の知られざる一断面』原書房，平成6年.
――『日仏航空郵便史』日本郵趣出版，平成12年.
丸山雍成『日本近代交通史の研究』吉川弘文館，平成元年.
――『日本の近世―⑥情報と交通』中央公論社，平成4年.
三浦忠司『八戸藩の陸上交通―街道と交通，参勤交代，大名飛脚と町飛脚，および情報伝達について』八戸通運，平成6年.
三井高陽『世界軍事郵便概要』国際交通文化協会，昭和14年.
三和三級『戦場からの手紙』里文出版，平成24年.
武蔵野市立武蔵野ふるさと歴史館『令和2年度第3回企画展 軍事郵便が語る日露戦争期の武蔵野』武蔵野市立武蔵野ふるさと歴史館，令和2年.
守山嘉門著・二瓶貢監修『GHQと占領下の郵政』郵研社，平成7年.
藪内吉彦『日本郵便創業史』雄山閣，昭和50年.
――『日本郵便史発達史』明石書店，平成12年.
――・田原啓祐『近代日本郵便史―創設から確立へ』明石書店，平成22年.
――『日本郵便創業の歴史』明石書店，平成25年.
山口修『前島密』（人物叢書199）吉川弘文館，平成2年.
山崎善啓『明治の郵便・電信・電話創業物語 愛媛版―郵便・為替・貯金・電信・電話創業史話―』郵政弘済会四国地方本部，平成10年.
山﨑好是『郵便線路図（明治4～9年）』鳴美，平成26年.
――『飛脚―飛脚と郵便―』鳴美，平成28年.
――編『平成切手カタログ』鳴美，平成31年.
山本弘文『維新期の街道と輸送（増補版）』法政大学出版局，昭和58年（昭和47年）.
――編『交通・運輸の発達と技術革新』国際連合大学，昭和61年.
――『近代交通成立史の研究』法政大学出版局，平成6年.

郵政改革研究会『郵政民営化と郵政改革—経済と調和のとれた，地域のための郵便局を』金融財政事情研究会，平成23年.
郵政民営化研究会編『郵政民営化ハンドブック』ぎょうせい，平成18年.
和田文次郎『江戸三度』村松七九，大正6年.
『社史・日本通運株式会社』昭和37年.
『ビジュアル日本切手カタログ』（第3巻年賀・グリーティング切手編）日本郵趣協会，平成26年.

＜翻訳書＞

ケンペル，エンゲルベルト（斎藤信訳）『江戸参府旅行日記』平凡社，平成9年.
モース，エドワード・S・（石川欣一訳）『日本その日その日』講談社学術文庫，平成25年.

＜論文・研究ノート＞

赤須秋王「エンタイヤに見る帝国海軍将官とその時代背景」『郵便史研究』（40）平成27年.
淺見啓明「19世紀の東京府内郵便」『フィラテリスト』（1-5回）昭和60年，『日本フィラテリー』（6-19回）昭和61-62年.
——「明治期の局種と取扱変遷について」『郵便史研究』（3）平成9年.
阿部昭夫「近世郵便形成過程の編成原理—「運輸と通信の分離」—」『郵便史研究』（1）平成7年.
天野安治「郵便事業の新と旧」『西欧文明の衝撃 江戸—明治』河出書房新社，昭和61年.
新井勝紘「軍事郵便への複線的アプローチ—出す・見る・考える—」『郵便史研究』（25）平成20年.
——「「軍事郵便文化」の形成とその歴史力」『郵政資料館研究紀要』（2）平成23年.
新井紀元「在日連合軍および在日米軍関係郵便」『郵便史研究』（2）平成8年.
有馬敏則「金融自由化と郵便貯金（1）—郵貯論争の回顧と展望」『彦根論叢』（239）昭和61年.
淡野史良「便り屋」『江戸おもしろ商売事情』平成7年.
安藤智重「安積艮斎と前島密 その知られざる師弟関係」『通信文化』（6）平成24年.
家森信善・西垣鳴人「ニュージーランドの郵政民営化：「失敗」についての再検証」『会計検査研究』（40）平成21年.
井澤秀記「わが国の郵政民営化に関する一考察—イギリスの事例から—」『経済経営研究』（年報55）平成17年.
井手秀樹「ユニバーサルサービス確保と競争政策のあり方」『三田商学研究』（53-4）平成22年.
石井寛治「近代郵便史研究の課題」『郵便史研究』（9）平成12年.
——「戦間期の財政金融史における郵政事業」『郵便史研究』（20）平成17年.
——「日本郵政史研究の現状と課題」『郵政資料館研究紀要』（1）平成21年.
——「通信特別会計成立に関する一考察」『郵便史研究』（30）平成22年.
——「郵便貯金利子の決定に関する一考察—逓信省と大蔵省の関係—」『郵便史研究』（40）平成27年.
——「三等郵便局長の経済的地位」『郵便史研究』（50）令和2年.
磯部孝明「明治後期三等郵便局の局員構成—三島郵便局の事例」『郵政資料館研究紀要』（1）平成21年.
板橋祐己「日本における郵便機械化とマテリアルハンドリング 日本の郵便機械化—高度経済成長期以降の軌跡（1）」『郵趣研究』（131）平成28年.
——「大宮地区での発光切手発行とその意義① 日本の郵便機械化—高度経済成長期以降の軌跡（2）」『郵趣研究』（132）平成28年.

――「大宮地区での発光切手発行とその意義② 日本の郵便機械化―高度経済成長期以降の軌跡(3)」『郵趣研究』(100) 平成28年.
井上卓朗「江戸時代の東海道における通信と交通について」『郵政研究所10周年記念論文集』平成10年.
――「前島密」『近代を創った77人: 近代化遺産とパイオニア』新人物往来社, 平成13年.
――「郵便創業期の郵便賃銭表」『郵便史研究』(30) 平成22年.
――「日本における近代郵便の成立過程―公用通信インフラによる郵便ネットワークの形成―」『郵政資料館研究紀要』(2) 平成23年.
――「郵政資料館所蔵「正院本省郵便決議簿」」『郵政資料館研究紀要』(3) 平成24年.
――「東京中央郵便局沿革史 日本初の地下電車―郵便物搬送用軌道―」『逓信総合博物館研究紀要』(4) 平成25年.
――「郵政博物館所蔵「五街道分間延絵図」の概要」『郵便史研究』(38) 平成26年
――「戦後初の新規格郵便ポスト「1号丸型」の試作から完成まで―謎のレターポストの解明―」『郵政博物館 研究紀要』(6) 平成27年.
――「最初の公式鋳鉄製赤色円筒形郵便柱箱―回転式ポストとその改良について―」『郵政博物館研究紀要』(7) 平成28年.
――「没後100年 前島密の足跡」『郵便史研究』(48) 令和元年.
印牧信昭「近世の舟」『交通』(日本史小百科) 東京堂出版, 平成13年.
宇野脩平「三度飛脚の誕生」『史論』東京女子大学史学研究室 (9) 昭和36年.
――「三度飛脚の発展」『論集』東京女子大学学会 (12-2) 昭和37年.
――「十八世紀なかごろの飛脚業」『比較文化』東京女子大学附属比較文化研究所 (8) 昭和37年.
梅井道生「イギリスにおける郵政民営化の実態」『りゅうぎん調査』(482) 平成21年.
裏田稔「信州における中牛馬会社及び陸運会社と郵便との関連性」『信濃』(13-7) 昭和36年.
繪鳩昌之「集金郵便について」『郵便史研究』(40) 平成27年.
遠藤和宏 (総務委員会調査室)「日本郵政グループの現状と課題―郵便サービスの見直しとかんぽ生命の不適切販売―」『立法と調査』参議院事務局 (417) 令和元年.
大久保利謙「幕末維新の洋学」『大久保利謙歴史著作集』(5) 吉川弘文館, 昭和61年.
大沢秀雄「楽善会訓盲院の盲唖生徒が製造した駅逓用封筒の発見」『国立大学法人筑波技術大学テクノレポート』(筑波技術大学学術・社会貢献推進委員会) (15) 平成20年.
大島繁作「軍事郵便」『逓信の知識』(7月号) 昭和14年.
大塚茂夫「太平洋戦争で逝った父から子へ―終戦60年目に見つかった150通の軍事郵便」『ナショナルジオグラフィック』(11月号) 平成17年.
小口聖夫「「飛脚差立記」からみた富山藩の飛脚利用について」『郵便史研究』(7) 平成11年.
小原宏「明治前期における郵便局配置に関する分析―千葉県の郵便局ネットワークに着目して―」『郵政資料館研究紀要』(1) 平成22年.
――「明治前期における集配郵便局の配置―安房国を中心に―』『郵政資料館研究紀要』(3) 平成24年.
――「明治前期における郵便局ネットワークの調整が郵便局経営に与えた影響―筑前国甘木郵便局を事例として」『郵政博物館研究紀要』(6) 平成27年.
――「明治前期の郵便局ネットワークの調整とその効果」『郵便史研究』(40) 平成27年.
片山七三雄「逓信省の交通通信行政―「鉄道」をどのように「郵便」に利用したか―」『交通史研究』(45) 平成12年.

上遠野義久「埼玉県の初期郵便事情—地方史料からの調査」『郵便史研究』(12) 平成13年.
金沢真之「高崎馬車運輸会社・郵便馬車会社・廣運舎に関する東京都公文書館所蔵文書について」『郵便史研究』(27) 平成21年.
金子一郎「陸走会社について」『日本歴史』(5) 昭和56年.
金子秀明「前島密の多彩な人間模様・何禮之」『通信文化』(4-6) 平成25年.
神原哲郎「長崎県における郵便局の立地展開と郵便輸送網の変化」『人文地理』(47-2) 平成7年.
神山貞弘・戸苅章博・三浦正也「大型郵便物の局内処理の機械化に関する研究」『郵政研究所月報』(125) 平成11年.
河内明子(国土交通課)「郵政改革の動向」『調査と情報』国立国会図書館 (469) 平成17年.
菊地勇治「前島密の英国滞在時の住民票」『郵便史研究』(25) 平成20年.
——「前島みちのく放浪記」『郵便史研究』(33) 平成24年.
熊井保「江戸三伝馬町」『宿場』東京堂出版, 平成11年.
経済同友会 (H13. 9. 25)「郵貯改革についての提言」(中間報告) 平成13年.
—— (H16. 1. 13)「郵政民営化についての経済同友会の考え方」平成16年.
児玉敏夫「中央線の鉄道郵便線路」『郵便史研究』(26) 平成20年.
後藤康行「戦時下の逓信職員組織･逓信報国団に関する基礎的研究」『郵政博物館研究紀要』(5) 平成26年.
——「九州における逓信報国団—熊本支団の研究」『郵政博物館研究紀要』(7) 平成28年.
小林彰「開港当時の在日欧州系商館発着書簡」『郵便史研究』(2回連載) 平成14-15年.
小林正義「＜郵便の文化史＞日本の近代化と鉄道・郵便」『郵政研究』(9回連載) 昭和62-63年.
小宮木代良「初期江戸幕府記録分析のための覚書」『近世近代史論集』吉川弘文堂, 平成2年.
小山剛幸「運用に委ねられた郵政民営化見直し—郵政民営化委員会によるチェック機能が重要—」『みずほリサーチ』(7) 平成24年.
桜井邦夫「郵便制度の前身—全国を結ぶ飛脚」『大江戸万華鏡—全国の伝承江戸時代, 人づくり風土記, 聞き書きによる知恵シリーズ (13) (48)』社団法人農山漁村文化協会, 平成3年.
佐々木義郎「明治８年 上海航路 (横浜・上海間) 郵便逓送の実際」『郵便史研究』(18) 平成16年.
——「日本海線大家七平汽船」『郵便史研究』(29) 平成22年.
佐藤研資・海野耕太郎 (総務委員会調査室)「総務行政の主な課題」『立法と調査』参議院事務局 (396) 平成30年.
澤田濱司「公用飛脚と町飛脚商との交渉に於いて」『國學院雑誌』(47-6) 昭和47年.
澤護・近辻喜一・谷喬「お雇い外国人の郵便」『全日本郵趣』(18回連載) 昭和60-61年.
——「横浜にあった英・仏・米郵便局—欧字紙にみる新聞広告を中心に—」『郵便史研究』(5回連載) 平成9-11年.
設楽光弘「群馬県に残る初期郵便史料について」『郵便史研究』(14) 平成14年.
嶋田早苗・牧野正久「三井高陽コレクション関係史料」『切手研究』(432) 平成18年.
杉山伸也「明治前期における郵便ネットワーク:〈情報〉の経済史Ⅰ」『三田學會雑誌』(79-3) 昭和61年.
——「通信ネットワークと地方経済—明治期長野県の郵便と電信を中心に—」『郵便史研究』(12) 平成13年.
鈴木応男「継飛脚と大名飛脚」『交通』(日本史小百科) 東京堂出版, 平成13年.
鈴木克彦「旧刊紹介25 内海朝次郎著『遞信畠の先輩巡禮』」『郵便史研究』(51) 令和3年.
鈴木孝雄「日本軍事郵便の１次資料探求」『郵便史研究』(49) 令和2年.

鶴木亮一「継飛脚の継立方法とその問題について」『法政史学』(23) 昭和46年.
関口文雄「郵便受取所について」『郵便史研究』(5) 平成10年.
瀬戸山順一（総務委員会調査室）「転換点を迎えた郵政民営化—郵政株式処分停止法案の国会議論—」『立法と調査』(301) 平成22年.
立山一郎「北清事変と郵便物逓送」『郵便史研究』(47) 平成31年.
田中寛「局所改廃の記録」『郵便史学』(2-8) 昭和49-51年.
——「明治18年の郵便局改廃」『郵便史学』(2回連載) 平成9年.
田中利幸（内閣委員会調査室)「簡素で効率的な政府の実現—行政改革推進法案—」平成18年.
田辺卓躬「東京市内局と府下郵便連合」『郵便史学』(11・12) 昭和53年.
玉木国夫「明治六年の改正郵便仮役所表」『郵便史研究』(6) 平成10年.
田村茂「＜JSE交流会＞「わが国の近代海運の歴史」『海運』(1007) 平成23年.
田原啓祐「明治前期における郵便事業の展開と公用郵便—滋賀県の事例を中心に」『経済学雑誌』(100-2) 平成11年.
——「明治前期における地方郵便ネットワークおよび集配サービスの拡大」『交通史研究』(45) 平成12年.
——「明治後期における郵便事業の成長と鉄道逓送」『日本史研究』(490) 平成15年.
——「明治前期商業発達地における郵便事業の実態—滋賀県江頭郵便局の事例を中心に」『経済学雑誌』(105-1) 大阪市立大学経済学会, 平成16年.
——「日本における鉄道郵便の創始と発達」『郵便史研究』(21) 平成18年.
——「戦前期三等郵便局の経営実態—滋賀県山上郵便局の事例より」『郵政資料館研究紀要』(1) 平成22年.
——「明治前期における五等郵便局の開設と廃止—長野県志賀郵便局の事例より—」『郵便史研究』(32) 平成23年.
——「戦間期における郵便事業の構造と三等郵便局の待遇問題—埼玉県越生郵便局の事例より—」『郵政資料館研究紀要』(3) 平成24年.
——「関東大震災後における逓信事業の復旧と善後策」『逓信総合博物館研究紀要』(4) 平成25年.
——「戦前昭和期の郵便事業」『郵政博物館研究紀要』(7) 平成28年.
丹下甲一「明治20年前後における郵便一日送達圏の拡大—鉄道網を活用した「レールウェイエキスプレス」の出現—『郵便史研究』(26) 平成20年.
近辻喜一「明治期の田無郵便局」『郵便史研究』(2回連載) 平成9-10年.
——「手彫時代の郵便史」『郵趣研究』(6回連載) 平成13-14年.
——「明治期の小川郵便局」『郵便史研究』(11) 平成13年.
——「多摩の郵便」『郵便史研究』(17) 平成16年.
——「データシート 地方約束郵便実施状況」『郵便史研究』(29) 平成22年.
——「中山道筋郵便の開設」『郵便史研究』(30) 平成22年.
近友克彦「岡山県約束郵便の契約を巡る資料」『郵便史研究』(50) 令和2年.
寺戸尚隆「軍事郵便の交換に見る兵士とその家族たち」『郵便史研究』(51) 令和3年.
長井純市「太平洋戦争下の郵便検閲制度について」『史學雜誌』(95-12) 昭和61年.
中沢宏「東京市内特設箱場と市内局への発展」『郵便史学』(11・12) 昭和53年.
中村嘉明「郵便100有余年の歩み—飛脚・馬車から自動車・飛行機へ, 手作業から機械化・情報化へ—」『日本機械学会誌』(939) 平成9年.
西垣鳴人「学説史としてみた郵政論争（上）—改革についての政府内議論を中心に—」『岡山大学経

済学部雑誌』(42-4) 平成23年.
——「学説史としてみた郵政論争（中）—民営化反対論と組織批判論の体系化—」『岡山大学経済学部雑誌』(43-1) 平成23年.
——「民営郵政における社会目標履行の条件—国際比較の視点から—」『生活経済学研究』(35) 平成24年.
——「郵政公社と民営化，どちらがユニーバーサルサービスをよりよく維持できるか？ —豪州とニュージーランドの比較研究—」『生活経済学研究』(37) 平成25年.
野村宗訓「北欧郵政民営化と物流セクターの成長—電子商取引の影響を中心として—」『経済学論究』(68-3) 平成26年.
橋本賢治（総務委員会調査室）「郵政民営化法等改正法の成立—郵政事業の見直しに決着—」『立法と調査』参議院事務局企画調整室 (332) 平成24年.
林田治男「鉄道における日本側自主権の確立過程：レイ借款解約を中心に」『大阪産業大学経済論集』(7-2) 平成18年.
原口邦紘「<史料紹介>琉球藩郵便設立一件書類」『創立二十周年記念 沖縄特定郵便局長会史』沖縄特定郵便局長会，平成6年.
半田実「近代日本の郵便と経済」『郵便史研究』(13) 平成14年.
——「尾張國下小田井郵便局小考」『郵便史研究』(15) 平成15年.
藤村潤一郎「研究余録町飛脚・文使・伝便」『日本歴史』(335) 昭和51年.
——「横浜における飛脚屋と郵便役所」『創価大学人文論集』(創刊号) 平成元年.
——「情報伝達者・飛脚の活動」『日本の近世』(6) 中央公論社，平成4年.
——「通信と飛脚」『日本交通史』吉川弘文館，平成4年.
藤本栄助「「会計」で見る戦後の郵便事業」『郵便史研究』(3回連載) 平成30-31年.
——「郵便事業と公社化、民営化～郵政事業特別会計からグループ経営まで～」『郵便史研究』(49) 令和2年.
星名定雄「日本通信略史—古代から近世までの発展を概観する」『郵便史研究』(4回連載) 平成12-15年.
——「郵便ポストの変遷について」『郵便史研究』(25) 平成20年.
——「飛脚略史」『郵便史研究』(2回連載) 平成20-21年.
牧野正久「郵便法は誰が創ったのか—通信事業の充実・発展と共に—」『郵便史研究』(11) 平成13年.
増田廣實「移行期の交通・運輸事情」『交通・運輸の発達と技術革新』国際連合大学，昭和61年.
——「陸運元会社による全国運輸機構の確立と郵便関係事業」『郵便研究史』(16) 平成15年.
町泉壽郎「東洋の學藝 無窮会所蔵・前島密『廃漢字献言』の解題と翻刻」『東洋文化』(99) 平成19年.
——「新資料による前島密の漢字廃止建白書の再検討」『文学・語学』(190) 平成20年.
松本純一「サミュエル・M・ブライアン—その経歴と真相—」『切手研究』(393) 平成10年.
丸山雍成「近世の陸上交通」『交通史』山川出版社，昭和45年.
——「江戸幕府の交通政策—その前史，豊臣政権期の交通政策」『日本交通史』吉川弘文館，平成4年.
三浦忠司「八戸藩の江戸飛脚と一里飛脚」『交通史研究』(30) 平成7年.
藪内吉彦「東海道・守口駅の郵便創業—近世宿駅制度崩壊と関連して—」『郵便史研究』(1) 平成7年.

――「問屋場から郵便局へ―宿駅問屋役から郵便取扱人へ―」『郵便史研究』(3) 平成9年.
――「明治3年秋の大津・西京郵便創業会議」『郵便史研究』(7) 平成11年.
――「宿駅制度の解体と運輸網の整備，郵便の創業と発展」『守口市史』(本文編第4巻) 平成12年.
――「東海道守口駅の御用状継立の変遷過程―継飛脚より郵便へ―」『交通史研究』(45) 平成12年.
――「『鴻爪痕』と『行き路のしるし』の再検討」『郵便史研究』(11) 平成13年.
――「幕末における長崎での前島密の活躍」『郵便史研究』(32) 平成23年.
山上博信「隔絶島嶼における郵政事業―小笠原諸島における郵政事業の実状―」『愛知学泉大学コミュニティ政策学部紀要』(1) 平成11年.
山川一郎 (＝星名定雄)「わが国の鉄道郵便小史」『郵便史研究』(43) 平成29年.
山口修「航空郵便沿革史」『郵便事業史論集』(1) 昭和60年.
山崎善啓「四国地方における郵便創業」『郵便史研究』(2) 平成8年.
――「明治初期の東京・阪神間海上交通について」『郵便史研究』(17) 平成16年.
――「明治の新聞にみる船便の郵便差立広告」『郵便史研究』(24) 平成19年.
――「鉄道郵便輸送の沿革―創業から明治末期まで―」『郵便史研究』(25) 平成20年.
――「明治の新聞にみる船便による郵便差立広告」『郵便史研究』(39) 平成27年.
山根拓「広島県における郵便局の立地展開」『人文地理』(39-1) 昭和62年.
山根伸洋「工部省の廃省と逓信省の設立―明治前期通信事業の近代化をめぐって」『工部省とその時代』山川出版社，平成14年.
山本弘文「明治前期の馬車輸送」『地方史研究』(13-2・3) 昭和38年.
――「明治初年における宿駅制度の改廃 (三)」『経済志林』(38-1) 昭和45年.
――「創業期の郵便逓送について」『郵便史研究』(6) 平成10年.
山本光正「継飛脚の財源ついて―東海道を中心として」『法政史学』(23) 昭和46年.
「飛脚の話」『大阪商業史資料』(15運輸及び船舶其一) 大阪商工会議所，1964.
「帝国郵便創業事務余談」『行き路のしるし』郵趣出版，昭和61年.
「陸送会社開設」『東京市史稿』市街篇市街51-0643，臨川書店，平成13年.

<雑誌類>

『雑誌交通』(明治23-41年)
『通信文化新報』(平成27年-)
――東日本大震災関連記事 (平成23年-平成24)
『逓信協会雑誌』(明治41年-平成24年)
『交通文化』(昭和13-19年)
『郵便史研究』(平成7年- )

<英語文献>

Fuller, Wayne E., *The American Mail, Enlarger of the Common Life,* Chicago: University of Chicago Press, 1972.
Gallagher, Winifred, *How the Post Office Created America,* New York: Penguin Books, 2017.
Hill, Rowland, *Post Office Reform: Its Importance and Practicability,* 3rd ed., London: Charles Knight, 1837.
Hunter, Janet, *A Study of the Career of Maejima Hisoka 1835-1915,* A thesis submitted for the D. Phil. to St.Antony's College, Oxford University, typescript, 1976.

Maclachlan, Patricia L., *The People's Post Office: The History and Politics of the Japanese Postal System, 1871-2010,* Harvard University Press, 2011.

Smyth, Eleanor, C., *Sir Rowland Hill, the Story of a Great Reform told by his Daughter,* London: T. Fisher Unwin, 1907.

**＜ネット情報＞**

さまざまな事項をインターネットで検索したが，特に，財団法人日本航空協会（民間航空再開50年を語る），日本郵船（日本郵船の歴史），情報処理学会コンピュータ博物館（誕生と発展の歴史），加賀料理料亭「浅田屋」，年賀状博物館などのホームページの情報は参考になった．また，Wikipediaのページでは，三公社五現業，マル生運動，全日本郵政労働組合，第二次臨時行政調査会，郵便車，二宮忠八などの事項を閲覧した．

**○本文挿入図版の出典**

次に記載するものを除いて，すべて郵政博物館収蔵の図版．

江戸三度飛脚会所（松村七九，前掲書），京屋と嶋屋の藤岡店（三井文庫，嶋田早苗・牧野正久，前掲論文），村送り切手（香宗我部秀雄，前掲書），江戸定飛脚問屋和泉屋（国際通運株式会社，前掲書），佐々木荘助（同前），明治4年太政官布告（児玉敏夫），ヴィクトリア朝のロンドン中央郵便局（British Post Office Photo P5278），ローランド・ヒル（Eleanor C. Smyth, 前掲書），万国郵便連合記念碑（星名定雄撮影），特別地方郵便（近辻喜一コレクション），昭和11年用年賀切手（鳴美），油彩画の私製絵はがき（秋山公道，前掲書），新聞の印刷（アメリカの記念切手），人車（エドワード・S・モース，前掲翻訳書），郵便差立の広告（山崎善啓，前掲論文，平成19年），三菱商会の就航広告（山崎善啓，前掲論文，平成16年），追放切手（星名定雄），一号丸型ポスト（鈴木克彦撮影），見返り美人切手（鳴美），色検知切手（星名定雄），霞ヶ関本省建物（山﨑好是撮影），大手町プレイス（同前），破壊された陸前高田郵便局（同前），仮設の陸前高田郵便局（同前），改元カバーと改元切手（鳴美），諏訪之瀬島簡易郵便局（山﨑好是撮影）．

**○表紙・見返し**

表表紙　昭和60年発行「前島密生誕150年記念切手」原画（郵政博物館収蔵）
表見返し　明治17年の東京郵便局差立区分室（郵政博物館収蔵）
裏見返し　昭和初期の東京中央郵便局区分室（郵政博物館収蔵）

# 西 暦 元 号 対 比 表

| | | | | | | | |
|---|---|---|---|---|---|---|---|
| 1868 | 明1 | 1907 | 明40 | 1946 | 昭21 | 1985 | 昭60 |
| 1869 | 明2 | 1908 | 明41 | 1947 | 昭22 | 1986 | 昭61 |
| 1870 | 明3 | 1909 | 明42 | 1948 | 昭23 | 1987 | 昭62 |
| 1871 | 明4 | 1910 | 明43 | 1949 | 昭24 | 1988 | 昭63 |
| 1872 | 明5 | 1911 | 明44 | 1950 | 昭25 | 1989 | 平1 |
| 1873 | 明6 | 1912 | 大1 | 1951 | 昭26 | 1990 | 平2 |
| 1874 | 明7 | 1913 | 大2 | 1952 | 昭27 | 1991 | 平3 |
| 1875 | 明8 | 1914 | 大3 | 1953 | 昭28 | 1992 | 平4 |
| 1876 | 明9 | 1915 | 大4 | 1954 | 昭29 | 1993 | 平5 |
| 1877 | 明10 | 1916 | 大5 | 1955 | 昭30 | 1994 | 平6 |
| 1878 | 明11 | 1917 | 大6 | 1956 | 昭31 | 1995 | 平7 |
| 1879 | 明12 | 1918 | 大7 | 1957 | 昭32 | 1996 | 平8 |
| 1880 | 明13 | 1919 | 大8 | 1958 | 昭33 | 1997 | 平9 |
| 1881 | 明14 | 1920 | 大9 | 1959 | 昭34 | 1998 | 平10 |
| 1882 | 明15 | 1921 | 大10 | 1960 | 昭35 | 1999 | 平11 |
| 1883 | 明16 | 1922 | 大11 | 1961 | 昭36 | 2000 | 平12 |
| 1884 | 明17 | 1923 | 大12 | 1962 | 昭37 | 2001 | 平13 |
| 1885 | 明18 | 1924 | 大13 | 1963 | 昭38 | 2002 | 平14 |
| 1886 | 明19 | 1925 | 大14 | 1964 | 昭39 | 2003 | 平15 |
| 1887 | 明20 | 1926 | 昭1 | 1965 | 昭40 | 2004 | 平16 |
| 1888 | 明21 | 1927 | 昭2 | 1966 | 昭41 | 2005 | 平17 |
| 1889 | 明22 | 1928 | 昭3 | 1967 | 昭42 | 2006 | 平18 |
| 1890 | 明23 | 1929 | 昭4 | 1968 | 昭43 | 2007 | 平19 |
| 1891 | 明24 | 1930 | 昭5 | 1969 | 昭44 | 2008 | 平20 |
| 1892 | 明25 | 1931 | 昭6 | 1970 | 昭45 | 2009 | 平21 |
| 1893 | 明26 | 1932 | 昭7 | 1971 | 昭46 | 2010 | 平22 |
| 1894 | 明27 | 1933 | 昭8 | 1972 | 昭47 | 2011 | 平23 |
| 1895 | 明28 | 1934 | 昭9 | 1973 | 昭48 | 2012 | 平24 |
| 1896 | 明29 | 1935 | 昭10 | 1974 | 昭49 | 2013 | 平25 |
| 1897 | 明30 | 1936 | 昭11 | 1975 | 昭50 | 2014 | 平26 |
| 1898 | 明31 | 1937 | 昭12 | 1976 | 昭51 | 2015 | 平27 |
| 1899 | 明32 | 1938 | 昭13 | 1977 | 昭52 | 2016 | 平28 |
| 1900 | 明33 | 1939 | 昭14 | 1978 | 昭53 | 2017 | 平29 |
| 1901 | 明34 | 1940 | 昭15 | 1979 | 昭54 | 2018 | 平30 |
| 1902 | 明35 | 1941 | 昭16 | 1980 | 昭55 | 2019 | 令1 |
| 1903 | 明36 | 1942 | 昭17 | 1981 | 昭56 | 2020 | 令2 |
| 1904 | 明37 | 1943 | 昭18 | 1982 | 昭57 | 2021 | 令3 |
| 1905 | 明38 | 1944 | 昭19 | 1983 | 昭58 | 2022 | 令4 |
| 1906 | 明39 | 1945 | 昭20 | 1984 | 昭59 | 2023 | 令5 |

明治元年は旧暦1月1日から遡って適用.
大正元年は7月30日から.
昭和元年は12月25日から.
平成元年は1月8日から.
令和元年は5月1日から.

## 著 者 紹 介

井上卓朗（いのうえ　たくろう）
昭和29年宮崎県に生まれる．中央大学経済学部卒業．昭和53年-令和２年郵政省・日本郵政株式会社・公益財団法人通信文化協会（郵政博物館長）勤務．著書『前島密＝創業の精神と業績＝』（鳴美，平成29年）など．交通史学会・郵便史研究会に所属．

星名定雄（ほしな　さだお）
昭和20年東京都に生まれる．法政大学経営学部卒業．昭和42年-平成14年通商産業省勤務．著書『郵便の文化史－イギリスを中心として』（みすず書房，昭和57年）など．交通史学会・郵便史研究会に所属．

増補
# 創業150年　郵便の歴史

平成30年３月10日　初　　版　第１刷発行
令和３年６月10日　増補改訂　第１刷発行
定価：2,750円（本体2,500円＋税）

著　者：井上 卓朗　星名 定雄
発行者：山﨑 好是
発行所：株式会社 鳴美
169-0073 新宿区百人町2-21-8
TEL：03-3361-3142　FAX：03-3364-1960
Web：http://www.narumi-stamp.jp
E-mail：nrm@narumi-stamp.jp
郵便振替：00150-1-145991
ゆうちょ銀行：〇一九店（当）145991
三井住友銀行新宿支店（普）2149448
印刷所：龍濤企業有限公司（台湾）


Printed in Taiwan
ISBN978-4-86355-100-8　C2065　¥2500E